PHP+MySQL 程序设计及项目开发

主　编　郑广成　朱翠苗
副主编　沈蕴梅　许　戈　顾蓬蓬
参　编　孔小兵

北京理工大学出版社
BEIJING INSTITUTE OF TECHNOLOGY PRESS

内容提要

PHP 语言备受 Web 应用系统开发者、专业爱好者、软件从业人员的青睐。本书由浅入深、循序渐进，采用典型项目和示例，采取课内外项目并行、示例驱动学技术的模式，系统地介绍和训练了走进 PHP+MySQL、编写 PHP 基础程序、编写流程控制语句、编写数组程序、使用函数、处理表单、设计面向对象程序、操作文件与目录、设计 MySQL 数据库、开发 MySQL+PHP 应用程序、上机训练、PHP+MySQL 综合项目开发等相关技术和方法，重点讲述了基于 MySQL 数据库的 PHP 应用程序开发、面向对象的继承、多态、集合和构造函数、数组函数等技术在应用系统开发中的应用。为了便于读者全面掌握 PHP 程序设计技术和规范，深刻体会编程的乐趣，最后给出一个综合性的 PHP+MySQL 实战项目，全面讲述了以数据库为基础的 PHP 应用系统开发全过程。

本书将提供课程视频资源、课件资源、源代码、课后作业、试题库及答案等供读者参考。

图书在版编目（CIP）数据

PHP+MySQL 程序设计及项目开发 / 郑广成，朱翠苗主编 .—北京：北京理工大学出版社，2017. 6（2021.12重印）

ISBN 978-7-5682-4166-3

Ⅰ. ①P…　Ⅱ. ①郑…②朱…　Ⅲ. ①PHP 语言-程序设计-高等学校-教材②关系数据库系统-高等学校-教材　Ⅳ. ①TP312. 8②TP311. 138

中国版本图书馆 CIP 数据核字（2017）第 134978 号

出版发行 / 北京理工大学出版社有限责任公司
社　　址 / 北京市海淀区中关村南大街 5 号
邮　　编 / 100081
电　　话 / （010）68914775（总编室）
（010）82562903（教材售后服务热线）
（010）68948351（其他图书服务热线）
网　　址 / http：//www. bitpress. com. cn
经　　销 / 全国各地新华书店
印　　刷 / 三河市天利华印刷装订有限公司
开　　本 / 787 毫米×1092 毫米　1/16
印　　张 / 22
字　　数 / 518 千字
版　　次 / 2017 年 6 月第 1 版　2021年12月第 5 次印刷
定　　价 / 55. 00 元

责任编辑 / 王玲玲
文案编辑 / 王玲玲
责任校对 / 周瑞红
责任印制 / 李志强

图书出现印装质量问题，请拨打售后服务热线，本社负责调换

前　言

PHP 作为目前最流行的 Web 应用系统开发语言，以其灵活性、开放性受到行业专业人士和学习者的青睐。

本书主要基于 Web 开发岗位技能、软件流程和规范，采取了“项目化”编写模式。这是教学团队在“产教融合、产学并行”的教学改革和实践中总结出来的教学模式和教学经验。所有项目、示例经过团队精心筛选，将企业规范和企业技术方法引入教材，以突出动手实践能力为主线、加大训练代码量为目标，覆盖了 PHP 主要技术和方法。本书满足高职高专的教学、训练的要求。

本书通过项目场景导入、项目问题引导、技术与知识准备、回到项目场景、并行项目训练、习题、小结的编写体例，以项目为载体、以示例为驱动，讲解 PHP 编程技术和方法，实现了课内通过示例掌握相关知识和技术方法，完成一个场景项目，课后通过项目训练巩固所学知识和技术，最后通过习题巩固应知应会的知识和方法，达到巩固和举一反三的训练效果，实现了课内外项目并行的教学理念。全书分成 12 个单元，最后一个单元通过综合实训来训练学生的技能，进一步提高学生应用实践的能力，体现了“做中学、学中产”的实训教学思想。本书主要内容如下：

单元 1　走进 PHP+MySQL
单元 2　编写 PHP 基础程序
单元 3　编写流程控制语句
单元 4　编写数组程序
单元 5　使用函数
单元 6　处理表单
单元 7　设计面向对象程序
单元 8　操作文件与目录
单元 9　设计 MySQL 数据库
单元 10　开发 MySQL+PHP 应用程序
单元 11　上机训练
单元 12　PHP+MySQL 综合项目开发实训

本书由苏州健雄职业技术学院郑广成、朱翠苗、沈蕴梅、许戈、顾蓬蓬教师编写，苏州吉耐特信息科技有限公司孔小兵给予项目、示例资源支持和统稿帮助。其中，朱翠苗编写了第 1~3 单元，郑广成编写了第 4~8、11、12 单元，并负责统稿，沈蕴梅编写了第 9、10 单元内容，顾蓬蓬参与了第 3 单元的编写，许戈参与了第 11、12 单元的编写。本书根据技术和知识模块组织教学单元内容，根据典型项目和示例设计内容，通过课内外两个项目并行推进来提高学生的应用能力和创新能力，具有实战性、可操作性、新颖新、通俗性和项目过程化的特点，更加激发学生学习的兴趣和主动性。

由于时间仓促，加之编者水平有限，书中难免有疏漏之处，敬请广大读者批评指正。

编　者

目 录

单元 1

走进 PHP+MySQL

单元要点

- ➢ WampServer 开发环境
- ➢ PHP 和 MySQL 介绍
- ➢ B/S 工作原理
- ➢ WampServer 环境启动和结构分析
- ➢ PHPEdit 软件使用方法

技能目标

- ➢ 能安装配置 PHP 开发环境 WAMP
- ➢ 能独立使用 PHPEdit 编写简单程序
- ➢ 熟悉 PHP、MySQL 和 B/S 架构

项目载体

◇ 工作场景项目：欢迎加入 PHP 编程小队

◇ 并行训练项目：自行安装 WampServer 和 PHPEdit，并编写“Hello World!”

1.1 项目场景导入

欢迎加入 PHP 编程小队

项目名称：欢迎加入 PHP 编程小队

项目场景：

小张想学习 PHP 程序开发，找到同学小王，小王让他搭建好 PHP 开发环境 WampServer（图 1.1），然后试着编写一个简单的小程序，界面显示“欢迎小张加入 PHP 编程队伍!”，效果如图 1.2 所示。

图 1.1　PHP 开发环境 WampServer

图 1.2　第一个欢迎程序

1.2　项目问题引导

① 如何安装 WampServer?

② 如何运行 WampServer?

③ 如何使用 PHP 开发软件开发程序?

1.3　技术与知识准备

1.3.1　认识 PHP

PHP（Hypertext Preprocessor，超文本预处理器）是一种通用开源脚本语言。其语法吸收了 C 语言、Java 和 Perl 的特点，利于使用者学习，使用广泛，主要用于 Web 开发领域。它可以比 CGI 或者 Perl 更快速地执行动态网页。用 PHP 做出的动态页面与其他编程语言相比，其是将程序嵌入 HTML（标准通用标记语言下的一个应用）文档中去执行，执行效率比完全生成 HTML 标记的 CGI 要高许多；PHP 还可以执行编译后的代码，编译可以实现加密和优化代码运行，使代码运行更快。

① PHP 是什么文件?

PHP 文件可包含文本、HTML、JavaScript 代码和 PHP 代码；

PHP 代码在服务器上执行，结果以纯 HTML 形式返回给浏览器；

PHP 文件的默认文件扩展名是“. php”。

② PHP 能做什么?

PHP 可以生成动态页面内容；

PHP 可以创建、打开、读取、写入、关闭服务器上的文件；

PHP 可以收集表单数据；

PHP 可以发送和接收 Cookies；
PHP 可以添加、删除、修改数据库中的数据；
PHP 可以限制用户访问网站上的一些页面；
PHP 可以加密数据。
③ 为什么使用 PHP？
PHP 可在不同的平台（Windows、Linux、UNIX、Mac OS X 等）上运行；
PHP 与目前几乎所有的正在被使用的服务器（Apache、IIS 等）兼容；
PHP 提供了广泛的数据库支持；
PHP 是免费的，可从官方的 PHP 资源网站上下载，网站为：www. php. net；
PHP 易于学习，并可高效地运行在服务器端。

1. 3. 2　认识 MySQL

MySQL 是一个关系型数据库管理系统，由瑞典 MySQL AB 公司开发，目前属于 Oracle 旗下产品。在 Web 应用方面，MySQL 是最好的 RDBMS（Relational Database Management System，关系数据库管理系统）应用软件之一。

MySQL 是一种关联数据库管理系统。关联数据库将数据保存在不同的表中，而不是将所有数据放在一个大仓库内，这样就增加了速度，并提高了灵活性。MySQL 所使用的 SQL 语言是用于访问数据库的最常用的标准化语言。MySQL 软件采用了双授权政策，它分为社区版和商业版，由于其占用内存小、速度快、总体拥有成本低，尤其是开放源码这一特点，一般中小型网站的开发都选择 MySQL 作为网站数据库。

MySQL 经常与 PHP 结合开发各种数据库 Web 应用系统。与其他大型数据库 Oracle、DB2、SQL Server 等相比，MySQL 自有它的不足之处，但是这丝毫没有降低它受欢迎的程度。对于一般的个人使用者和中小型企业来说，MySQL 提供的功能已经绰绰有余，而且由于 MySQL 是开放源码软件，因此可以大大降低总体拥有成本。

MySQL 的特点如下：

① MySQL 是开源的，所以不需要支付额外的费用。

② MySQL 支持大型的数据库，可以处理拥有千万条记录的大型数据库。

③ MySQL 使用标准的 SQL 数据语言形式。

④ MySQL 可以应用于多个系统上，并且支持多种语言。这些编程语言包括 C、C++、Python、Java、Perl、PHP、Eiffel、Ruby 等。

⑤ MySQL 对 PHP 有很好的支持，PHP 是目前最流行的 Web 开发语言。

⑥ MySQL 支持大型数据库，支持 5 000 万条记录的数据仓库，32 位系统表文件最大可支持 4 GB，64 位系统表文件最大可支持 8 TB。

⑦ MySQL 是可以定制的，采用了 GPL 协议，可以修改源码来开发自己的 MySQL 系统。

1. 3. 3　安装配置 PHP+MySQL 环境 WampServer

WampServer 是 Windows+Apache+PHP+MySQL 集成环境，其拥有简单的图形，以及菜单安装和配置环境。在 Windows 环境下，WampServer 是目前很流行的 PHP 开发环境，再配置一个合适的 PHP 编辑软件，就可以畅游在 PHP 程序设计的海洋了。接下来以 WampServer 2.5 为例，介绍 WampServer 集成环境的安装与配置问题。

【示例 1】安装 WampServer 2.5

（1）下载 WampServer 2.5

目前，WampServer 作为开发软件，可以通过百度、360 搜索等引擎，快速搜索到 WampServer 的各个版本，本书以搜索到的 WampServer 2.5 为例，先将其下载到本地。

安装 WampServer

（2）安装 WampServer 2.5

单击 WampServer 2.5 的安装程序，出现如图 1.3 所示的界面。

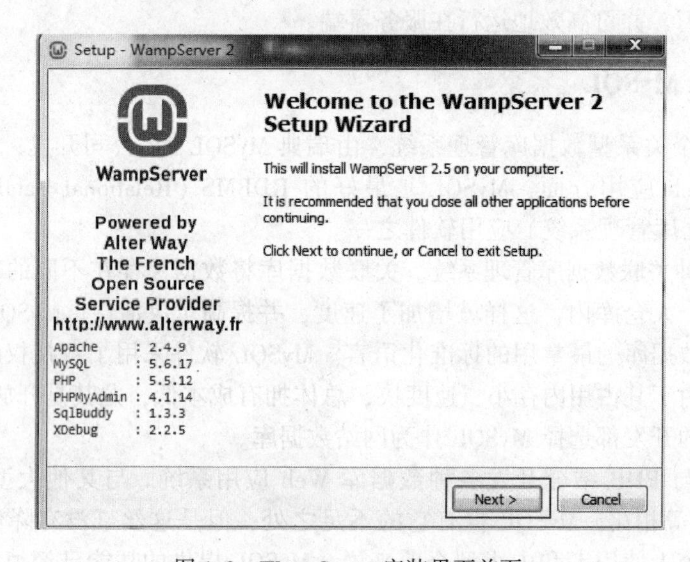

图 1.3　WampServer 安装界面首页

接下来一直单击“Next”按钮，就可以完成安装了，如图 1.4~图 1.8 所示。

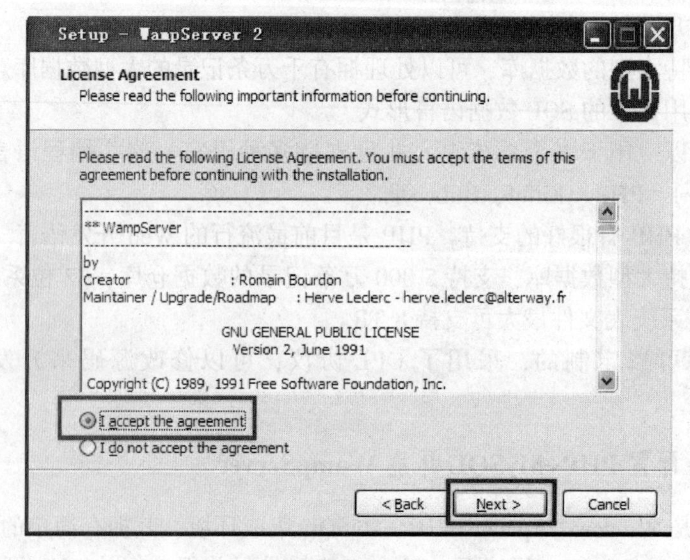

图 1.4　接受安装协议

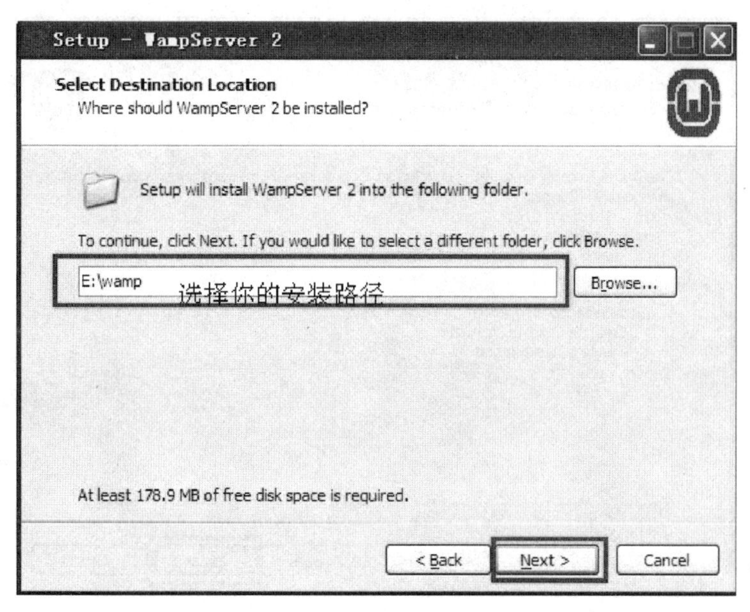

图 1.5　选择安装路径

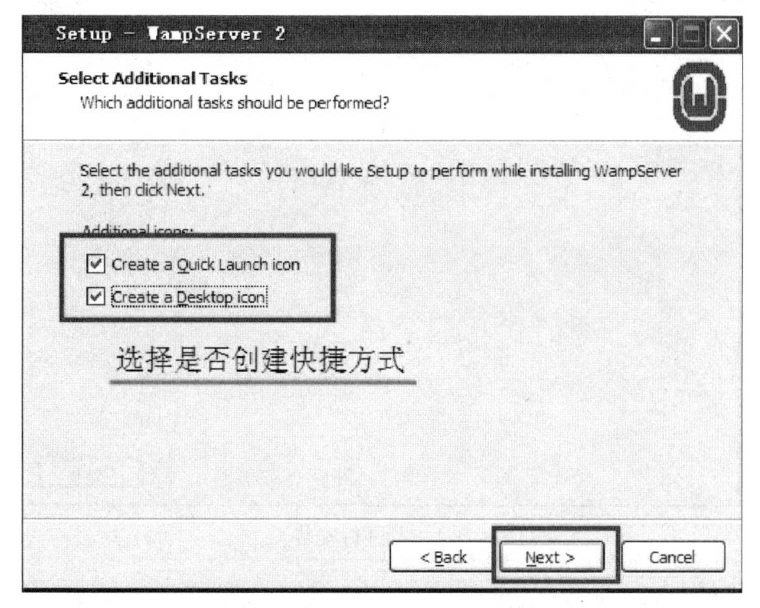

图 1.6　选择是否创建快捷方式

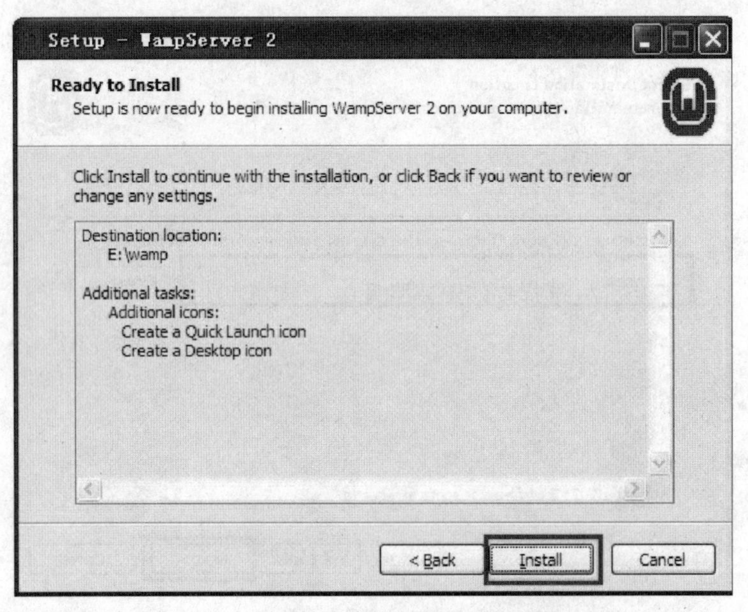

图 1.7　单击“Install”按钮开始安装

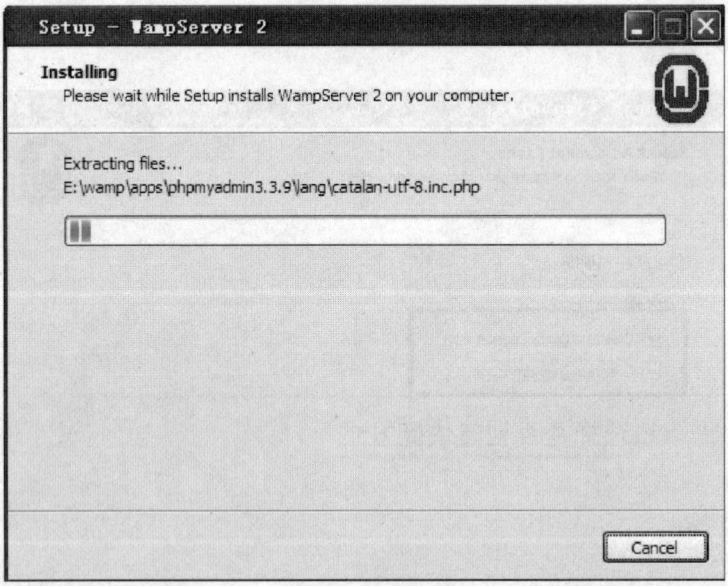

图 1.8　进行安装

小提示：

安装过程中会提示选择默认浏览工具，如图 1.9 所示。要注意的是，这个浏览工具指的是 Windows 的浏览器，也就是 explorer. exe，默认的就是这个，直接单击“打开”按钮就可以了。

图 1.9　打开 explorer 文件

小提示：

如图 1.10 所示，会出现一个提示输入管理员邮箱及邮箱 SMTP 服务器的窗口。如果大家愿意填写，可以填一下，不过一般情况下直接单击“Next”按钮就可以了，不会影响安装。

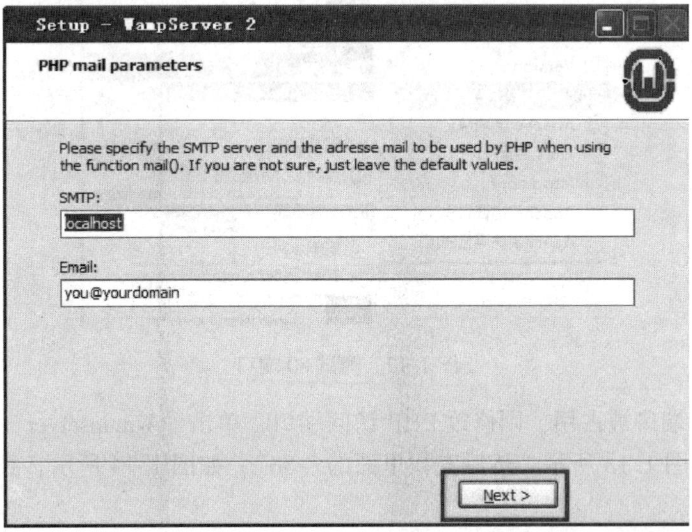

图 1.10　SMTP 服务器的窗口

【示例 2】启动 WampServer 2. 5

启动 WampServer

① 在“开始”菜单中找到 WampServer 2. 5，单击打开。

② 成功启动 WampServer 2. 5 后，在电脑右下角出现绿色的 。

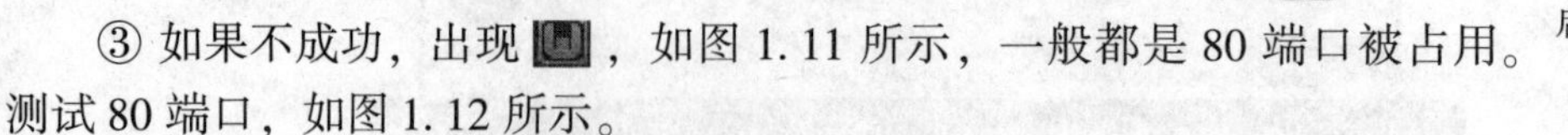

③ 如果不成功，出现 ，如图 1. 11 所示，一般都是 80 端口被占用。测试 80 端口，如图 1. 12 所示。

图 1. 11　启动 wamp

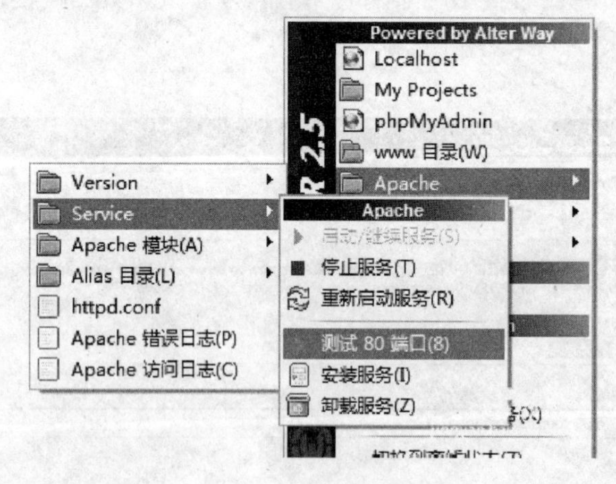

图 1. 12　测试 80 端口

如果提示 80 端口被占用，则修改 PHP 访问端口，单击“Wampserver”→“Apache”→“httpd. conf”，如图 1. 13 所示。然后查找里面的“80”，如图 1. 14 所示，找到

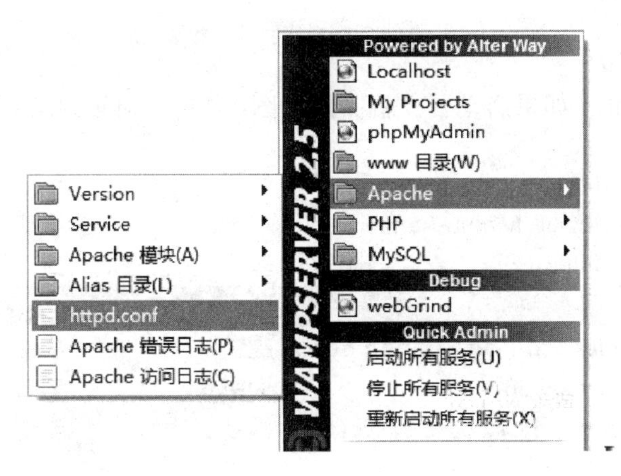

图 1.13　修改端口

```
Listen 0.0.0.0:80
Listen [::0]:80
```

和

```
ServerName localhost:80
```

把这些端口号改为自己喜欢的端口号，如 8088。

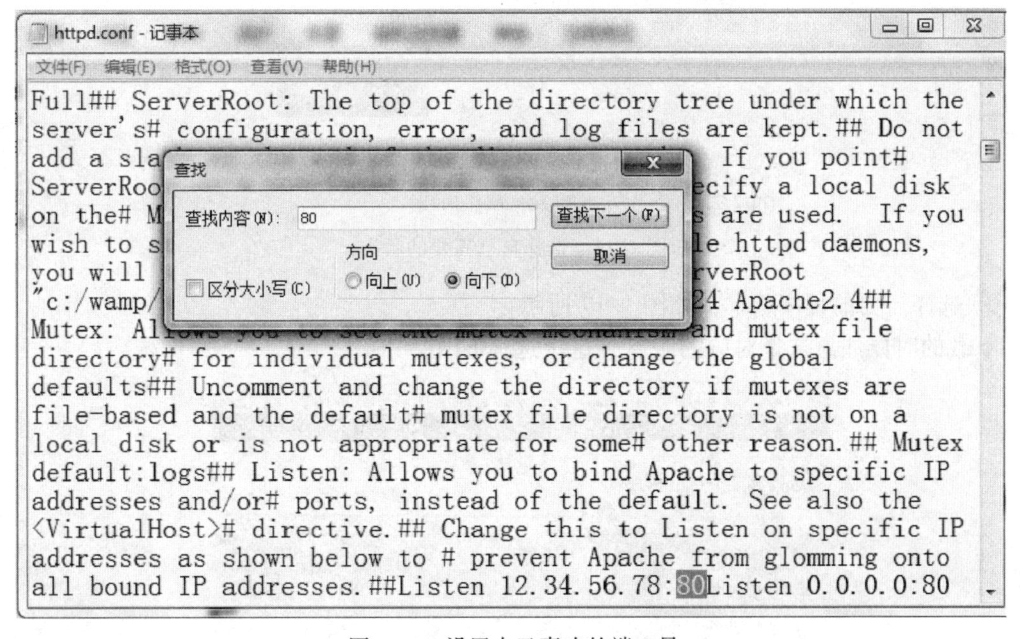

图 1.14　设置自己喜欢的端口号

重启 WampServer，再次重启所有服务，查看是不是变为绿色。如果没有，查看 MySQL 是否启动了，是否占用了 WampServer 的 MySQL。

按 Win +R 组合键，键入：

```
services.msc
```

进入服务，找到 MySQL，如果启动了，就关掉（图 1.15），再重启就可以了。

Microsoft Software Shad...	管理...		手动
Mozilla Maintenance Ser...	Moz...		手动
Multimedia Class Schedu...	基于...	正在...	自动
MySQL		正在...	自动
Net.Tcp Port Sharing Ser...	提供...		禁用
Netlogon	为用...		手动
Network Access Protecti...	网络...		手动

图 1.15　关闭 MySQL

【示例 3】安装 WampServer 提示丢失 MSVCR100. dll 的解决方法

安装 wampserver 提示丢失 MSVCR100. dll 的解决方法

要想运行 WampServer，必须首先安装 Visual C++的环境插件。一般情况下，操作系统已经安装了 MSVCR100. dll，如果出现丢失 MSVCR100. dll 的提示，可以采取以下方法解决。

① 打开下载网址：http://www.microsoft.com/zh-CN/download/details.aspx?id=30679，如图 1.16 所示。

Visual C++ Redistributable for Visual Studio 2012 Update 4

Visual C++ Redistributable Package 安装运行使用 Visual Studio 2012 生成的 C++ 应用程序所必需的运行时组件。

图 1.16　选择自己需要的版本

② 选择需要的程序版本，如图 1.17 所示。

下载的时候注意选择对应的版本，这里选择 64 位。

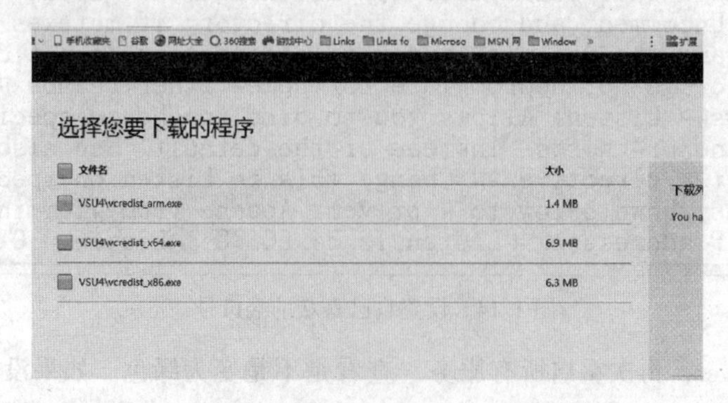

图 1.17　选择对应程序（目前一般是 64 位）

③ 安装程序，如图 1. 18 所示。

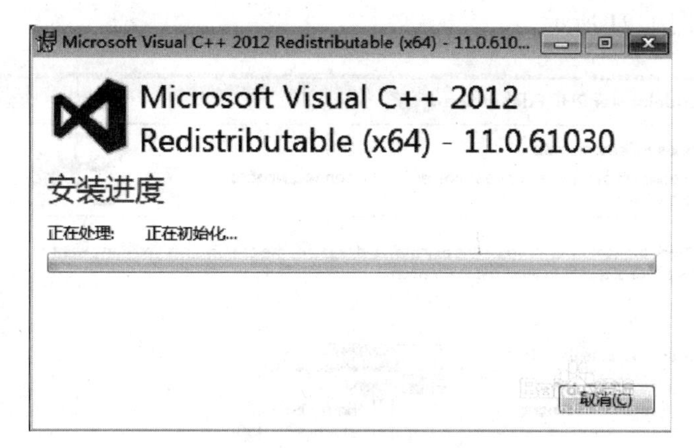

图 1. 18　安装程序

安装完 Visual C++之后，再去下载 WampServer，安装步骤见示例 1。

【示例 4】安装 PHP 编码软件 PHPEdit

安装 PHP 编码软件 PHPEdit

PHP 开发除了 WampServer 环境外，还要为 PHP 代码选择一个合适的软件。PHP 可以在记事本、Dreamweaver、Zend Studio、phpeclipse、PHPEdit 等软件中编写代码，甚至在 Word 中也可以，本示例将以 PHPEdit 为主，介绍 PHP 编码软件的安装使用。

（1）下载 PHPEdit

PHPEdit 全称 CodeLobster PHP Edition，这里以 v5. 6. 0 为例，可以通过百度等搜索引擎找到 CodeLobster PHP Edition v5. 6. 0，并下载下来。下载后的文件夹中只有一个安装程序。

（2）安装 PHPEdit

双击 CodelobsterPHPEditionSetup 进行安装，如图 1. 19 所示。接下来一直单击“Next”按钮，

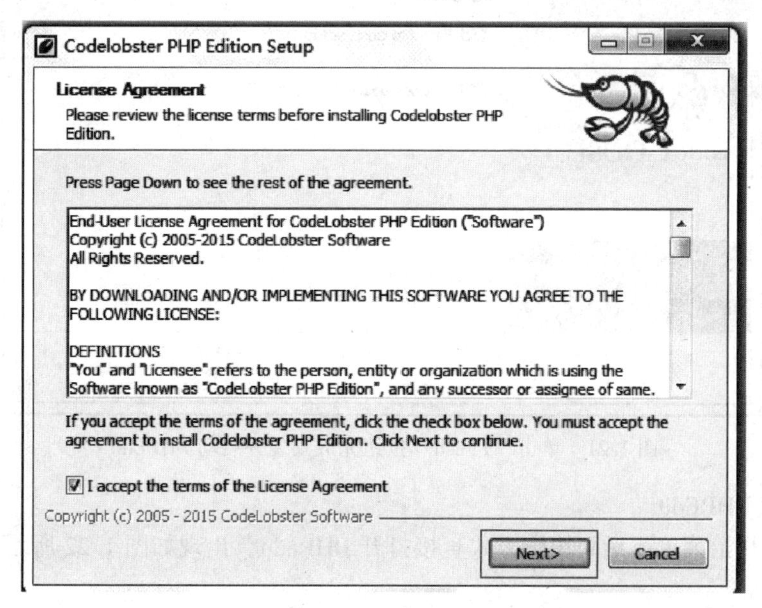

图 1. 19　安装 PHPedit

直到出现安装界面，单击“Install”按钮，如图 1. 20 所示。单击“Finish”按钮完成安装并启动 PHPEdit，如图 1. 21 所示。

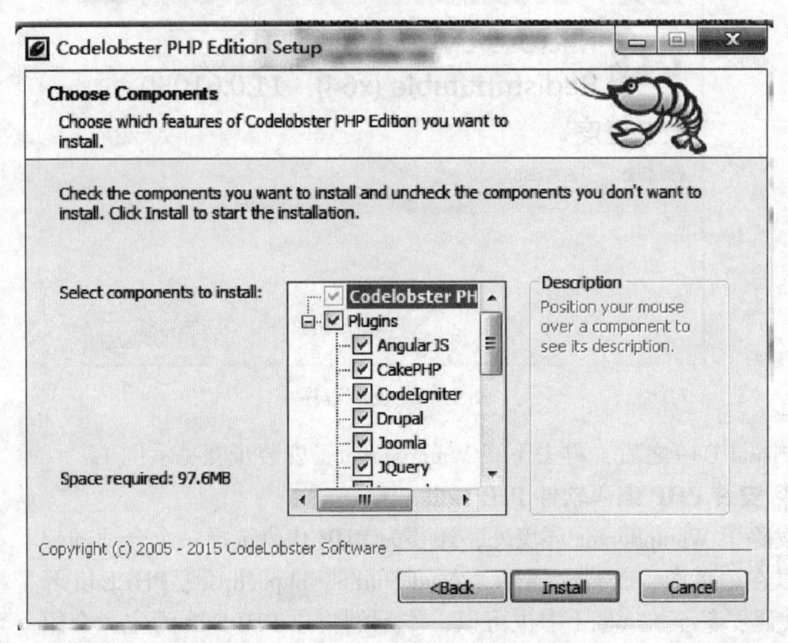

图 1. 20　单击“Install”按钮进行安装

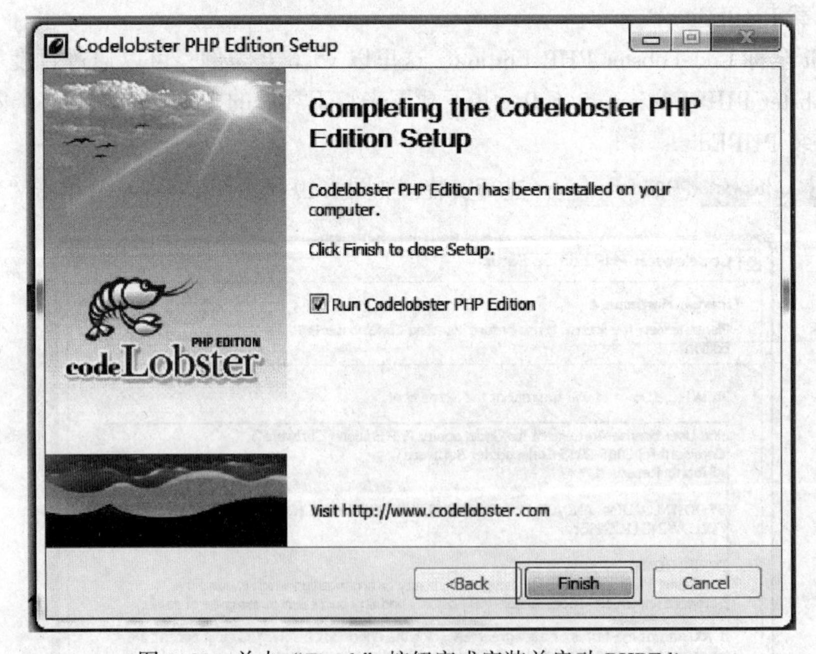

图 1. 21　单击“Finish”按钮完成安装并启动 PHPEdit

（3）打开 PHPEdit

可以通过开始菜单或桌面快捷方式直接打开 PHPedit，出现如图 1. 22 所示界面。

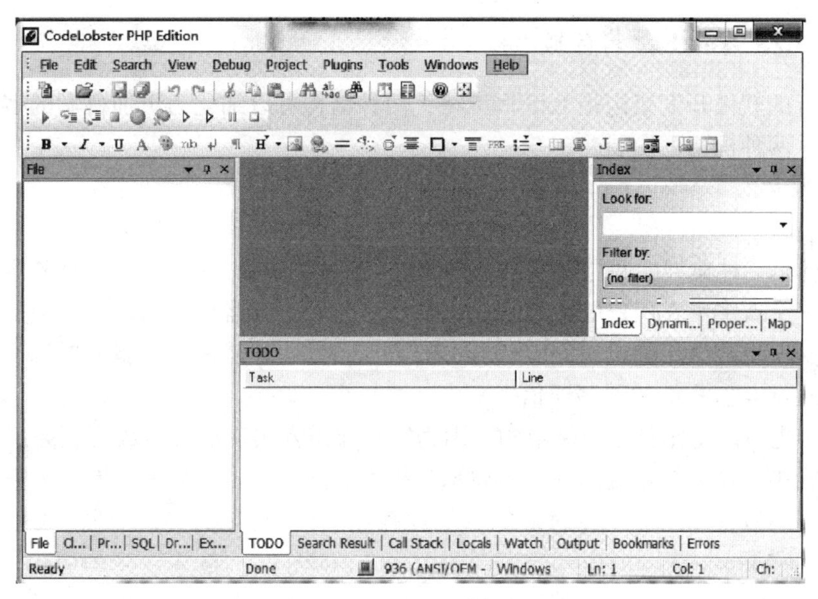

图 1.22　PHPEdit 编辑界面

【示例5】熟悉 WampServer 运行环境

编写 PHP 程序前，必须了解 WampServer 的运行环境，重点是了解 PHP 程序目录、MySQL 编辑管理目录和页面浏览目录等，如图 1.23 所示。这里首先要注意的是，编写的 PHP 程序必须放在 www 目录（W）下，也就是“C:\wamp\www”，这样 PHP 程序才可以运行。可以新建文件夹，也可以直接放在里面。

熟悉 wampserver 运行环境

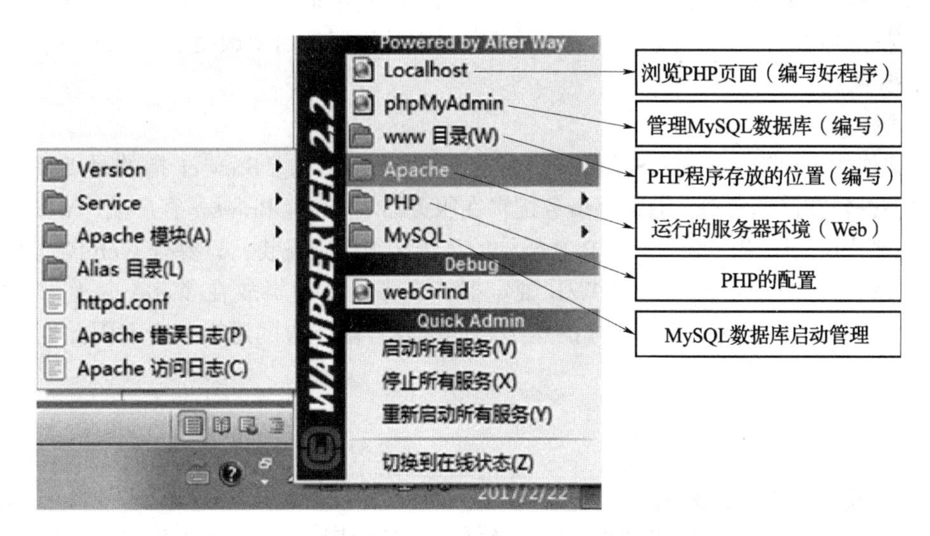

图 1.23　WampServer 环境介绍

例如，编写一个程序“demo.php”，放在 www 目录下的运行地址为：http://localhost/demo.php。如果放在 www 子文件 PHPcodes 里面，则运行地址为：http://localhost/PHPcodes/demo.php。

1.3.4 C/S 与 B/S 架构区别

目前流行的软件开发架构是 B/S 和 C/S，两种结构可以细化为更加科学的多层结构，但始终围绕在这两种框架下发展。

1. C/S 架构

（1）概念

C/S 架构是一种典型的两层架构，其全称是 Client/Server，即客户端/服务器端架构，其客户端包含一个或多个在用户的电脑上运行的程序，而服务器端有两种：一种是数据库服务器端，客户端通过数据库连接访问服务器端的数据；另一种是 Socket 服务器端，服务器端的程序通过 Socket 与客户端的程序通信。

C/S 架构也可以看作胖客户端架构。因为客户端需要实现绝大多数的业务逻辑和界面展示。这种架构中，作为客户端的部分需要承受很大的压力，因为显示逻辑和事务处理都包含在其中，通过与数据库的交互（通常是 SQL 或存储过程的实现）来达到持久化数据，以满足实际项目的需要。

（2）优点和缺点

优点：

① C/S 架构的界面和操作可以很丰富。

② 安全性能很容易保证，实现多层认证也不难。

③ 由于只有一层交互，因此响应速度较快。

缺点：

① 适用面窄，通常用于局域网中。

② 用户群固定。由于程序需要安装才可使用，因此不适合面向一些不可知的用户。

③ 维护成本高，发生一次升级，则所有客户端的程序都需要改变。

2. B/S 架构

（1）概念

B/S 架构的全称为 Browser/Server，即浏览器/服务器结构。Browser 指的是 Web 浏览器，极少数事务逻辑在前端实现，但主要事务逻辑在服务器端实现。Browser 客户端、WebApp 服务器端和 DB 端构成所谓的三层架构。B/S 架构的系统无须特别安装，只要有 Web 浏览器即可。

B/S 架构中，显示逻辑交给了 Web 浏览器，事务处理逻辑放在 WebApp 上，这样就避免了庞大的胖客户端，减轻了客户端的压力。因为客户端包含的逻辑很少，因此也被称为瘦客户端。

（2）优点和缺点

优点：

① 客户端无须安装，有 Web 浏览器即可。

② B/S 架构可以直接放在广域网上，通过一定的权限控制实现多客户访问的目的，交互性较强。

③ B/S 架构无须升级多个客户端，升级服务器即可。

缺点：

① 在跨浏览器上，B/S 架构不尽如人意。

② 其表现要达到 C/S 程序的程度，需要花费不少精力。

③ 在速度和安全性上需要花费巨大的设计成本，这是 B/S 架构的最大问题。

④ 客户端/服务器端的交互是请求-响应模式，通常需要刷新页面，这并不是客户乐意看到的。(在 Ajax 风行后，此问题得到了一定程度的缓解。)

3. B/S 是对 C/S 的改进和扩展

正如前文所说，C/S 和 B/S 都可以进行同样的业务处理，但是 B/S 是随着 Internet 技术的兴起而产生的，是对 C/S 结构的一种改进或者扩展的结构。相对于 C/S，B/S 具有如下优势：

① 分布性：可以随时进行查询、浏览等业务。

② 业务扩展方便：增加网页即可增加服务器功能。

③ 维护简单方便：改变网页即可实现所有用户同步更新。

④ 开发简单，共享性强，成本低，数据可以持久存储在云端，而不必担心数据的丢失。

1.4　回到项目场景

通过以上学习，对 PHP、MySQL 有了初步认识，尤其熟悉了 WampServer 环境的安装和配置，熟悉了 WampServer 环境框架结构，知道了 PHP 程序可以在 PHPEdit 中编写，了解了 B/S 架构技术。接下来使用 PHPEdit 软件完成第一个程序项目——“欢迎小张加入 PHP 编程队伍!”。

【步骤 1】新建一个 WellCome. php 程序。

打开 PHPEdit，新建一个 php 程序，在“C:\wamp\www”下新建一个“PHPCODES”文件夹，将新建程序保存为“WellCome. php”，存放在“C:\wamp\www\PHPCODES”文件夹中，如图 1. 24 所示。

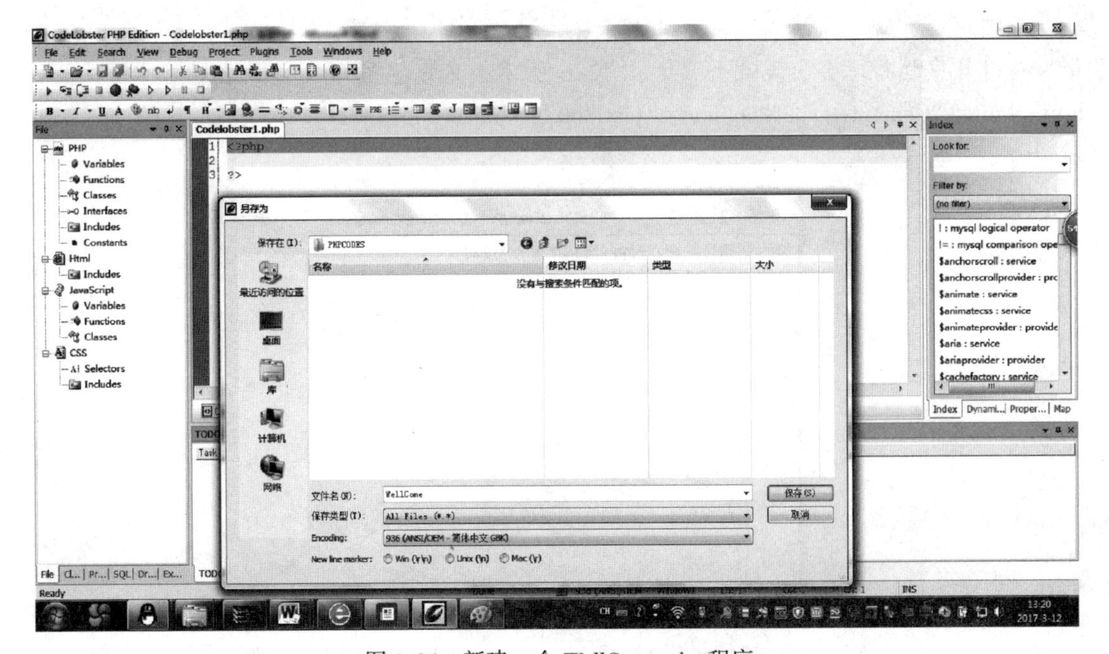

图 1. 24　新建一个 WellCome. php 程序

【步骤 2】编写程序代码。

```
<html>
<body>
<? php
echo "欢迎小张加入 PHP 编程队伍!";
?>
</body>
</html>
```

【步骤 3】保存并运行（图 1.25）。

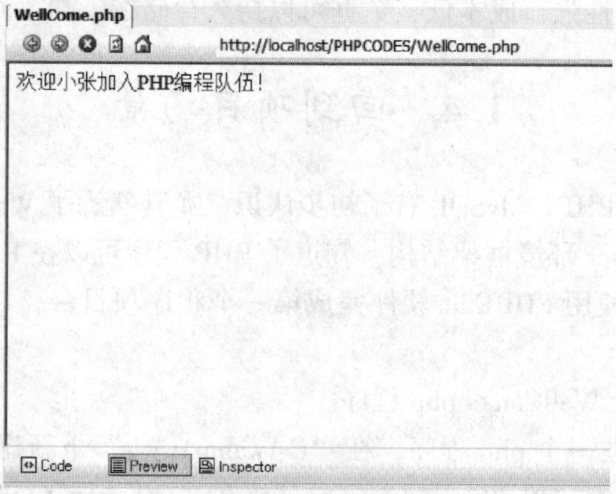

图 1.25　运行 WellCome. php

小技巧：

有时程序运行时会出现乱码，如图 1.26 所示，可以在程序文件最上端添加“<meta http-equiv="Content-Type" content="text/html; charset=utf-8">”。

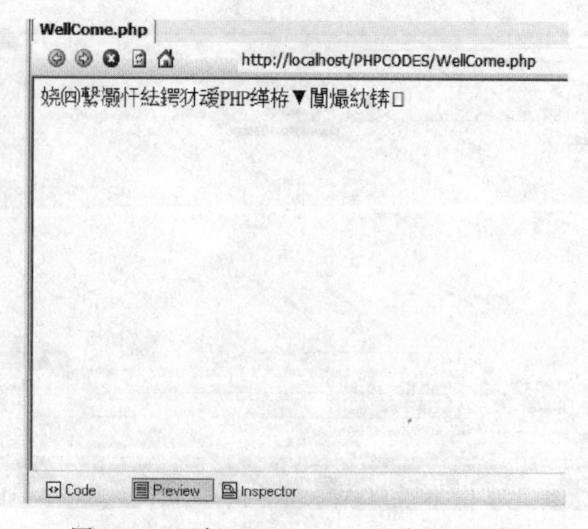

图 1.26　运行 WellCome. php 时出现乱码

解决乱码后的代码：

```
<meta http-equiv="Content-Type" content="text/html; charset=utf-8">
<html>
<body>
<? php
echo "欢迎小张加入 PHP 编程队伍!";
?>
</body>
</html>
```

1.5　并行项目训练

1.5.1　训练内容

① 自行安装 WampServer 和 PHPEdit。

② 编写“Hello World!”程序项目。

1.5.2　训练目的

① 牢固掌握 WampServer 的安装配置方法，会安装 PHPEdit。

② 在熟悉 WampServer 环境架构的基础上，会使用 PHPEdit 编写程序。

1.5.3　训练过程

① 安装、配置 WampServer，熟悉 WampServer 环境，安装 PHPEdit，参照示例 1～示例 4。

② 编写“Hello World!”。

【步骤1】新建一个“helloworld.php”程序。

打开 PHPEdit 软件，新建一个“helloworld.php”程序，并存放在“C:\wamp\www\PHP-CODES”文件夹。具体步骤参考“回到项目场景”的步骤1。

【步骤2】编写代码。

```
<! DOCTYPE html> // 文档格式标识
<html>
<body>
<?php
echo "Hello World!";
?>
</body>
</html>
```

结果运行如图 1.27 所示。

图 1.27　helloworld. php 运行结果

1.5.4　项目实践常见问题解析

【问题 1】PHP 编写的程序存放在何处才能运行?

【答】存放在“C:\wamp\www”目录下或子目录中，运行地址为：http://localhost/。

【问题 2】PHP 代码中中文出现乱码怎么办?

【答】在程序文件中加一行代码：<meta http-equiv="Content-Type" content="text/html; charset=utf-8">。

【问题 3】什么是 PHP?

【答】PHP(Hypertext Preprocessor，超文本预处理器）是一种通用开源脚本语言。

【问题 4】PHP 开发的程序系统是 B/S 还是 C/S?

【答】是 B/S，它是一种浏览器/服务器结构。

1.6　习　　题

1. B/S 和 C/S 结构的区别是什么?
2. PHP 的编辑软件有哪些?

1.7　小　　结

本单元通过示例驱动、项目训练和并行训练，介绍了 PHP、MySQL，重点讲解了 WampServer 环境的安装、配置、启动和安装启动问题的解决方法。通过 PHPEdit 安装和使用，对 WampServer 环境的结构分析，编写第一个程序项目——“欢迎小张加入 PHP 编程队伍!”，并通过“Hello World!”进行强化训练，最终可以掌握 WampServer 环境的安装与配置，掌握 PHPEdit 软件新建、保存和运行程序的方法，为进一步学习 PHP 程序基础知识和技术奠定基础。

单元 2

编写 PHP 基础程序

单元要点

➢ PHP 语法结构
➢ PHP 注释
➢ PHP 输出 echo
➢ HTML 与 PHP 混合结构
➢ PHP 数据类型
➢ PHP 变量
➢ PHP 常量
➢ PHP 运算符

技能目标

➢ 会编写简单 PHP 语句
➢ 能使用变量和常量
➢ 会输出 PHP 程序结果
➢ 会用运算符编写表达式
➢ 能从界面输出 PHP 结果

项目载体

◇ 工作场景项目：折扣计算器
◇ 并行训练项目：计算圆形面积

2.1　项目场景导入

项目名称：折扣计算器

项目场景：

折扣计算器

通过界面输入商品价格和折扣，界面自动提示“该商品价格为×××；折扣为×××；实付：×××”，如图 2.1 所示。文件保存为 zhekou. php。

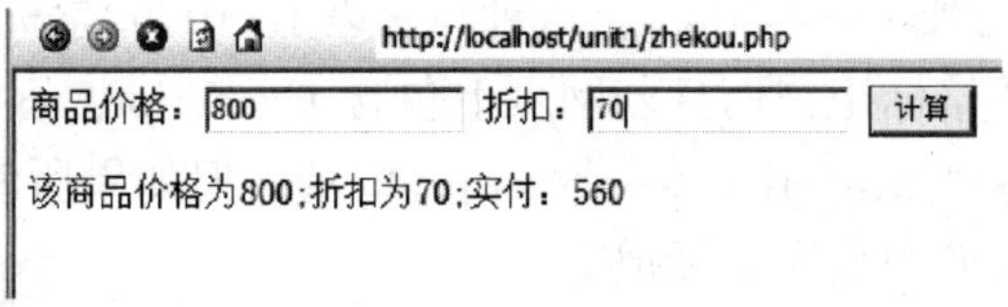

图 2.1　折扣计算器

2.2 项目问题引导

① HTML界面如何与PHP对接读取数据？
② PHP如何输出数据？
③ 计算表达式如何编辑？
④ 如何定义和使用变量、常量？

2.3 技术与知识准备

2.3.1 PHP语法结构和风格

1. PHP语法

PHP可以和HTML混合相嵌开发程序，语法格式为：

```
<?php
PHP程序代码段; // 所有的PHP代码都写在这里,与HTML代码相互嵌套后实现操作。
?>
```

2. 标准风格

PHP与HTML互嵌，以“<?php”开始和以“?>”结束的标记是标准风格的标记，这种标记风格可以应用于不同的服务器环境。该标记风格不可以被服务器管理员禁用。

```
<HTML>
    <HEAD>
        <TITLE>PHP四种标记风格</TITLE>
    </HEAD>
    <BODY>
    <?php
        echo '这是标准风格';
    ?>
    </BODY>
</HTML>
```

本书将主要按照标准风格设计编码内容。

3. 脚本风格

<script language="php">…</script>：这种写法以HTML元素标记PHP程序代码段，这种标记是最长的，是长风格标记，而且若网页上包含JavaScript，容易和标记JavaScript程序代码段的<script language="JavaScript">…</script>混淆。但如果所使用的HTML编辑器无法支持其他标记风格，可以使用长风格标记。

```
<HTML>
	<HEAD>
		<TITLE>PHP 四种标记风格</TITLE>
	</HEAD>
	<BODY>
	<script languange="php">
		echo '这是脚本风格';
	</script>
	</BODY>
</HTML>
```

4. ASP风格

<%　%>：这种写法其实是用来标记ASP程序代码段的。过去为了鼓励ASP网页开发人员改用PHP，允许以<%和%>标记PHP程序代码段。需要在php.ini配置文件中开启asp_tags = on。

```
<HTML>
	<HEAD>
		<TITLE>PHP 四种标记风格</TITLE>
	</HEAD>
	<BODY>
	<%
		echo '这是 ASP 风格';
	%>
	</BODY>
</HTML>
```

5. 简短风格

若采用<?和?>标记PHP程序代码段，那么必须将php.ini文件内的short_open_tag设置为on，<?和?>与XML不兼容。

```
<HTML>
	<HEAD>
		<TITLE>PHP 四种标记风格</TITLE>
	</HEAD>
	<BODY>
	<?
		echo '这是简短风格的标记';
	?>
	</BODY>
</HTML>
```

2.3.2 PHP 注释

优秀程序不可或缺的一个重要元素就是注释。注释是对当前语句或代码段的解释说明，可以增强程序的可读性，这对于一个程序员来说是很有帮助的，便于程序员对程序进行修改和后期维护。合理书写注释，不仅可以提高程序的可读性，还有利于开发人员之间的沟通和后期的维护，有时也可以将暂时不合理的代码注释掉以备后用。从严格意义上讲，一份代码至少应有一半以上的内容为注释信息。

注释的内容会被 Web 服务器引擎忽略，不会被解释执行，不会影响到 PHP 代码的运行效率。因此，正确书写注释是一种良好的编程习惯。

PHP 注释有两种模式：

1. 单行注释（“//”或者“#”）

单行注释以“//”或者“#”开始，遇到换行或者 PHP 结束标记时结束。如果单行注释中包含“?>”，则其后的字符将被作为 HTML 内容处理。注释一般写在被注释代码的上面或者右面。

2. 多行注释（块注释）

在 PHP 中，块注释以“/ *”开始，遇到第一个“ * /”时结束。

使用上述两种表示方法都可以注释语句。注释主要是针对代码的解释和说明，用来解释脚本的用途、版权说明、版本号、生成日期、作者、内容等，有助于对程序的阅读理解。合理地使用注释有以下几项原则。

注释编写规范：

① 注释语言必须准确、易懂、简洁。

② 注释可以书写在代码中的任意位置，但是一般写在代码的开头或者结束位置。

③ 修改程序代码时，一定要同时修改相关的注释，保持代码和注释的同步。

④ 在实际的代码规范中，要求注释占程序代码的比例达到 20%左右，即 100 行程序中包含 20 行左右的注释。

⑤ 在程序块的结束行右方加注释标记，以表明某程序块的结束。

2.3.3 echo 和 print 语句

在 PHP 中有两种信息输出方式：echo 和 print。输出时，可以使用 echo" "、print" " 或 echo( ) 、print( ) 。

> **小提示：**
>
> echo 可以输出一个或多个字符串，print 只允许输出一个字符串，返回值总为 1；echo 输出的速度比 print 的快；echo 没有返回值，print 有返回值 1。

【示例 1】echo 输出简单信息

```
<?php
echo "<h2>PHP 很有趣！</h2>";
echo "Hello world！<br>";
echo "我要学 PHP！<br>";
```

使用 Echo 和 Print 输出信息

```
echo "这是一个","字符串,","使用了","多个","参数。";
?>
```

小提示：

echo 输出信息的字符连接符号可以是“.”或“;”。

【示例 2】echo 输出数组、变量和连续信息

```
<body>
<form>
<input height="1000" type="text" value="<?php echo "我是小红!";?> "></form>
<?php
$age=20;
echo"<br>";                                             // 输出换行
echo "我是小红!"."今年".$age."岁";
$school=array("苏州健雄学院","苏州工职院","苏州经贸学院");
echo "I am 小红!"."I study at ".$school[2]; //$school[2]输出数组的第三个元素。
echo"<br>";
echo ("I am 小红！ I study at $school[2]");
echo"<br>";
echo "我是小红！ 今年 $age 岁";
echo ("<script>alert('哎呀！ 鬼来了！');</script>"); // 输出弹出窗口
//print ("<script>alert('哎呀！ 鬼来了！');</script>"); // 使用 print 输出弹出窗口
?>
</body>
</html>
```

【示例 3】print 输出简单信息

```
<?php
print "<h2>PHP 很有趣！ </h2>";
print "Hello world! <br>";
print "我要学习 PHP!";
?>
```

【示例 4】print 输出数组和变量信息

```
<?php
$txt1="学习 PHP";
$txt2="wjxvtc.cn";
$cars=array("丰田","雪铁龙","大众");
print $txt1;
```

```
print "<br>";
print "在 $txt2 学习 PHP ";
print "<br>";
print "我的车的品牌是 {$cars[0]}"; //{$cars[0]}输出数组的第一个元素
?>
```

2.3.4 HTML 与 PHP 混合结构

混合结构：

```
<html>
<head></head>
<body>
<form></form>
<?php
PHP 程序 1
?>
<table></table>
<?php
PHP 程序 2
?>
<?php
PHP 程序 3
?>
</body>
</html>
```

可见，PHP 和 HTML 语言相互融合在一起才能发挥编码功能，才能实现 PHP 与 HTML 页面元素之间的数据通信，才能将 PHP 处理结果发挥到界面。

【示例 5】显示输入的用户名和密码（图 2.2）

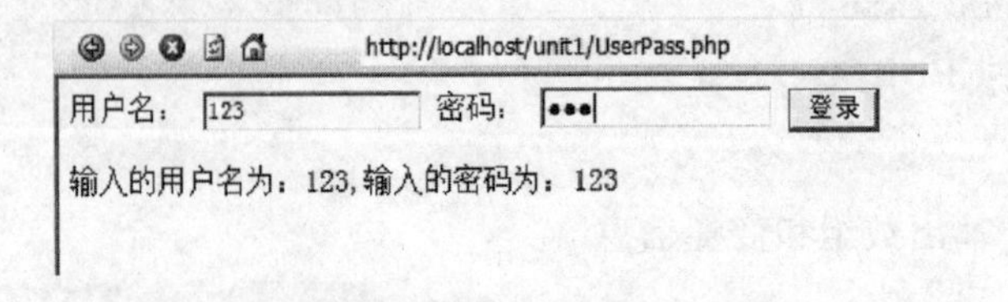

图 2.2　显示用户名和密码

显示输入的用户名和密码

关键代码：

```
<html>
    <head>
```

```
            <title>用户名和密码验证 </title>
        </head>
        <body>
            <form id="form1" name="form1" method="post">
                <tr>
                    <td height="35" align="center" class="STYLE1">用户名:
                        <input name="user" type="text" size="16"/>
                    </td>
                </tr>
                <tr>
                    <td height="35" align="center" class="STYLE1">密码:
                        <input name="password" type="password" size="16"/>
                    </td>
                </tr>
                <tr>
                    <td height="35" align="center"><input type="submit" name="Sub-
mit" value="登录"/>
                    </td>
                </tr>
            </form>
            <?php
            if(isset($_POST['Submit']))
            {
                $user=$_POST['user'];
                $password=$_POST['password'];
                if(empty($user)||empty($password))
                {
                    echo "<script>alert('用户名或密码不能为空！');window.location.href
='UserPass.php';</script>";
                }
                else
                {
                echo "输入的用户名为:$user,输入的密码为:$password<br/>";
                }
            }
            ?>
        </body>
    </html>
```

通过以上示例，一定要知道，PHP 编码往往是和 HTML 一起完成的，本书后面的很多示例和项目，都是由 HTML 和 PHP 一起编码的。

2.3.5 PHP 数据类型

和多数程序设计语言一样，PHP 也将数据分成多种“类型”（type），这些类型决定了数据将占用的内存空间、能够表示的范围及程序处理数据的方式，具有相同类型的数据才可以彼此操作。这和诸如 C、C++、C#、Java 等“强类型”程序设计语言不同，PHP 属于“弱类型”程序设计语言，也就是说，数据在使用之前无须声明类型，PHP 中的数据类型由程序的上下文决定，即具体的类型在运行期间视实际情况动态转换。PHP 会将“2+35”视为字符串，而 2+“35”则会被视为整数 37。

PHP 数据类型可以分为三大类：标量数据类型、复合数据类型和特殊数据类型。具体支持下列 8 种类型，本小节中将依次介绍 6 种，至于数组和对象，则在后面的章节进行讲解。

① 标量数据类型：integer（整型），float、double（浮点型），boolean（布尔型），string（字符串型）。

② 特殊数据类型：float（浮点型），null（空值），资源 resource。

③ 复合数据类型：array（数组），object（对象）。

1. 整型（integer）

整型数据类型是最简单的类型，只能包含整数，可以用符号“+”或“-”开头表示正负数，其字长与平台有关。PHP 所支持的整数范围取决于计算机平台的字长，以 32 位平台为例，其整数范围为$\pm(2^{31}-1)$，即-2 147 483 648 ~ +2 147 483 647。整型数可以用十进制、八进制和十六进制来表示。如果使用八进制，数字前面必须加“0”；如果用十六进制，数字前面必须加“0x”，但表达式中计算的结果均以十进制数字输出。如果一个数或者运算结果超出了整型范围，例如 2 147 483 649，PHP 会自动将类型转化为浮点型。如果在八进制中出现了非法数字（8 和 9），则后面的数字会被忽略掉。

整数是一个没有小数的数字。

整数规则：

① 整数必须至少有一个数字（0~9）。

② 整数不能包含逗号或空格。

③ 整数是没有小数点的。

④ 整数可以是正数或负数。

【示例 6】整型应用

```
<?php
$x = 5985;
var_dump($x); // var_dump() 函数返回变量的数据类型和值
echo "<br>";
$x = -345;      // 负数
var_dump($x);
echo "<br>";
```

定义数据类型

```
$x = 0x8C;   // 十六进制数
var_dump($x);
echo "<br>";
$x = 047;    // 八进制数
var_dump($x);
?>
```

2. 浮点型(float、double)

浮点数(float、double)指的是实数，是一种近似的数值，PHP所支持的浮点数范围也取决于计算机平台的字长。以64位平台为例，最大浮点数范围约为±(1.8E+308)，有效位数约14位。可以使用小数点或科学符号表示浮点数，其中科学符号的E或e没有大小写之分(只有变量名称和常数名称才有大小写之分)。标准格式如3.1415、-68.4；科学计数法格式，如3.58E1、54.6E-3。PHP中float类型的精度有点问题，因此在应用浮点数时，尽量不要去比较两个浮点数是否相等，也不要将一个很大的数与一个很小的数相加减，此时那个很小的数可能会被忽略。如果必须进行高精度的数学计算，可以使用PHP提供的专用的数学函数系列和gmp()函数。

【示例7】浮点数应用(图2.3)

```
<?php
    $a=10;// 十进制
    $b=010;// 八进制
    $c=0x10;// 十六进制
    $d=10.001;// 标准浮点型格式
    $e=10.001e10;// 科学计数法格式
    echo "$a";
    echo "<br>";
    echo "$b";
    echo "<br>";
    echo "$c";
    echo "<br>";
    echo "$d";
    echo "<br>";
    echo "$e";
    echo "<br>";
?>
```

http://localhost/unit1/demo7.php

10
8
16
10.001
100010000000

图2.3 浮点数示例

3. 布尔型（boolean）

布尔型是 PHP 中较为常用、也最简单的数据类型之一，它保存一个逻辑真（true）或假（false）。其中 true 和 false 是 PHP 的内部关键字，不区分大小写。当要表示的数据只有 true/false、yes/no 两种选择时，就可以使用布尔类型，换句话说，布尔类型通常用来表示表达式是否成立或某个情况是否满足。

当将布尔数据转换成值类型时，true 会转换成 1，false 会转换成 0；当将布尔数据转换成字符串类型时，true 会转换成字符串“1”，false 会转换成空字符串“”。

PHP 中，不是只有关键字 false 值表示假，下列情况都被认为是假值：整型值 0、浮点型值 0. 0、空字符串和字符串“0”、没有成员变量的数组、没有单元的对象、特殊类型 null，可自行验证。

4. 字符串型（string）

字符串类型用来表示一连串的字符，由数字、字母和符号组成。字符串中的每个字符只占用一字节。在 PHP 中没有对字符串做长度限制，一个字符占用一个字节，因此，一个字符串可以由一个字符构成，也可以由任意多个字符构成。

PHP 中可以采用 3 种方式来定义字符串：单引号、双引号和定界符（<<<EOF EOF）。

（1）单引号

在这种表示法中，字符串的前后必须加上单引号，例如‘hello world’。定义一个字符串最简单的办法就是使用单引号，但是单引号里面不能再包含单引号，必须使用时，应添加反斜线（ \ ）转义。引入转义的概念，是因为字符 \ 一般不会出现在正文中，所以就用它作为转义符。如果需要输出反斜线，则使用双反斜线（ \\ ）。另外，在单引号里出现的变量会照原样输出，因为 PHP 引擎不会对它进行解析，因此单引号定义字符串效率是最高的。

（2）双引号

在这种表示法中，字符串的前后必须加上双引号，例如“hello world”。

双引号字符串和单引号字符串的不同之处在于，第一，会进行变量解析，双引号中所包含的变量会自动被替换成实际数值，而在单引号中包含的变量则按普通字符串输出。第二，它支持更多换码字符。使用单引号方式时，需要对字符串中的单引号“'”进行转义，但使用双引号方式时，要表示单引号，可以直接写出，无须使用反斜线进行转义。采用双引号表示字符串时，可以使用更多的转义字符，如果试图转义其他任何字符，反斜线本身也会被显示出来。表 2. 1 列出了所有支持的转义字符。

表 2. 1　转义字符列表

转义字符	输出
\n	换行（LF 或 ASCII 字符 0x0A(10)）
\r	回车（CR 或 ASCII 字符 0x0D(13)）
\t	水平制表符（HT 或 ASCII 字符 0x09(9)）
\\	反斜线
\$	美元符号

续表

转义字符	输出
\'	单引号
\"	双引号
\[0-7]{1,3}	此正则表达式序列匹配一个用八进制符号表示的字符
\x[0-9A-Fa-f]{1,2}	此正则表达式序列匹配一个用十六进制符号表示的字符

【示例8】输出 string 及格式

```
<?php
    $a="Hello";
    echo 'Happy Birthday';
    echo '<br>';
    echo '\\';
    echo '<br>';
    echo '\'';
    echo '<br>';
    echo '$a';
    echo '<br>';
    echo "$a";
    echo '<br>';
    echo "\n";
    echo '<br>';
    echo "\to you";
    echo '<br>';
?>
```

（3）字符串并置运算

在 PHP 中，并置运算符（.）用于把两个字符串值连接起来。例如：

```
<?php
$txt1="Hello world!";
$txt2="What a nice day!";
echo $txt1 . " " . $txt2;
?>
```

（4）PHP strlen() 函数

strlen()函数返回字符串的长度（字符数）。例如：

```
<?php
echo strlen("Hello world!");
?>
```

(5) PHP strpos()函数

strpos()函数用于在字符串内查找一个字符或一段指定的文本。如果在字符串中找到匹配，该函数会返回第一个匹配的字符位置。如果未找到匹配，则返回 false。

例如：

```
<?php
echo strpos("Hello world!","world");
?>
```

小提示：

PHP 中的字符串函数有很多，在具体程序编写过程中，根据实际情况，查阅 PHP 学习手册查找学习其他函数。

5. 符合数据类型

(1) 数组 (array)

数组是一组数据的集合，它把一系列数据组织起来，形成一个可操作的整体。数组中可以包括很多数据：标量数据、数组、对象、资源，以及 PHP 中支持的其他语法结构等。数组中的每个数据称为一个元素，元素包括索引（键名）和值两个部分。元素的索引只能由数字或字符串组成。在有些编程语言中，数组的索引必须是数字，而在 PHP 中，索引既可以是数字，也可以是字符串（该复合数据类型将在后面进行详细讲解，这里仅做简要说明）。

(2) 对象 (object)

对象是一种更高级的数据类型，现实生活中的任何事物，如一本书、一张桌子等，都可以看作一个对象。对象类型的变量是由一组属性值和一组方法构成的，对象可以表示具体的事物，也可以表示某种抽象的规则、事件等。对于对象这一复杂数据类型，将在后面单元详细讲解。

6. 特殊数据类型（表 2.2）

表 2.2 特殊数据类型

类型	说明
resource（资源）	又叫作“句柄”，是由编程人员来分配的，处理外部事务的函数
null（空值）	特殊的值，表示变量没有值，唯一的值就是 null

(1) 资源 (resource)

资源是由专门的函数来建立和使用的。它是一种特殊的数据类型，并由程序员分配。资源类型代表的是一种特殊值，用来指向 PHP 程序的外部资源，例如，数据库、文件、图形图像等。资源变量里并不真正保存一个值，实际上只保存一个指针。通常 resource 类型是在调用函数存取外部资源时自动建立的，在使用资源时，要及时释放不需要的资源。如果程序员忘记释放资源，系统自动启用垃圾回收机制，避免内存消耗殆尽。因此，资源很少需要手动释放。数据库持久连接是一种比较特殊的资源，它不会被垃圾回收系统释放，需要手动释放。

(2) 空值 (null)

空值，顾名思义，表示没有为该变量设置任何值，表示“什么也没有”，既不表示零，也不表示空格。空值 (null) 不区分大小写，null 和 NULL 效果是一样的。被赋予空值的情况有以下三种。

① 没有赋任何值；

② 被赋值 null；

③ 被 unset( ) 函数处理过的变量。

例如：

```
<?php
$x="Hello world!";
$x=null;
var_dump($x);
?>
```

7. 数据类型转换 (表 2.3)

表 2.3　特殊数据类型

转换操作符	转化的类型
(int), (integer)	转换成整型
(bool), (boolean)	转换成布尔型
(float), (double), (real)	转换成浮点型
(string)	转换成字符串
(array)	转换成数组
(object)	转换成对象

PHP 是弱类型检查语言，PHP 中的变量定义中不需要（或不支持）明确的类型定义，变量类型由上下文所决定，这给程序的编写带来了很大的灵活性与便利性。但有时在程序中又需要知道自己使用的是哪种类型的变量，因此仍然需要用到类型转换。

PHP 中的类型转换可以使用两种方式来实现：

一种方式是显式转换，即强制类型转换。和 C 语言一样，在变量前加上用括号括起来的类型名称或使用 settype( ) 函数来实现。

另一种方式是隐式转换，即自动类型转换。PHP 中隐式数据类型转换很常见，变量会根据运行环境自动转换，是由 PHP 语言引擎自动解析的一种方式。在 PHP 中，直接对变量的赋值操作是隐式类型转换最简单的方式。在直接赋值操作过程中，改变原来变量的内容，则原有的变量内容被垃圾收集机制回收。还有一种运算结果对变量赋值的操作：变量在表达式运算过程中发生类型转换，这并没有改变运算数本身的类型，改变的仅仅是这些运算数如何被求值。自动类型转换虽然由系统自动完成，但要遵循转换按数据长度增加的方向进行，

以保证精度不被降低。一般分为两种情况：表达式的操作数为同一数据类型时，将运算结果赋值给变量；表达式的操作数为不同数据类型时，转换发生在运算过程中。

2.3.6 变量

变量是在程序中所使用的一个“名称”，计算机会提供预留的内存空间给这个名称，然后可以使用它来存放整数、浮点数、字符串、资源、NULL、数组、对象等，称为变量的“值”，而且值可以重新设置或经由运算更改。PHP 规定变量名称的前面必须加上美元符号（$），用“$”符号定义变量。PHP 中的变量使用“$”加变量名来表示，变量名是区分大小写的。

1. 变量的命名规则

① 变量名必须以英文字母或下划线开头；

② 其他字符可以是英文字母、下划线或阿拉伯数字，而且英文字母有大小写之分；

③ 不能使用保留字、内置变量的名称、内部函数的名称、内部对象的名称等；

④ 如果变量名由多个单词组成，应该使用下划线进行分隔。

PHP 是弱类型检查语言，因此，变量在使用前不需要预先定义，也无须指定数据类型。同时，在定义变量时，也可以不用初始化变量，变量会在使用时自动声明。变量的值可以通过 echo 语句输出。

2. 变量赋值

是指给变量一个具体的数据值，有两种赋值方式，并且二者在处理上存在很大差别。

传值赋值：使用“=”直接将赋值表达式的值赋给另一个变量。一般用于字符串和数字的赋值。其格式如下：

```
$name=value;
```

引用赋值：将赋值表达式内存空间的引用赋给另一个变量。需要在“=”右边的变量前面加上一个“&”符号。在使用引用赋值的时候，两个变量将会指向内存中同一存储空间。因此，任何一个变量的变化都会引起另外一个变量的变化。

【示例 9】定义变量与赋值

```
<?php
$txt="Hello world!";
$x=5;
$y=10.5;
?>
```

使用变量

3. 变量的作用域

变量必须在有效范围内使用，如果超出有效范围，变量也就失去其意义了。变量有其自己的作用域，不同的作用域有不同的作用范围，变量按其作用域可以分为局部变量(local)、函数参数（parameter）、全局变量（global）和静态变量（static）。

【示例 10】变量作用域测试

```
<?php
$x=5; // 全局变量
function myTest()
{
    $y=10; // 局部变量
    echo "<p>测试函数内变量:<p>";
    echo "变量 x 为: $x";
    echo "<br>";
    echo "变量 y 为: $y";
}
myTest();
echo "<p>测试函数外变量:<p>";
echo "变量 x 为: $x";
echo "<br>";
echo "变量 y 为: $y";
?>
```

【示例 11】声明全局变量的方式

```
<?php
$x=5;
$y=10;
function myTest()
{
global $x,$y;
$y=$x+$y;
}
myTest();
echo $y; // 输出 15
?>
```

或

```
<?php
$x=5;
$y=10;
function myTest()
{
$GLOBALS['y']=$GLOBALS['x']+$GLOBALS['y'];
```

```
}
myTest();
echo $y;
?>
```

【示例 12】静态变量的使用

```
<?php
function myTest()
{
static $x=0;
echo $x;
$x++;
}
myTest();
myTest();
myTest();
?>
```

【示例 13】参数变量的使用

```
<?php
function myTest($x)
{
echo $x;
}
myTest(5);
?>
```

2.3.7 常量

常量，顾名思义，是一个常态的量值，可以理解为值不变的变量。常量值被定义后，它的值不会随着程序的运行而改变，程序设计人员也无法改变常数的值，也就是说，在脚本的任何地方都不能改变。

常量在使用前必须先定义，而且只能是标量值。常量的名称就是一个标识符，标识符命名要遵循 PHP 的命名规范，即以字母或下划线开头，后面可以跟任何字母、数字或下划线。默认情况下，常量大小写敏感，按照习惯推荐大写，但不要加“$”。

PHP 提供了“用户自定义常量”和“预定义常量”两种方式。

1. 用户自定义常量

在 PHP 中，不能通过赋值语句来定义常量，只能使用 define()函数定义常量；使用 defined()函数判断一个常量是否已经定义；使用 get_defined_constants()函数获取所有当前已经定义的常量。define()函数的语法如下：

```
bool define (string $name, mixed $value [, bool $case_insensitive = false])
```

第一个参数为常量的名字，为 string 类型。命名规则和变量相同，默认有大小写之分，一般全部以大写来表示。

第二个参数为标量类型，为常量的值或表达式，这两个参数为必选参数。

第三个参数可选，为 boolean 类型，表示常量名字是否区分大小写。如果设定为 true，表示不区分大小写，默认为 false。

constant( ) 函数获取指定常量的值和直接使用常量名输出的效果是一样的。但函数可以动态地输出不同的常量，在使用上要灵活、方便得多。

语法：

```
mixed constant(string const_name)
```

参数 const_name 为要获取常量的名称，也可以为存储常量名的变量。如果成功，则返回常量的值；失败，则提示错误信息——常量没有被定义。

【示例 14】区分大小写的常量

```
<?php
// 区分大小写的常量名
define("GREETING", "欢迎访问 Runoob.com");
echo GREETING;      // 输出 "欢迎访问 Runoob.com"
echo '<br>';
echo greeting;    // 输出 "greeting"
?>
```

使用常量

【示例 15】不区分大小的常量

```
<?php
// 不区分大小写的常量名
define("GREETING", "欢迎访问 Runoob.com", true);
echo greeting;   // 输出 "欢迎访问 Runoob.com"
?>
```

【示例 16】全局常量

```
<?php
define("GREETING", "欢迎访问 wjxvtc.cn");
 function myTest() {
     echo GREETING;
}
myTest();      // 输出 "欢迎访问 Runoob.com"
?>
```

2. 系统预定义常量

在 PHP 中，除了可以自己定义常量外，还预定了一系列常量，可以在程序中直接使用来完成一些特殊的功能。不过很多常量都是由不同的扩展库定义的，只有在加载了这些扩展库时才会出现，或者动态加载后，或者在编译时已经包括进去了。这些预定义的常量有多种不同的开头，决定了各种不同的类型，有些常量会根据它们使用的位置而改变。例如，_LINE_的值就由它在脚本中所处的行来决定。这些特殊的常量不区分大小写。

一些常见的预定义常量见表 2. 4。

表 2. 4　系统预定义常量

常量名	常量值	说明
FILE	当前的文件名	在哪个文件中使用，就代表哪个文件名称
LINE	当前的行数	在代码的哪行使用，就代表哪行的行号
FUNCTION	当前的函数名	在哪个函数中使用，就代表哪个函数名
CLASS	当前的类名	在哪个类中使用，就代表哪个类的类名
METHOD	当前对象的方法名	在对象中的哪个方法使用，就代表这个方法名
PHP_OS	UNIX 或 WINNT 等	执行 PHP 解析的操作系统名称
PHP_VERSION	5. 5	当前 PHP 服务器的版本
true	true	代表布尔值，真
FALSE	FALSE	代表布尔值，假
NULL	NULL	代表空值
DIRECTORY_SEPARATOR	\ 或/	根据操作系统决定目录的分隔符
PATH_SEPARATOR	: 或;	在 Linux 上是一个 “:” 号，WIN 上是一个 “;” 号
E_ERROR	1	错误，导致 PHP 脚本运行终止
E_WARNING	2	警告，不会导致 PHP 脚本运行终止
E_PARSE	4	解析错误，由程序解析器报告
E_NOTICE	8	非关键的错误，例如变量未初始化
M_PI	3. 141592653	圆周率 π

【示例 17】使用预定义常量

```
<?php
echo "当前系统的操作系统是:".PHP_OS."";
echo "当前使用的 php 版本是:".PHP_VERSION."";
echo "当前的行数是:"._LINE_."";
?>
```

2. 3. 8　PHP 运算符

运算符是用来对变量、常量或数据进行计算的符号，是对一个值或一组值执行一个指定

的操作。PHP 的运算符包括算术运算符、赋值运算符、字符串运算符、递增或递减运算符、位运算符、逻辑运算符、比较运算符和条件运算符。

1. 赋值运算符

赋值运算符用于向变量写值。PHP 中基础的赋值运算符是“=”。这意味着右侧赋值表达式会为左侧运算数设置值，也可以有+=、-=、*=、/=、%=、.=赋值符号，见表 2.5。

表 2.5　赋值运算符

赋值	等同于	描述
x=y	x=y	右侧表达式为左侧运算数设置值
x+=y	x=x+y	加
x-=y	x=x-y	减
x*=y	x=x*y	乘
x/=y	x=x/y	除
x%=y	x=x%y	模数
x.=y	x=x.y	将右边的字符加到左边

示例 18 展示了使用不同赋值运算符的不同结果。

【示例 18】赋值运算

运算符应用

```
<?php $x=10;
echo $x; // 输出 10
$y=20;
$y += 100;
echo $y; // 输出 120
$z=50;
$z -= 25;
echo $z; // 输出 25
$i=5;
$i * = 6;
echo $i; // 输出 30
$j=10;
$j /= 5;
echo $j; // 输出 2
$k=15;
$k %= 4;
echo $k; // 输出 3
?>
```

2. 算数运算符

PHP 中的算数运算符包括：“+”（加）、“-”（减）、“＊”（乘）、“/”（除）、“%”(求余数)、“++”、“--”，见表 2.6。

表 2.6 算术运算符

运算符	等同于	描述
x=y	x=y	左操作数被设置为右侧表达式的值
x+=y	x=x+y	加
x-=y	x=x-y	减
x * =y	x=x * y	乘
x/=y	x=x/y	除
x%=y	x=x%y	模(除法的余数)
a.=b	a=a.b	连接两个字符串

【示例 19】算术运算

```
<?php
$x=10;
$y=6;
echo ($x + $y); // 输出 16
echo '<br>';  // 换行
echo ($x - $y); // 输出 4
echo '<br>';  // 换行
echo ($x  *  $y); // 输出 60
echo '<br>';  // 换行
echo ($x / $y); // 输出 1.6666666666667
echo '<br>';  // 换行
echo ($x % $y); // 输出 4
echo '<br>';  // 换行
echo -$x;
?>
```

3. PHP 递增/递减运算符（表 2.7）

表 2.7 递增/递减运算符

运算符	名称	描述
++$x	前递增	$x 加 1 递增，然后返回 $x
$x++	后递增	返回 $x，然后 $x 加 1 递增
--$x	前递减	$x 减 1 递减，然后返回 $x
$x--	后递减	返回 $x，然后 $x 减 1 递减

【示例 20】增减运算

```
<?php
$x=10;
echo ++$x; // 输出 11
 $y=10;
echo $y++; // 输出 10
 $z=5;
echo --$z; // 输出 4
 $i=5;
echo $i--; // 输出 5
?>
```

4. PHP 字符串运算符

字符串运算符包括串接与串接赋值两种，见表 2.8。

表 2.8　字符运算符

运算符	名称	例子	结果
.	串接	$txt1="Hello" $txt2 = $txt1 . "world!"	现在 $txt2 包含 "Hello world!"
.=	串接赋值	$txt1 = "Hello" $txt1 .= "world!"	现在 $txt1 包含"Hello world!"

【示例 21】字符运算

```
<?php
$a = "Hello";
$b = $a . "world!";
echo $b; // 输出 Hello world!
$x="Hello";
$x .= "world!";
echo $x; // 输出 Hello world!
?>
```

5. 比较运算符

PHP 比较运算符用于比较两个值（数字或字符串），主要运算符见表 2.9。

表 2.9　比较运算符

运算符	名称	例子	结果
==	等于	$x == $y	如果 $x 等于 $y，则返回 true
===	全等（完全相同）	$x === $y	如果 $x 等于 $y，且它们类型的相同，则返回 true
!=	不等于	$x != $y	如果 $x 不等于 $y，则返回 true
<>	不等于	$x <> $y	如果 $x 不等于 $y，则返回 true

续表

运算符	名称	例子	结果
!==	不全等（完全不同）	$x! == $y	如果 $x 不全等于 $y，且它们类型不相同，则返回 true
>	大于	$x > $y	如果 $x 大于 $y，则返回 true
<	小于	$x < $y	如果 $x 小于 $y，则返回 true
>=	大于或等于	$x >= $y	如果 $x 大于或等于 $y，则返回 true
<=	小于或等于	$x <= $y	如果 $x 小于或等于 $y，则返回 true

【示例 22】比较运算

```
<?php
$x=100;
$y="100";
var_dump($x == $y);
echo "<br>";
var_dump($x === $y);
echo "<br>";
var_dump($x! = $y);
echo "<br>";
var_dump($x! == $y);
echo "<br>";
$a=50;
$b=90;
var_dump($a > $b);
echo "<br>";
var_dump($a < $b);
?>
```

6. 逻辑运算符

PHP 中的逻辑运算符有与、或、异或、非 4 种，见表 2.10。其中逻辑与和逻辑或有两种表现形式。

表 2.10 逻辑运算符

运算符	名称	例子	结果
and(&&)	与	$x and $y	如果 $x 和 $y 都为 true，则返回 true
or(‖)	或	$x or $y	如果 $x 和 $y 至少有一个为 true，则返回 true
xor	异或	$x xor $y	如果 $x 和 $y 有且仅有一个为 true，则返回 true
!	非	!$x	如果 $x 不为 true，则返回 true

7. PHP 数组运算符（表 2.11）

表 2.11　数组运算符

运算符	名称	描述
x + y	集合	x 和 y 的集合
x==y	相等	如果 x 和 y 具有相同的键/值对，则返回 true
x===y	恒等	如果 x 和 y 具有相同的键/值对，且顺序相同、类型相同，则返回 true
x!=y	不相等	如果 x 不等于 y，则返回 true
x<>y	不相等	如果 x 不等于 y，则返回 true
x!==y	不恒等	如果 x 不等于 y，则返回 true

【示例 23】数组运算

```
<?php
$x=array("a"=>"red","b"=>"green");
$y=array("c"=>"blue","d"=>"yellow");
$z=$x+$y;//$x 和$y 数组合并
var_dump($z);
var_dump($x==$y);
var_dump($x===$y);
var_dump($x!=$y);
var_dump($x<>$y);
var_dump($x!==$y);
?>
```

8. 三元运算符

另一个条件运算符是"?:"（三元运算符）：

```
(expr1) ? (expr2) : (expr3)
```

对 expr1 求值为 true 时的值为 expr2，对 expr1 求值为 false 时的值为 expr3。

自 PHP 5.3 起，可以省略三元运算符中间那部分。表达式为 expr1?: expr3，在 expr1 求值为 true 时返回 expr1，否则返回 expr3。

【示例 24】三元运算

```
<?php
$test ='PHP 教程';
// 普通写法
$username = isset($test) ? $test :'nobody';
echo $username, PHP_EOL;
// PHP 5.3+ 版本写法
$username = $test ?:'nobody';
echo $username, PHP_EOL;
?>
```

在 PHP7+ 版本多了一个 NULL 合并运算符，实例如下：

```
<?php
// 如果 $_GET['user'] 不存在,返回'nobody',否则返回 $_GET['user'] 的值
$username = $_GET['user'] ?? 'nobody';
// 类似的三元运算符
$username = isset($_GET['user']) ? $_GET['user'] :'nobody';
?>
```

9. 组合比较符

PHP 7+支持组合比较符，实例如下：

```
<?php
// 整型
echo 1 <=> 1; // 0
echo 1 <=> 2; // -1
echo 2 <=> 1; // 1
// 浮点型
echo 1.5 <=> 1.5; // 0
echo 1.5 <=> 2.5; // -1
echo 2.5 <=> 1.5; // 1
// 字符串
echo "a" <=> "a"; // 0
echo "a" <=> "b"; // -1
echo "b" <=> "a"; // 1
?>
```

2.4 回到项目场景

通过以上学习，对 PHP 语法结构、PHP 注释、PHP 输出 echo、HTML 与 PHP 混合结构、PHP 数据类型、PHP 变量、PHP 常量、PHP 运算符等有了一定的了解，掌握了一定的 PHP 基本知识和方法，接下来回到项目场景，完成“折扣计算器”项目。

【步骤 1】新建一个 zhekou.php 程序。

打开 PHPEdit，新建一个 zhekou.php 程序，并保存到在“C:\wamp\www\PHPCODES”文件夹。

【步骤 2】编写程序代码。

```
<html>
        <head>
              <title>折扣计算器</title>
```

```
        </head>
        <body>
            <form id="form1" name="form1" method="post">
                <tr>
                    <td height="35" align="center">商品价格:<input name="price" 
type="text" size=16></td>
                </tr>
                <tr>
                    <td height="35" align="center">折扣:<input name="discount" type
="text" size=16></td>
                </tr>
                <tr>
                    <td height="35" align="center"><input name="Submit" type="sub-
mit" value="计算"></td>
                </tr>
            </form>
            <?php
            /* PHP 代码遇到<?php   ?>,可以嵌入 HTML 代码中。
            编写 PHP 代码,除了汉字以外,所有代码都必须是英文状态,包括标点符号。*/
            if(isset($_POST['Submit'])){
                $Price=$_POST['price'];
                $Discount=$_POST['discount'];
                if(empty($Price)||empty($Discount)){
                    echo "<script>alert('请输入价格和折扣!');</script>";
                }
                else{
                    $courrentPrice=$Price * $Discount/100;
                    echo "该商品价格为".$Price.";折扣为".$Discount.";实付:".$
courrentPrice;
                }
            }
            ?>
        </body>
    </html>
```

运行结果如图 2.1 所示。

2.5 并行项目训练

2.5.1 训练内容

项目名称：计算圆形面积

编写一个“计算圆形面积”的项目，实现如图2.4所示的效果。要求：输入任意半径，能够直接计算出圆形面积，并显示在界面中。

图2.4 计算圆形面积

2.5.2 训练目的

进一步对PHP程序编写格式、变量、运算符、HTML与PHP混合编码思路、常量等方法进行巩固加深。

2.5.3 训练过程

【步骤1】新建一个“circle.php”程序。

打开PHPEdit软件，新建一个“circle.php”程序，并存放在“C:\wamp\www\PHP-CODES”文件夹。

【步骤2】编写代码。

```
<html>
        <head>
            <title>计算圆的面积 </title>
        </head>
        <body>
            <form id="form1" name="form1" method="post">
                <tr>
                    <td height="35" align="center" class="STYLE1">半径：
                        <input name="R" type="text" size="16"/>
                    </td>
                </tr>
                <tr>
```

```
                    <td height="35" align="center"><input type="submit" name="Sub-
mit" value="计算"/>
                    </td>
                </tr>
            </form>
    <?php
    $S=0;
    define("PI",3.14,true);// 常量默认区分大小,但是可以设置成不区分
    if(isset($_POST['Submit']))
    {$R=$_POST['R'];

        if(empty($R))
        {
            echo "<script>alert('半径不能为空!');</script>";
        }
        else
        {
            global $s;
            $S=PI*$R*$R;
            // echo "<script>alert($S);</script>";
        }
    }
    ?>
            <tr>
                    <td height="35" align="center" class="STYLE1">面积:
                        <input name="S" type="text" size="16" value="<?php echo
($S);?>"/>
                    </td>
                </tr>
        </body>
    </html>
```

结果运行如图 2.5 所示。

半径: 6 计算

面积: 113.04

图 2.5　运行结果

2.5.4 项目实践常见问题解析

【问题 1】变量的命名规范有哪些?

【答】

① 变量名必须以英文字母或下划线开头;

② 其他字符可以是英文字母、下划线或阿拉伯数字，而且英文字母有大小写之分;

③ 不能使用保留字、内置变量的名称、内部函数的名称、内部对象的名称等;

④ 如果变量名由多个单词组成，应该使用下划线进行分隔。

【问题 2】echo 和 print 的区别有哪些?

【答】echo 可以输出一个或多个字符串，print- 只允许输出一个字符串，返回值总为 1; echo 输出的速度比 print 的快，echo 没有返回值，print 有返回值 1。

【问题 3】如何在 input 中显示 PHP 变量值?

【答】例如: <input name="S" type="text" size="16" value="<?php echo ($S);?>"/>

【问题 4】如何读取 HTML 页面元素值?

【答】例如: $R=$_ POST ['R']，这里的 R 是页面 input 的名字。

2.6 习　　题

1. 选择题

(1) PHP 语言标记是 (　　)。

A. <……>　　B. <?php……?>　　C. ?…………?　　D. /*………*/

(2) PHP 代码要想以 "<?" 为开头，以 "?>" 为结束，需要启用配置文件中的 (　　) 选项。

A. short_open_tag　　B. asp_tags

C. allow_call_time_pass_reference　　D. safe_mode_gid

(3) PHP 代码要想以 "<%" 为开头，以 "%>" 为结束，需要启用配置文件中的 (　　) 选项。

A. short_open_tag　　B. asp_tags

C. allow_call_time_pass_reference　　D. safe_mode_gid

(4) PHP 注释符可以是 (　　)。

A. //　　B. #　　C. /*　　*/　　D. '

(5) 可以支持多行注解的 PHP 注解符是 (　　)。

A. //　　B. #　　C. /*　　*/　　D. '

(6) 关于 PHP 语言嵌入 HTML 中，以下说法正确的是 (　　)。

A. 可以在两个 HTML 标记对的开始和结束标记中嵌入 PHP

B. 可以在 HTML 标记的属性位置处嵌入 PHP

C. HTML 文档中可以嵌入任意多个 PHP 标记

D. PHP 嵌入 HTML 中的标记必须是<?php?>

(7) 以下对变量、常量的说法正确的是 (　　)。

A. 变量和常量是 PHP 中基本的数据存储单元
B. 变量和常量可以存储不同类型的数据
C. 变量和常量通常不能存储不同类型的数据
D. 变量或常量的数据类型由程序的上下文决定

(8) PHP 中变量的命名必须以（　　）开头。

A. #　　B. @　　C.?　　D. $

(9) PHP 中变量名的标识字符串只能由（　　）组成。

A. 数字　　B. 字母　　C. 任意字符　　D. 下划线

(10) 在 PHP 中定义常量的函数是（　　）。

A. Print　　B. ereg　　C. Split　　D. define

(11) 在 PHP 中，以下定义常量正确的是（　　）。

A. define('NAME', '李明')
B. define('NAME', 12345)
C. define('NAME1', '李明')
D. define('3name', 12345)

(12) PHP 定义变量正确的是（　　）。

A. var a = 5;　　B. $a = 10;　　C. int b =6;　　D. var $a = 12;

(13) PHP 中，赋值运算符有（　　）。

A. =　　B. +=　　C. ==　　D. .=

(14) PHP 中，不等运算符是（　　）。

A. ≠　　B.!=　　C. <>　　D. ><

(15) 下面程序的运行结果是（　　）。

```
<?php
$a=2008;
function add(& $a) {
$a=$a+1;
echo $a."<br>";
} add($a);
echo $a;
?>
```

A. 2008　　B. 2009　　C. 2009　　D. 编译有误

(16) 下面程序的运行结果是（　　）。

```
<?
$int=1;
function num() {
$int=$int+1;
echo "$int<br>";
}
```

```
num();
?>
```

A. 程序无输出　　B. 1　　C. 2　　D. 以上都不对

2. 编程题

如图 2.6 所示，在界面输入两个字符串，第一个字符串为父串，第二个为子串，请通过程序实现界面设计，并编写代码，能够自动计算出父串的长度和子串在父串中出现的位置。

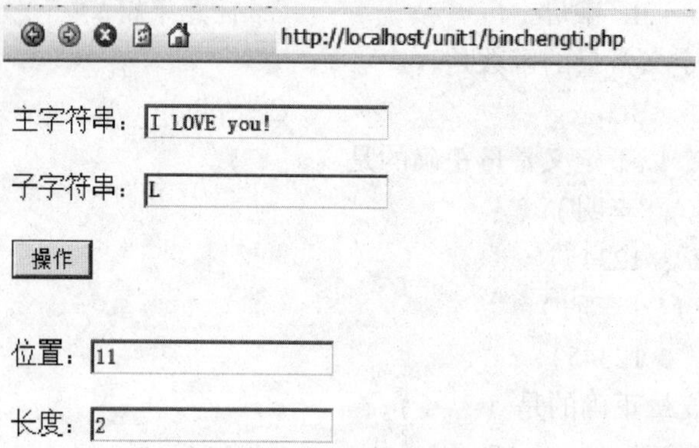

http://localhost/unit1/binchengti.php

主字符串：I LOVE you!

子字符串：L

操作

位置：11

长度：2

图 2.6　求字符串长度和位置

2.7　小　　结

本单元通过示例、项目训练和并行训练，介绍了 PHP 语法结构、PHP 注释、PHP 输出 echo、HTML 与 PHP 混合结构、PHP 数据类型、PHP 变量、PHP 常量、PHP 运算符，重点介绍运算符、数据类型的相关知识，并通过示例对所讲方法进行验证，给出了两个项目和一个课后编程，通过课堂主讲一个、独立训练一个和课后拓展一个比较完整的程序项目，来实现对所学知识的消化，将对进一步学习 PHP 循环结构奠定良好的基础。

单元 3

编写流程控制语句

单元要点

➢ if 语句
➢ if else 语句
➢ else if 语句
➢ switch 语句
➢ for 循环
➢ while 循环
➢ do while 循环
➢ foreach 循环语句
➢ break/continue 语句

技能目标

➢ 会编写分支结构程序
➢ 会编写循环程序语句
➢ 能根据实际问题编写分支控制综合程序

项目载体

◇ 工作场景项目：① 毕业设计成绩计算；② 九九乘法表（表格形式）
◇ 并行训练项目：① 成绩等级判断；② 简单计算器

3.1 项目场景导入

1. 项目名称：毕业设计成绩计算器

毕业设计成绩计算

项目场景：毕业设计最终成绩由评阅教师成绩（30%）、指导教师成绩（30%）和答辩教师成绩（40%）组成，请设计一个毕业设计成绩计算器，当输入评阅教师成绩、指导教师成绩、答辩教师成绩三项成绩具体分数时，系统能够自动计算出该学生毕业设计最终成绩，并按照等级形式显示，如图 3.1 所示。

2. 项目名称：九九乘法表

表格形式的九九乘法表

请使用 PHP 循环语句编写如图 3.2 所示模式的九九乘法表。可以使用 for、while、do while 三种语句中的任何一个实现。

elseif.php

http://localhost/elseif.php

评阅教师成绩：

指导教师成绩：

答辩教师成绩：

转换

最终成绩等级：

图 3.1　毕业设计成绩计算器

http://localhost/unit3/jiujiu_item.php

								1*1=1
							2*2=4	1*2=2
						3*3=9	2*3=6	1*3=3
					4*4=16	3*4=12	2*4=8	1*4=4
				5*5=25	4*5=20	3*5=15	2*5=10	1*5=5
			6*6=36	5*6=30	4*6=24	3*6=18	2*6=12	1*6=6
		7*7=49	6*7=42	5*7=35	4*7=28	3*7=21	2*7=14	1*7=7
	8*8=64	7*8=56	6*8=48	5*8=40	4*8=32	3*8=24	2*8=16	1*8=8
9*9=81	8*9=72	7*9=63	6*9=54	5*9=45	4*9=36	3*9=27	2*9=18	1*9=9

图 3.2　九九乘法表

3.2　项目问题引导

① 如何编写 PHP 判断语句？
② 如何设计与编码 PHP 多分支语句？
③ 如何设计循环运行程序？
④ 如何实现多重嵌套分支和循环语句？
⑤ 满足条件执行分支或循环语句时，如何停止当前程序或跳过该步骤？

3.3　技术与知识准备

3.3.1　if 语句

语句结构：

```
if (条件)
{
    条件成立时要执行的代码;
}
```

if 语句用于仅当指定条件成立时执行代码。

【示例 1】 女士优先判断

```
<?php
$t="女";
if ($t=="女")
{
        echo "女士优先!";
}
?>
```

女士优先判断

3.3.2　if else 语句

语句结构：

```
if (条件)
{
条件成立时执行的代码;
}
else
{
条件不成立时执行的代码;
}
```

【示例 2】 土匪的口令

土匪口令

示例情景：土匪抢劫，土匪头子有口令，如果口令为“扯呼”，就是逃跑，其他就是干活。如图 3.3 所示，输入土匪头子的口令，提示土匪做什么。

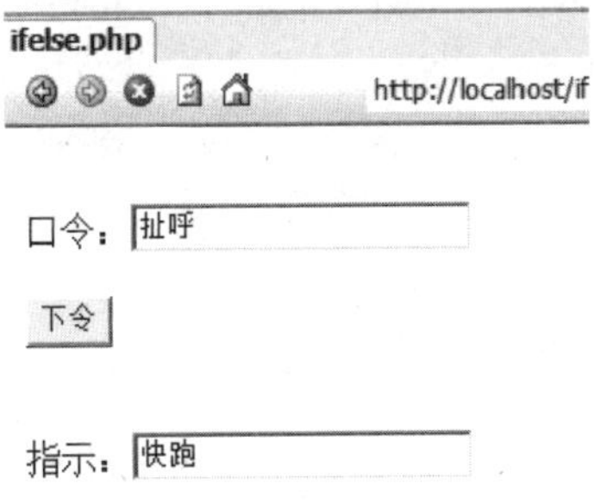

图 3.3　土匪的口令

参考代码：

```
<html>
    <body>
        <form method="post">
            <br><td>口令:<input type="text"  name="kouling"/></td></br>
```

```
        <br><input type="submit" name="submit" value="下令"></br>
    </form>
    <?php
    $kouling="";
    $zhishi="";
    if(isset($_POST['submit']))
    {
        $kouling=$_POST['kouling'];// 读取数据
        if(empty($kouling))
        {
            echo "<script>alert('口令不能为空！');</script>";
        }
        else
        {
            if($kouling=="扯呼")
            {
                $zhishi="快跑!";
            }
            else
            {
                $zhishi="放心大胆地抢劫!";
            }    // 会根据条件,处理数据,将处理的结果赋值给变量          }
    }
    ?>
    <br>指示:<input type="text" name="zhishi" value="<?php echo $zhishi //
结果显示?>"/></br>
  </body>
  </html>
```

3.3.3 if…else if…else 语句

在若干条件之一成立时执行一个代码块，使用 if…else if…else 语句。
语句结构：

```
if (条件)
{
if 条件成立时执行的代码;
}
else if (条件)
```

```
{
elseif 条件成立时执行的代码;
}
else
{
条件不成立时执行的代码;
}
```

【示例3】时间问候

示例情景：如果当前时间小于 10，下面的实例将输出 “Have a good morning!”，如果当前时间不小于 10 且小于 20，则输出 “Have a good day!”，否则输出 “Have a good night!”。

时间问候

参考代码：

```
<?php
$t=date("H");
if ($t<"10")
{
    echo "Have a good morning!";
}
else if ($t<"20")
{
    echo "Have a good day!";
}
else
{
    echo "Have a good night!";
}
?>
```

3.3.4 switch 语句

switch 语句用于根据多个不同条件执行不同动作。

语句结构：

```
switch (n)
{
case label1:
    如果 n=label1,此处代码将执行;
    break;
case label2:
```

```
        如果 n=label2,此处代码将执行;
        break;
    default:
        如果 n 既不等于 label1,也不等于 label2,此处代码将执行;
    }
```

小提示：首先对一个简单的表达式 n（通常是变量）进行一次计算。将表达式的值与结构中每个 case 的值进行比较。如果存在匹配，则执行与 case 关联的代码。代码执行后，使用 break 来阻止代码跳入下一个 case 中继续执行。default 语句用于不存在匹配（即没有 case 为真）时执行。

【示例 4】颜色判断

```
<?php
$favcolor="red";
switch ($favcolor)
{
case "red":
    echo "你喜欢的颜色是红色!";
    break;
case "blue":
    echo "你喜欢的颜色是蓝色!";
    break;
case "green":
    echo "你喜欢的颜色是绿色!";
    break;
default:
    echo "你喜欢的颜色不是红、蓝或绿色!";
}
?>
```

颜色判断

3.3.5 for 循环语句

for 循环用于预先知道脚本需要运行的次数的情况，当需要某一段程序持续运行多次时，需要使用 for 循环。

语句结构：

```
for (初始值;条件;增量)
{
要执行的代码;
}
```

【示例 5】表白

表白-for

示例情景：一次关键的场合，浩奇热恋 8 年的女友告诉他，如果他能用程序编写“我爱你”100 次，不能多也不能少，她就马上和他领证。

```
<?php
for($i=1;$i<=100;$i++){   // $i 是控制变量,通过控制变量的变化控制执行的次数。
    echo "我浩奇"."第".$i."次大声说:我爱你!"."<br>";
}
?>
```

【示例 6】九九乘法表

九九乘法表-for

```
<?php
for($i=1;$i<=9;$i++) // 控制数据的行数
{
    for($j=1;$j<=$i;$j++) // 控制数据的列数
    {
        echo "{$i} * {$j} =".$i * $j;
    }
    echo "<br>";
}
?>
```

3.3.6　while 循环语句

循环执行代码块指定的次数，或者当指定的条件为真时，循环执行代码块。

语句结构：

```
while (条件)
{
要执行的代码;
}
```

【示例 7】求 1~100 之和

求 1-100 之和-while

```
<?php
$i=1;
$sum=0;
wile($i<=100)
{
    $sum=$sum+$i;
    $i++;
}
```

```
echo"1~100 之和为:".$sum;
?>
```

【示例 8】九九乘法表

```
<?php
$i=1;
while($i<=9) // 控制数据的行数
{
    $j=1;
    while($j<=$i) // 控制数据的列数
    {
        echo "{$i} * {$j} =".$i * $j."   ";
        $j++;
    }
    echo "<br>";
    $i++;
}
?>
```

九九乘法表-while

3.3.7 do…while 循环语句

do…while 语句会至少执行一次代码，然后检查条件，只要条件成立，就会重复进行循环。

语句结构：

```
do
{
要执行的代码;
}
while (条件);
```

【示例 9】打印正三角形（图 3.4）

```
<?php
$i=0;

do{
    $i++;
    $j=1;
    do{
        echo " *   ";
```

打印正三角-dowhile

```
            $j++;
        }
        while($j<=$i);
        echo "<br>";

}
while($i<=9);

?>
```

```
http://localhost/unit3/demo9.php
*
* *
* * *
* * * *
* * * * *
* * * * * *
* * * * * * *
* * * * * * * *
* * * * * * * * *
* * * * * * * * * *
```

图 3.4　正三角

【示例 10】九九乘法表

```
<?php
$i=1;
 do// 控制数据的行数
{
    $j=1;
    do // 控制数据的列数
    {
        echo "{$i} * {$j} =".$i * $j."    ";
        $j++;
    }while($j<=$i);
    echo "<br>";
    $i++;
}while($i<=9);
?>
```

九九乘法表 - dowhile

3.3.8　foreach 循环语句

foreach 循环语句用于遍历数组。

语句结构：

```
foreach ($array as $value)
{
要执行代码;
}
```

每进行一次循环，当前数组元素的值就会被赋值给 $value 变量（数组指针会逐一地移动），在进行下一次循环时，将看到数组中的下一个值。

【示例 11】输出给定数组的值

```
<html>
    <body>
        <?php
        $x=array("one","two","three");
        foreach($x as $value){
            echo $value . "<br>";
        }
        ?>
    </body>
</html>
```

输出数组的值-foreach 循环

3.3.9 break 和 continue 语句

① break 用来跳出目前执行的循环，并不再继续执行循环。

【示例 12】跳出程序

```
<?php
$i = 0;
while($i < 7){
    if($arr[$i] == "stop"){
        break;
    }
    $i++;
}
?>
```

跳出程序-break

② continue 立即停止目前执行的循环，并回到循环的条件判断处，继续下一个循环。

【示例 13】跳过并继续执行

```
<?php
while (list($key,$value) = each($arr)) {
if ($key == "zhoz"){ // 如果查询到对象的值等于 zhoz,这条记录就不
会显示出来了
continue;
```

跳过程序继续-continue

```
}
do_something ( $value) ;
}

foreach ( $list as $temp) {
if ( $temp->value = = "zhoz" ) {
continue;// 如果查询到对象的值等于 zhoz,这条记录就不会显示出来了
}
do_list;// 这里显示数组中的记录
}
?>
```

3.4 回到项目场景

通过以上学习，对 if 语句、if else 语句、else if 语句、switch 语句、for 循环、while 循环、do while 循环、foreach 循环语句、break/continue 语句一定的了解。掌握了分支控制、流程控制语句的知识和方法，接下来回到项目场景，完成“毕业设计成绩计算”和“九九乘法表（表格形式）”两个项目。

3.4.1 毕业设计成绩计算

【步骤 1】新建一个 score. php 程序。

打开 PHPEdit，新建一个 score. php 程序，并保存到在“C：\wamp\www\PHPCODES”文件夹。

【步骤 2】编写程序代码。

```
<html>
    <body>
        <form method="post">
            <br><td>评阅教师成绩:<input type="text" name="py"/></td></br>
            <br><td>指导教师成绩:<input type="text" name="zd"/></td></br>
            <br><td>答辩教师成绩:<input type="text" name="db"/></td></br>

            <br><input type="submit" name="submit" value="转换"></br>
        </form>
        <?php
        $result="";

        if(isset($_POST['submit']))
```

```
        {
            $py=$_POST['py'];// 读取数据
            $zd=$_POST['zd'];// 读取数据
            $db=$_POST['db'];// 读取数据
            if(empty($py)||empty($zd)||empty($db))
            {
                echo "<script>alert('三个成绩必须输入完全!');</script>";
            }
            else
            {
                $score=$py*30/100+$zd*30/100+$db*40/100;
                if($score>=90)
                {
                    $result="优秀";
                }
                else if($score>=80 && $score<=89)
                {
                    $result="良好";
                }
                else if($score>=70 && $score<=79)
                {
                    $result="中等";
                }
                else if($score>=60 && $score<=69)
                {
                    $result="及格";
                }
                else
                {
                    $result="不及格";
                }
            }
        }
        ?>
        <br>最终成绩等级:<input type="text" name="dengji" value="<?php echo $
result // 结果显示?>"/></br>
    </body>
    </html>
```

运行结果如图 3.5 所示。

http://localhost/unit3/chengjipanduan.php
请输入分数：60
判断
分数等级为：及格

图 3.5　成绩判断

3.4.2　九九乘法表（表格形式）

【步骤 1】新建一个 jiujiu.php 程序。

打开 PHPEdit，新建一个 jiujiu.php 程序，并保存到在“C:\wamp\www\PHPCODES”文件夹。

【步骤 2】编写程序代码。

```
<?php
echo "<table width='600' border='1'>";
for($j=1;$j<=9;$j++){
    echo "<tr>";
    for($z=0;$z<9-$j;$z++){
        echo "<td> </td>";
    }
    for($i=$j;$i>=1;$i--){
        echo "<td>{$i} * {$j} =".($i * $j)."</td>";
    }
    echo "</tr>";
}
echo "</table>";
?>
```

运行结果如图 3.2 所示。

3.5　并行项目训练

3.5.1　训练内容

项目 1 名称： 成绩等级判断

项目 1 场景： 使用 switch 语句实现对数值成绩的转换，最终呈现出优、良、中、及格、不及格等几种效果，如图 3.5 所示。

项目 2 名称： 简单计算器

项目 2 场景： 设计一个可以实现加、减、乘、除计算的简单计算器，如图 3.6 所示。

http://localhost/calculate.php?num1=1&ysf=x&num2=3&sub=%E8%AE%A1%E7%AE%97

计算器

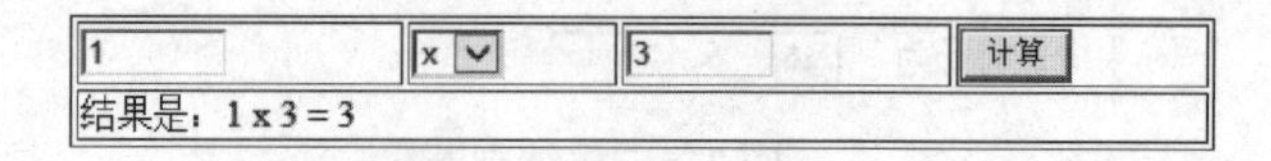

图 3.6　简单计算器

3.5.2　训练目的

进一步对 PHP 判断、循环语句进行训练，巩固所学知识和方法，为进一步开发项目程序、解决分支流程和循环流程问题奠定基础。

3.5.3　训练过程

1. 成绩判断

【步骤 1】新建一个“chengjipanduan. php”程序。

打开 PHPEdit 软件，新建一个“chengjipanduan. php”程序，并存放在“C: \wamp \www \PHPCODES”文件夹。

【步骤 2】编写代码。

```
<html>
    <body>

        <form id="form1" name="form1" method="post">
        <table>
            <tr>
            <td>请输入分数:</td>
            <td><input name="score" type="text" size="16"/></td>
            </tr>
            <tr>
            <td><input name="submit" type="submit" value="判断"/></td>
            </tr>
            <tr>
            <td>分数等级为:</td>
            <?php
            $result=null;// 接收判断的结果
            if(isset($_POST['submit'])){
                $score=$_POST['score'];// 将输入的分数获取(传给)变量
                if(empty($score)){
```

```
            echo"<script>alert('请输入你的分数！');window.location.href=
'ifAndSwitch.php';</script>";
        }
        else{
        // 判断成绩的等级代码,使用 if switch 方法,将结果显示到界面文本框。
        // 方法 1:使用 if 语句实现判断
        /* if($score>=90){
            $result="优秀";
        }else if($score>=80 && $score<90){
            $result="良好";
        }else if($score>=70 && $score<80){
            $result="中等";
        }
        else if($score>=60 && $score<70){
            $result="及格";
        }else if($score<60){
            $result="不及格,咋搞的,要努力哦!";
        } */
        // 方法 2:使用 switch 语句实现判断
        switch($score){
            /* case 后面可以是具体的数值,也可以是比较表达式,即条件
语句 */

            case $score>=90:
            $result="优秀";
                break;
            case $score>=80 && $score<90:
            $result="良好";
            break;
            case $score>=70 && $score<80:
            $result="中等";
            break;
            case $score>=60 && $score<70:
            $result="及格";
            break;
            default:
            $result="不及格";
                break;
        }
```

```
                    }  /* 除非定义的函数调用,否则只是一段 PHP 代码,必须写在显
示结果的前面。*/
                }
                ?>
                <td><input name="result" type="text" size="16" width="50%" value=
"<?php echo $result?>"/></td>
                </tr>
            </table>
        </form>
    </body>
</html>
```

结果运行如图 3.5 所示。

2. 简单计算器

【步骤 1】新建一个“calculate.php”程序。

打开 PHPEdit 软件，新建一个“calculate.php”程序，并存放在“C:\wamp\www\PHP-CODES”文件夹。

【步骤 2】编写代码。

```
<html>
    <head>
        <meta http-equiv="Content-Type" content="text/html;charset=utf-8">
        <title>PHP 实现简单计算器</title>
    </head>
    <?php
    // 单路分支
    // header("Content-type:text/html;charset=utf-8");
    if(isset($_GET["sub"])){
        $num1 = true;// 数字 1 是否为空标记
        $num2 = true;// 数字 2 是否为空标记
        $numa = true;// 数字 1 是否为数字
        $numb = true;// 数字 2 是否为数字
        $message = "";
        // 判断数字 1 是否为空
        if($_GET["num1"] == ""){
            $num1 = false;
            $message.="第一个数不能为空";
        }
        // 判断数字 1 是否为数字
```

```
    if(!is_numeric($_GET["num1"])){
        $numa = false;
        $message.="第一个数不是数字";
    }
    //判断数字 2 是否为数字
    if(!is_numeric($_GET["num2"])){
        $numa = false;
        $message.="第二个数不是数字";
    }
    //判断数字 2 是否为空
    if($_GET["num2"] == ""){
        $num2 = false;
        $message.="第二个数不能为空";
    }
    if($num1 && $num2 && $numa && $numb){
        $sum = 0;
        //多路分支
        switch($_GET["ysf"]){
            case "+":
            $sum = $_GET["num1"] + $_GET["num2"];
            break;
            case "-":
            $sum = $_GET["num1"] - $_GET["num2"];
            break;
            case "x":
            $sum = $_GET["num1"] * $_GET["num2"];
            break;
            case "/":
            $sum = $_GET["num1"] / $_GET["num2"];
            break;
            case "%":
            $sum = $_GET["num1"] % $_GET["num2"];
            break;
        }
    }
}
?>
<body>
```

```
            <table align="center" border="1" width="500">
                <caption><h1>计算器</h1></caption>
                <form action="calculate.php" >
                    <tr>
                        <td>
                            <input type="text" size="5" name="num1" value="<?php
echo $_GET["num1"];?>">
                        </td>
                        <td>
                            <select name="ysf">
                                <option value="+" <?php if($_GET["ysf"] ==
"+") echo "selected";?>>+</option>
                                <option value="-" <?php if($_GET["ysf"] ==
"-") echo "selected";?>>-</option>
                                <option value="x" <?php if($_GET["ysf"] == "x")
echo "selected";?>>x</option>
                                <option value="/" <?php echo $_GET["ysf"] ==
"/" ? "selected":"";?>>/</option>
                                <option value="%" <?php if($_GET["ysf"] ==
"%") echo "selected";?>>%</option>
                            </select>
                        </td>
                        <td>
                            <input type="text" size="5" name="num2" value =
"<?php echo $_GET["num2"];?>">
                        </td>
                        <td>
                            <input type="submit" value="计算" name="sub">
                        </td>
                    </tr>
                    <?php
                    if(isset($_GET["sub"])){
                        echo '<tr><td colspan="4">';
                        if($num1 && $num2 && $numa && $numb){
                            echo "结果是:" . $_GET["num1"] . " " . $_GET["ysf"]
. " " . $_GET["num2"] . " = " . $sum;
                        }else{
                            echo $message;
```

```
                    }
                    echo '</td></tr>';
                }
                ?>
            </form>
        </table>
    </body>
</html>
```

结果运行如图3.6所示。

3.5.4　项目实践常见问题解析

【问题1】什么情况下使用switch语句?

【答】当出现多条件选择，对应每个条件成立，要执行一个操作时，选择使用switch。

【问题2】while和do while的区别是什么?

【答】while循环不满足条件时，不执行；do while无论满足条件与否，都至少执行一次。

【问题3】for和while循环的区别是什么?

【答】for循环是有限次执行，编程者知道具体次数；while循环在知道具体执行次数或者知道执行条件，不考虑次数的情况下使用。

3.6　习　　题

编程题：

1. 使用if else分支控制语句编写程序，实现给变量a、b分别赋值13、5，比较a、b两个数的大小。如果a>b，输出：a大于b；否则输出：a小于b。

2. 编写一个PHP网页，令它根据如下公式计算邮资，例如：质量为700克的信件应该缴纳108元邮资，倘若超过2 000克，则显示无法处理信息（提示：请使用switch判断结果）

不超过20克	邮资7元
超过20克但不超过100克	邮资17元
超过100克但不超过250克	邮资32元
超过250克但不超过500克	邮资62元
超过500克但不超过1 000克	邮资108元
超过1 000克但不超过2 000克	邮资176元

3. 使用循环语句编写程序，实现：求1~100的平方和。

4. 使用循环语句编写程序，实现如下功能：

```
* * * * * * * * *
* * * * * * * * *
* * * * * * * * *
* * * * * * * * *
* * * * * * * * *
* * * * * * * * *
* * * * * * * * *
* * * * * * * * *
* * * * * * * * *
```

5. 使用循环语句编写程序，实现如下功能：

```
*
* *
* * *
* * * *
* * * * *
* * * * * *
* * * * * * *
* * * * * * * *
* * * * * * * * *
```

6. 使用循环语句编写程序，实现如下功能：

```
* * * * * * * * *
* * * * * * * *
* * * * * * *
* * * * * *
* * * * *
* * * *
* * *
* *
*
```

7. 编写一个 PHP 网页，令它使用 while 循环计算 4 096 是 2 的几次方，然后将结果显示在网页上。

8. 编写一个 PHP 网页，令它使用 for 循环找到 1~200 之间能被 13 整除的数字，然后将结果显示在网页上。

9. 编写一个 PHP 网页，利用 for 循环计算自然数 e 的值，然后将结果显示在网页上。

$$e=1+\frac{1}{1!}+\frac{1}{2!}+\frac{1}{3!}+\cdots+\frac{1}{20!}$$

10. 利用 break 语句，计算半径为小于 10 的整数，面积在 200 以内的圆的面积。

11. 利用 continue 语句，输出 1~10 之间不能被 3 整除的数。

3.7　小　　结

本单元通过示例引导学习、项目训练学习、并行训练巩固学习及习题进一步加深对技术和方法的掌握，先后介绍了 if 语句、if else 语句、else if 语句、switch 语句、for 循环语句、while 循环语句、do while 循环语句、foreach 循环语句、break/continue 语句的知识和技术，并通过示例对所讲技术进行演示。通过 4 个完整的程序项目，对所学分支、循环语句进行了综合训练，为进一步学习 PHP 数组积累了编程经验。

单元4

编写数组程序

单元要点

➢ 数组
➢ 声明数组
➢ 一维数组
➢ 二维和多维数组
➢ 数组的遍历
➢ 数组的排序
➢ 字符串与数组的转换
➢ 数组的操作

技能目标

➢ 会声明和给数组赋值
➢ 会编写数组遍历、排序程序
➢ 能根据实际问题编写数组综合程序

项目载体

◇ 工作场景项目：数据排序
◇ 并行训练项目：数组综合操作

4.1 项目场景导入

项目名称：数据排序

项目场景：在界面文本框任意输入一组数据（不少于3个），用“,”隔开，单击界面的升序、降序按钮，可以实现对数据的升降序排列，如图4.1所示。

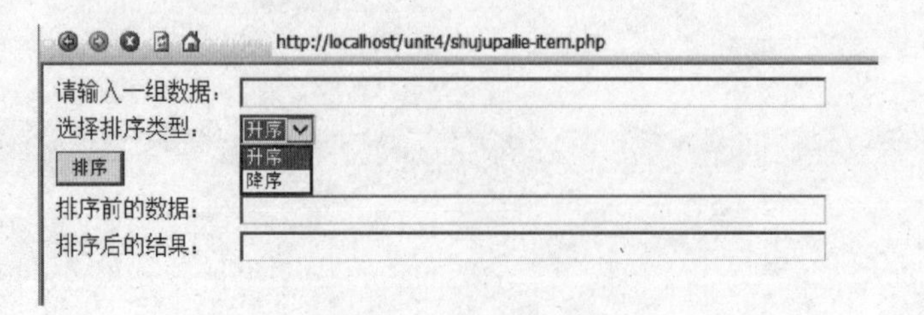

图4.1 数据排序

数组排序

4.2 项目问题引导

① 如何声明数组和给数组赋值?
② 如何对数组排序?
③ 如何遍历数组?
④ 数组操作有哪些?

4.3 技术与知识准备

4.3.1 数组

数组是一个能在单个变量中存储多个值的特殊变量。在程序设计中，把具有相同类型的若干变量按有序的形式组织起来，这些按序排列的同类数据元素的集合称为数组。数组中的数值被称为数组元素（element）。每一个元素都有一个对应的标识（index），也称作键（key）。通过这个标识，可以访问数组元素。数组的标识可以是数字，也可以是字符串。

数组分为索引数组和关联数组两种类型。

索引数组就是数字索引数组，是最常见的数组类型，下标由数字组成，默认从0开始计数，PHP会自动为索引数组的键名赋予一个整数值，然后从这个值开始自动增加。

关联数组的下标（键名）由数值和字符串以混合的形式组成，而不像数字索引数组的键名只能为数字。

数组中每个实体都包含两项：键和值。通过键来获取值（数据元素）。

4.3.2 声明数组

1. 使用 array() 函数声明数组

声明数组方式如下：

```
array([mixed])
```

或者

```
array([key=>]value,[key=>]value,…);
```

mixed：其语法为 key=>value，如果有多个 mixed，可以用逗号分开。key 和 value 分别代表索引和值，与 array([key=>]value,[key=>]value,…)一致。

key：是数组元素的“键”或者“下标”，可以是 integer 或者 string。key 如果是浮点数，将被取整为 integer。

value：是数组元素的值，可以是任何值。当 value 为数组时，则构成多维数组。

[key=>]：可以忽略的部分，默认为索引数组，索引值从0开始。

用键值方式定义数组：

```
$cars=array("1"=>"Volvo","2"=>"BMW","3"=>"SAHDB");
```

可以只给出数组的元素值，而不必给出键值，例如：

```
$cars =array("Volvo","BMW","SAAB");
```

索引是自动分配的（索引从 0 开始）。

键值不仅可以是数字，还可以是字符串，定义如下：

```
$age=array("Peter"=>"35","Ben"=>"37","Joe"=>"43");
```

2. 直接通过为数组元素赋值的方式声明数组

如果在创建数组时不知道数组的大小，或者数组的大小可能会根据实际情况发生变化，此时可以使用直接赋值的方式声明数组。

```
$数组名[索引值]=元素值;
```

其中：

索引值可以是整数或字符串，若为数字，可以从任意数字开始。

元素值可以为任何值，若为数组，则构成多维数组。

```
$cars[0]="Volvo";
$cars[1]="BMW";
$cars[2]="SAAB";
$age['Peter']="35";
$age['Ben']="37";
$age['Joe']="43";
```

如果数组的键名是一个字符串，则要给这个字符串的键名加上单引号或者双引号。对于数字索引数组，为了避免不必要的麻烦，最好也加上定界符。

4.3.3 一维数组

数组可以分为一维数组、二维数组和多维数组。一维数组只能保存一列数据内容。不管是索引数组还是关联数组，每个元素都是单个变量。

【示例 1】创建一个存放颜色的一维数组（图 4.2）

```
<?php $color=array("红色","绿色","蓝色");
        print_r($color);
?>
```

创建数组

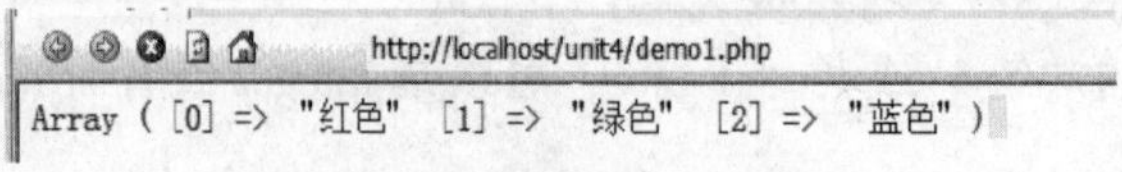

```
http://localhost/unit4/demo1.php
Array ( [0] => "红色" [1] => "绿色" [2] => "蓝色" )
```

图 4.2 存放颜色的一维数组

【示例 2】单个赋值（图 4.3）

```
<?php
        $score['张伟']=90;
        $score['王浩']=79;
```

赋值创建数组

```
        $score['李杰']=86;
        print_r($score);// 输出数组
?>
```

Array ([张伟] => 90 [王浩] => 79 [李杰] => 86)

图4.3　单个赋值

【示例3】取得数组长度（图4.4）

```
<?php
$cars=array("Volvo","BMW","Toyota");
echo "I like " . $cars[0] . "," . $cars[1] . " and " . $cars[2] . ".";
echo "<br>";
echo "该数组长度为:".count($cars);// 计算数组元素个数即长度,使用count()
?>
```

取得数组长度

I like Volvo, BMW and Toyota.
该数组长度为：3

图4.4　数组长度

4.3.4　二维和多维数组

数组也是可以“嵌套”的，即每个数组元素也可以是一个数组，这种含有数组的数组就是多维数组。二维数组是最常用的多维数组，可以理解成按照行和列存储一种二维结构。

根据创建二维数组的方法，很容易创建三维、四维或者更多维的数组。

【示例4】按照类别存储商品（图4.5）

```
<?php
  $shop=array(
    "衣服类"=>array(0=>"女装",1=>"男装",2=>"童装"),
    "电器类"=>array(0=>"电视",1=>"冰箱",2=>"洗衣机",3=>"空调")
    );
    print_r($shop);
?>
```

存储商品信息-二维数组

Array ([衣服类] => Array ([0] => 女装 [1] => 男装 [2] => 童装) [电器类] => Array ([0] => 电视 [1] => 冰箱 [2] => 洗衣机 [3] => 空调))

图4.5　按照类别存储商品

4.3.5 数组的遍历

遍历数组就是按照一定的顺序依次访问数组中的每个元素，直到最后一个为止。PHP可以通过循环语句for、while，以及函数list()、函数each() 和foreach来遍历数组。

【示例5】遍历一维数组（图4.6）

遍历并打印数值数组中的所有值。

```
<?php
$color=array("红色","绿色","蓝色");
$arrlength=count($color);
for($x=0;$x<$arrlength;$x++){
    echo $color[$x];
    echo "<br>";
}
?>
```

for循环遍历一维数组

http://localhost/unit4/demo4.php

红色
绿色
蓝色

图4.6 遍历一维数组

使用list()函数遍历数组，实际是通过“=”把数组中的每个元素值赋给list()函数中的每个参数。list()函数又将自己的参数转换成在脚本中可以直接使用的变量，但该函数仅能用于数字索引的数组，且数字索引从0开始。语法形式如下：

```
void list(mixed varname,mixed…)= array_expression
```

【示例6】使用list()遍历(图4.7)

```
<?php
    $cars=array("1","Volvo");
    list($key,$brand)= $cars;
                        //将数组$cars中两个元素的值分别赋给$key
和$brand
    echo "索引是:".$key."\n";
    echo "品牌名称:".$brand."\n";
?>
```

list遍历一维数组

http://localhost/unit4/demo6.php

索引是:1 品牌名称:Volvo

图4.7 使用list() 遍历

使用each()函数遍历数组实际是将数组当作参数传递给each()，返回数组中当前指针位置的键名和对应的值，是个键值对，并向后移动数组指针到下一个元素的位置，返回值是

一个包含 4 个元素的关联数组，其中键名 0、1 对应的是数组元素的键名；键名 1、value 对应的是数组元素的值；如果指针越过了数组的末端，则返回 false。

【示例 7】使用 each( )遍历（图 4-8）

each( )遍历一维数组

```
<?php
    $cars=array("1","Volvo","2","BMW","3","SAAB");
    $key=each($cars);// 将数组$cars 中第一个元素赋值给$key,并将指针下移
    print_r($key);
    $key=each($cars);// 将当前指针指向的数组元素赋值给$key,并将指针下移
    print_r($key);
?>
```

http://localhost/unit4/demo7.php

Array ([1] => 1 [value] => 1 [0] => 0 [key] => 0) Array ([1] => Volvo [value] => Volvo [0] => 1 [key] => 1)

图 4.8 使用 each( ) 遍历

键值对为混合数组，键名分别为 0、1、key 和 value，其中 0 和 key 对应的值表示原数组元素的键名，1 和 value 对应的值为原数组元素的值。

【示例 8】结合 while 循环，使用 each 和 list 联合遍历（图 4.9）

each 和 list 联合遍历一维数组

```
<?php
    $cars=array("1"=>"Volvo","2"=>"BMW","3"=>"SAAB");
    while (list($key,$value) = each($cars)) {// 直到数组指针到数组尾部时停止循环
    echo $value."\n";
    }
?>
```

http://localhost/unit4/demo8.php

Volvo BMW SAAB

图 4.9 each 和 list 联合遍历

下面讲解通过 foreach 循环遍历数字索引数组。foreach 仅能用于数组或对象，当试图将其用于其他数据类型或者一个未初始化的变量时，会产生错误。foreach 结构有如下两种格式：

```
foreach(array_expression as $value){// 第一种格式
statement
}
```

或者

```
foreach( array_expression as $key=>$value){ // 第二种格式
statement
}
```

其中，第一种格式遍历给定的 array_expression 数组，把 array_expression 中每个元素的值依次赋给$value，并且数组内部的指针下移到下一个元素，有至数组末尾。第二种格式进行与第一种格式同样的操作，只是它不仅能遍历数组 array_expression 中的每个元素值，还能遍历键名，把键名赋给$key，把元素值赋给$value。在实际操作时，如果需要访问数组的键名，可以采用第二种方式。

【示例 9】foreach 遍历（图 4.10）

```
<?php
    $cars=array("1"=>"张三","2"=>"李四","3"=>"王五");
    foreach($cars as $value){
    echo $value."\n";
    }
?>
```

foreach 遍历一维数组

或者

```
<?php
    $cars=array("1"=>"张三","2"=>"李四","3"=>"王五");
    foreach($cars as $key=>$value){
    echo $key.":".$value."\n";
    }
?>
```

张三 李四 王五

1:张三 2:李四 3:王五

图 4.10　foreach 遍历的两种形式

【示例 10】遍历关联索引数组（图 4.11）

```
<?php
    $age=array("Peter"=>"35","Ben"=>"37","Joe"=>"43");
    while (list($key,$value) = each($age)) {
    echo $key."\n";
    echo $value."\n";
    echo "<br>";
    }
?>
```

遍历关联索引数组

或者

```
<?php
    $age=array("Peter"=>"35","Ben"=>"37","Joe"=>"43");
    foreach($age as $key=>$value){
    echo  $key."=>".$value."\n";
    }
?>
```

图 4.11　遍历关联索引数组

【示例 11】使用 for 遍历二维数组（图 4.12）

使用 for 遍历二维数组

```
<?php
// 使用 for 循环遍历
$arr2=array(array("张三","20","男"),array("李四","25","男"),
array("王五","19","女"),array("赵六","25","女"));
echo "<table border=2 bordercolor=red><tr><td>姓名</td><td>年龄</
td><td>性别</td></tr>";
for($i=0;$i<4;$i++){
echo "<tr>";
for($j=0;$j<3;$j++){
    echo "<td>";
    echo $arr2[$i][$j];
    echo "</td>";
}
echo "</tr>";
echo "";
}
echo "</table>";
?>
```

【示例 12】使用 foreach 遍历二维数组（图 4.13）

使用 foreach 遍历二维数组

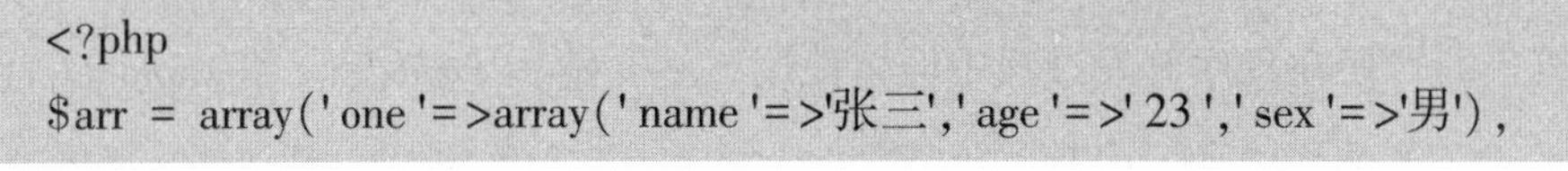

```
<?php
$arr = array('one'=>array('name'=>'张三','age'=>'23','sex'=>'男'),
```

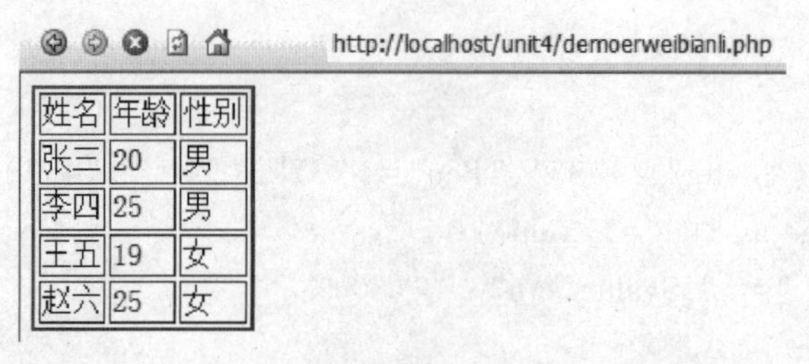

姓名	年龄	性别
张三	20	男
李四	25	男
王五	19	女
赵六	25	女

图 4.12　for 遍历二维数组

```
        'two'=>array('name'=>'李四','age'=>'43','sex'=>'女'),
        'three'=>array('name'=>'王五','age'=>'32','sex'=>'男'),
        'four'=>array('name'=>'赵六','age'=>'12','sex'=>'女'));
foreach($arr as $k=>$val){
    echo $val['name'].$val['age'].$val['sex']."";
}
echo "<p>";
?>
```

或者

```
<?php
$arr = array('one'=>array('name'=>'张三','age'=>'23','sex'=>'男'),
        'two'=>array('name'=>'李四','age'=>'43','sex'=>'女'),
        'three'=>array('name'=>'王五','age'=>'32','sex'=>'男'),
        'four'=>array('name'=>'赵六','age'=>'12','sex'=>'女'));
foreach($arr as $key=>$value){
foreach($value as $key2=>$value2){
    echo $value2;
}
echo "";
}
?>
```

http://localhost/unit4/demo12-1.php

张三23男李四43女王五32男赵六12女

张三23男李四43女王五32男赵六12女

图 4.13　foreach 遍历二维数组

4.3.6　字符串与数组的转换

数组与字符串的转换在程序开发过程中经常使用，主要使用 explode() 和 implode() 函数来实现。

（1）explode( )函数

使用一个字符串分割另一个字符串，语法：

```
array explode(string separator,string string[,int limit])
```

函数将字符串分割成数组，该函数返回的结果为数组。新数组中的每一个元素都是原字符串的子元素，用“,”分割开来。字符串 string 被字符串 separator 作为边界分割出若干个子串，这些子串构成一个数组。如果设置了 limit 参数，则返回的数组包含最多 limit 个元素，而最后那个元素将包含 string 的剩余部分。

【示例13】explode( )函数分割字符串（图4.14）

```
<?php
    $course1="php,jsp,html,.net";
    $course2=explode(",",$course1);
    print_r($course2);
?>
```

explode 分割字符串给数组

```
http://localhost/unit4/demo22.php
Array ( [0] => php [1] => jsp [2] => html [3] => .net )
```

图4.14　explode( )函数分割字符串

（2）implode( )函数

将数组元素连接为一个字符串。

语法：

```
string implode(string glue,array pieces)
```

功能是把 pieces 数组元素用 glue 指定的字符串作为间隔符连成一个字符串。

【示例14】implode( )函数连接字符串（图4.15）

```
<?php
    $course1=array("php","jsp","html",".net");
    $course2=implode("C语言,",$course1);
    print_r($course2);
?>
```

implode 连接字符串

```
demoerweibianli.php | demo12-1.php | demo23.php
http://localhost/unit4/demo23.php
phpC语言,jspC语言,htmlC语言,.net
```

图4.15　implode( )函数连接字符串

4.3.7　数组排序

在 PHP 的数组操作中，有专门的函数可以对数组进行排序，下面介绍3个比较重要且

常用的对数组进行排序的函数。

(1) sort( )函数

sort( )函数是按照升序排序，语法：

```
bool sort( array $array[ ,int $sort_flags] )
```

用此函数排序，如成功，返回 true；失败，则返回 false。$array 参数是要排序的数组，可选的第 2 个参数$sort_flags 的值可以影响排序的行为。可以用以下 4 个值改变排序的行为。

SORT_REGULAR：正常比较元素（不改变类型），是默认值。

SORT_NUMERIC：元素被作为数字来比较。

SORT_STRING：元素被作为字符串来比较。

SORT_LOCALE_STRING：根据当前的 Locale 设置，把元素当作字符串比较。

【示例 15】sort( )数值排序（图 4.16）

```
<?php
$numbers=array(4,6,2,22,11);
sort($numbers);
foreach($numbers as $value){
    echo $value."    ";
}
?>
```

sort( )数组排序

http://localhost/unit4/demo11.php

2 4 6 11 22

图 4.16　sort( )数值排序

【示例 16】sort( )文本升序排序（图 4.17）

```
<?php
$cars=array("丰田","大众","东风");
sort($cars);
foreach($cars as $value){
    echo $value."    ";
}
?>
```

sort( )文本排序

demo12.php

http://localhost/unit4/demo12.php

大众 东风 丰田

图 4.17　sort( )文本升序排序

(2) rsort( )（图 4.18）

rsort( )对数组进行降序排列，其他界定同 sort( )。

【示例 17】 rsort( )文本降序排序

```
<?php
$cars=array("丰田","大众","东风");
sort($cars);
foreach($cars as $value){
    echo $value."   ";
}
```

rsort( )文本降序

http://localhost/unit4/demo13.php

丰田 东风 大众

图 4.18　rsort( )　降序排序

(3) asort( )函数

根据数组的值对数组进行升序排列。

【示例 18】 asort( )升序排序 (图 4.19)

```
<?php
$cars=array("丰田","大众","东风");
sort($cars);
foreach($cars as $value){
     echo $value."   ";
}
```

asort( )升序

http://localhost/unit4/demo14.php

大众 东风 丰田

图 4.19　asort( )升序排序

(4) ksort( )

根据数组的键对数组进行升序排列。

【示例 19】 ksort( )升序排序 (图 4.20)

```
<?php
$age=array("peter"=>"35","jone"=>"43","tpm"=>"38");
ksort($age);//根据数组的键值进行排序
foreach($age as $value){
    echo $value." ";
}
?>
```

ksort( )升序

http://localhost/unit4/demo15.php

37 43 35

图 4.20　ksort( )升序排序

(5) krsort()函数

根据数组的键对数组进行降序排列。

【示例 20】krsort() 排序

```
<?php
    $number = array("peter" =>"35","jone" =>"43","tom" =>"38");
    //krsort 是数组按照键值进行降序排序的
    krsort($number);
    foreach($number as $value){
        echo $value." ";
    }
?>
```

krsort()降序

【示例 21】一维数组综合排序（图 4.21）

```
<?php
    $number = array(98,100,78,89);
    $char = array(2 => "c",4 => "a",1 => "b");
    $cars=array("1" =>"Volvo","2" =>"BMW","3" =>"SAAB");
    sort($number);
    foreach($number as $value){
        echo $value."\n";
    }
    print_r($number);// 数组元素经过排序后,键值重新分配。
    echo "<br>";
    sort($char);
    foreach($char as $value){
        echo $value."\n";
    }
    echo "<br>";
    sort($cars);
    foreach($cars as $value){
        echo $value."\n";
    }
    echo "<br>";
    sort($number,SORT_STRING);// 作为字符串比较
    foreach($number as $value){
        echo $value."\n";
    }
    echo "<br>";
    sort($cars,SORT_STRING);
```

一维数组综合排序

```
    foreach( $cars as $value) {
        echo $value." \n" ;
    }
    echo " <br>" ;
?>
```

```
http://localhost/unit4/demo17.php
78 89 98 100 Array ( [0] => 78 [1] => 89 [2] => 98 [3] => 100 )
a b c
BMW SAAB Volvo
100 78 89 98
BMW SAAB Volvo
```

图 4.21　一维数组综合排序

【实例 22】二维数组排序（图 4.22）

```
<?php
$person = array(
    array('num'=>'001','id'=>6,'name'=>'zhangsan','age'=>21),
    array('num'=>'001','id'=>7,'name'=>'ahangsan','age'=>23),
    array('num'=>'003','id'=>1,'name'=>'bhangsan','age'=>23),
    array('num'=>'001','id'=>3,'name'=>'dhangsan','age'=>23),
);
// 负数或者 false 表示第一个参数应该在前
function sort_by_name($x,$y) {
    return strcasecmp($x['name'],$y['name']);
}
foreach($person as $key=>$value) {
foreach($value as $key2=>$value2) {
  echo $value2." ," ;
}
echo "" ;
}
```

```
http://localhost/unit4/demo20.php
001, 6, zhangsan, 21, 001, 7, ahangsan, 23, 003, 1, bhangsan, 23, 001, 3, dhangsan, 23,
```

图 4.22　二维数组排序

【示例 23】二维数组排序函数设计

```
// $array   要排序的数组
// $row   排序依据列
// $type   排序类型[asc or desc]
```

```
// return  排好序的数组
function array_sort( $array, $row, $type) {
    $array_temp = array( );
    foreach( $array as $v) {
        $array_temp[ $v[ $row] ] = $v;
    }
    if( $type == 'asc') {
        ksort( $array_temp);
    } elseif( $type='desc') {
        krsort( $array_temp);
    } else{
    }
    return $array_temp;
}
```

4.3.8 数组的操作

1. 测试数组

通过 is_array( ) 函数知道某个特定变量是否是一个数组。is_array( ) 函数确定某变量是否为数组，如果是，则返回 true，否则，返回 FALSE。即使数组只包含一个值，也将被认为是一个数组。

2. 添加和删除数组元素

PHP 为扩大和缩小数组提供了一些函数，为模仿各种队列提供了便利。array_unshift( ) 函数在数组头添加元素。所有已有的数值键都会相应地修改，以反映其在数组中的新位置，但是关联键不受影响。

【示例 24】在数组头添加元素（图 4.23）

```
<?php
$state= array('11','22','33');
array_unshift( $state,'00');
 // $state= array('00','11','22','33');
print_r( $state);
?>
```

```
http://localhost/unit4/demo22-1.php
Array ( [0] => 00 [1] => 11 [2] => 22 [3] => 33 )
```

图 4.23　在数组头添加元素

【示例 25】在数组尾添加元素（图 4.24）

array_push( ) 函数将值添加到数组的末尾，添加新的值之后，返回数组中的元素总数。同

时，通过将这个变量作为输入参数传递给此函数，向数组压入多个变量（元素），其形式为：

```
<?php
$state= array('1','2');
 array_push($state,'3');
 // $state= array('1','2','3');
print_r($state);
?>
```

http://localhost/unit4/demo25.php

Array ([0] => 1 [1] => 2 [2] => 3)

图 4.24　在数组尾添加元素

【示例 26】从数组头删除元素（图 4.25）

array_shift() 函数删除数组中的第一个元素。其结果是，如果使用的是数值键，则所有相应的值都会下移，而使用关联键的数组不受影响，其形式为：

```
<?php
$state= array('1','2','3');
 array_shift($state);
// $state= array('1','2','3');
print_r($state);
?>
```

http://localhost/unit4/demo26.php

Array ([0] => 2 [1] => 3)

图 4.25　从数组头删除元素

【示例 27】从数组尾删除元素（图 4.26）

array_pop() 函数删除数组的最后一个元素，其形式为：

```
<?php
$state= array('1','2','3');
 array_pop ($state);
// $state= array('1','2','3');
print_r($state);
?>
```

http://localhost/unit4/demo27.php

Array ([0] => 1 [1] => 2)

图 4.26　从数组尾删除元素

3. 定位搜索

【示例 28】in_array( ) 函数

in_array( ) 函数在数组中搜索一个特定值，如果找到这个值，则返回 true；否则返回 FALSE。其形式如下：

```
<?php
$user= array('111','222','333');
$str= '111';
if(in_array($str,$user)){
echo 'yes';
}else{
echo 'no';
}
?>
```

结果为：yes

【示例 29】array_key_exists( )

如果在一个数组中找到一个指定的键，函数 array_key_exists( )返回 true；否则返回 FALSE。其形式如下：

```
<?php
$arr= array('one'=>'1','two'=>'2','three'=>'3');
 if(array_key_exists('two',$arr)){
 echo 'yes';
 }else{
    echo 'no';
 }
?>
```

结果为：yes

【示例 30】array_search( ) 函数

array_search( ) 函数在一个数组中搜索一个指定的值，如果找到，则返回相应的值；否则返回 FALSE。其形式如下：

```
<?php
$arr= array('one'=>'1','two'=>'2','three'=>'3');
 if(array_search('1',$arr)){
 echo 'yes';
 }else{
    echo 'no';
 }
?>
```

结果为：yes

4. 获取数组键值

【示例31】获取数组的键（图4.27）

array_key()函数返回一个数组，其中包含所搜索数组中找到的所有键。其形式如下：

```
<?php
$arr= array('one'=>'1','two'=>'2','three'=>'3');
$keys= array_keys($arr);
var_dump($keys);
// array(3) {[0]=> string(3) "one" [1]=> string(3) "two" [2]=>string(5) "three" }
?>
```

```
http://localhost/unit4/demo31.php
array (size=3)
  0 => string 'one' (length=3)
  1 => string 'two' (length=3)
  2 => string 'three' (length=5)
```

图4.27　获取数组的键

【示例32】获取数组的值（图4.28）

array_values()函数返回一个数组中的所有值，并自动为返回的数组提供数组索引。其形式如下：

```
<?php
$arr= array('one'=>'1','two'=>'2','three'=>'3');
$keys= array_values($arr);
var_dump($keys);
// array(3) {[0]=> string(3) "one" [1]=> string(3) "two" [2]=>string(5) "three" }
?>
```

```
http://localhost/unit4/demo32.php
array (size=3)
  0 => string '1' (length=1)
  1 => string '2' (length=1)
  2 => string '3' (length=1)
```

图4.28　获取数组的键

5. 其他操作

① key()函数返回数组中当前指针所在位置的键。其形式如下：

```
$arr= array('one'=>'1','two'=>'2','three'=>'3');
$key= key($arr);
var_dump($key);
```

注意：每次调用 key( )时，不会移动指针。

② current( )函数返回数组中当前指针所在位置的数组值。其形式如下：

```
$arr= array('one'=>'1','two'=>'2','three'=>'3');
$value= current($arr);
var_dump($value);
```

③ 获取当前数组键和值。

each( )函数返回数组的当前键/值对，并将指针推进一个位置。其形式如下：

```
$arr =array('one'=>'1','two'=>'2','three'=>'3');
var_dump(each($arr));
```

返回的数组包含 4 个键，键 0 和 key 包含键名，而键 1 和 value 包含相应的数据。如果执行 each( )前指针位于数组末尾，则返回 FALSE。

④ 移动数组指针。

next( )函数返回放在当前数组指针下一个位置的数组值，如果指针本来就位于数组的最后一个位置，则返回 FALSE。

```
$arr= array('one'=>'1','two'=>'2','three'=>'3');
echo next($arr);// 输出 2
echo next($arr);// 输出 3
```

prev( )函数返回位于当前指针前一个位置的数组值，如果指针本来就位于数组的第一个位置，则返回 FALSE。

reset( )函数用于将数组指针返回数组的开始位置，如果需要在脚本中多次查看或处理一个数组，经常使用这个函数。另外，这个函数还经常在排序结束时使用。

end( )函数将指针移动到数组的最后一个位置，并返回最后一个元素。

array_walk( )函数将数组中的各个元素传递到用户自定义函数。如果需要对各个数组元素完成某个特定动作，这个函数将起作用。其形式如下：

```
functiontest($value,$key){
  echo $value.''.$key." ";
  }
$arr= array('one'=>'1','two'=>'2','three'=>'3');
array_walk($arr,'test');
```

⑤ 确定数组的大小。

count( )函数返回数组中值的总数。

如果启动了可选的 mode 参数（设置为 1），数组将进行递归计数统计元素。其形式如下：

```
count(array(),1);
```

注意： sizeof( )函数是 count( )的别名，功能一致。

⑥ 统计数组元素出现的频率。

array_count_values( )函数返回一个包含关联键/值对的数组。其形式如下：

```
$arr= array('A','B','C','A');
$res= array_count_values($arr);
print_r($res);
// array([A] =>2[B]=>1[C]=>1)
```

⑦ 确定唯一的数组元素。

array_unique( )函数会删除数组中所有重复的值，返回一个由唯一值组成的数组。其形式如下：

```
$arr= array('A','B','C','A');
$res= array_unique($arr);
print_r($res);
// array([0]=>A[1]=>B[2]=>C)
```

⑧ 逆置数组元素排序。

array_reverse( )函数将数组中元素的顺序逆置。其形式如下：

```
$arr= array('A','B','C');
$res= array_reverse($arr);
print_r($res);
// array([0]=>C[1]=>B[2]=>A)
```

如果可选参数 preserve_keys 设置为 true，则保持键映射，否则，重新摆放后的各个值将对应于先前该位置上的相应键。

```
$arr= array('A','B','C');
$res= array_reverse($arr,true);
print_r($res);
// array([2]=>C[1]=>B[0]=>A)
```

⑨ 置换数组键和值。

array_flip( )函数将置换数组中的键及其相应值的角色。其形式如下：

```
$arr= array('A','B','C');
$res= array_flip($arr);
print_r($res);
// array([A]=>0[B]=>1[C]=>2)
```

4.4 回到项目场景

通过以上学习，对数组、声明数组、一维数组、二维和多维数组、数组的遍历、数组的排序、do while 循环、字符串与数组的转换、数组的操作等知识和技术有了一定的了解，应该对定义、赋值数组的方法，以及如何遍历和排序数组有一定掌握。知道了一些数组操作的方法，接下来回到项目场景，完成“数组排序”项目。

【步骤 1】新建一个 score. php 程序。

打开 PHPEdit，新建一个 score. php 程序，并保存到“C：\wamp\www\PHPCODES”文件夹。

【步骤 2】设计界面。

```
<html>
    <body>
        <form id="form1" name="form1" method="post">
        <table>
            <tr>
            <td>请输入一组数据:</td>
            <td><input name="nums" type="text" size="60"/></td>
            </tr>
            <tr>
            <td>选择排序类型:</td>
            <td><select name="flag">
            <option>升序</option>
            <option>降序</option>
        </select></td>
        </tr>
            <tr>
            <td><input name="submit" type="submit" value="排序"/></td>
            </tr>
            <tr>
            <tr><td>排序前的数据:</td>
            <td><input name="start" type="text" size="60" width="150%" value=
" "/></td></tr>
            <tr><td>排序后的结果:</td>
            <td><input name="result" type="text" size="60" width="150%" value=
" "/></td></tr>
            </tr>
        </table>
```

```
        </form>
    </body>
</html>
```

【步骤3】编写代码。

该部分是增加 PHP 代码后的全部编码内容。

```
<html>
    <body>

        <form id="form1" name="form1" method="post">
            <table>
                <tr>
                    <td>请输入一组数据:</td>
                    <td><input name="nums" type="text" size="60"/></td>
                </tr>
                <tr>
                    <td>选择排序类型:</td>
                    <td><select name="flag">
                            <option>升序</option>
                            <option>降序</option>
                        </select></td>
                </tr>
                <tr>
                    <td><input name="submit" type="submit" value="排序"/></td>
                </tr>
                    <?php
                    $first=array();// 声明一个空数组
                    $flag=null;
                    $array=array();// 声明一个空数组
                    if(isset($_POST['submit'])){
                        $nums=$_POST['nums'];// 使输入的分数获取(传给)变量
                        $flag=$_POST['flag'];
                        if(empty($nums)){
                            echo"<script>alert('请输入数组!');</script>";
                        }
                        else{
                            $array=explode(",",$nums);/*将字符串打散读取,
有界定符号","*/
```

```
                        $first = $array;
                        switch( $flag) {
                            /* case 后面可以是具体的数值,也可以是比较
表达式,即条件语句。 */
                            case "升序":
                            sort( $array);// 升序函数
                            break;
                            case "降序":
                            rsort( $array);// 降序函数
                            break;
                        }
                    } // 除非定义的函数调用,否则只是一段 PHP 代码,必
须写在显示结果的前面。 */
                }
                ?>
                <tr><td>排序前的数据:</td>
                    <td><input name = "start" type = "text" size = "60" width =
"150%" value = "<?php
                        foreach( $first as $key = > $value) {
                            if( $key = = count( $first) - 1) {
                                echo $value;
                            } else {
                                echo $value." , ";
                            }
                        } ?>"/></td></tr>
                <tr><td>排序后的结果:</td>
                    <td><input name = "result" type = "text" size = "60" width =
"150%" value = "<?php
                        foreach( $array as $key = > $value) {
                            if( $key = = count( $array) - 1) {
                                echo $value;
                            } else {
                                echo $value." , ";
                            }
                        } ?>"/></td></tr>

        </table>
    </form>
```

```
    </body>
</html>
```

【步骤 4】运行结果。

例如，输入“45，56，23，1”，运行结果如图 4. 29 所示。降序请自行测试。

http://localhost/unit4/shujupailie-item.php
请输入一组数据： 45, 56, 23, 1
选择排序类型： 升序
排序
排序前的数据： 45, 56, 23, 1
排序后的结果： 1, 23, 45, 56

图 4. 29　数据排序运行结果（升序）

4. 5　并行项目训练

4. 5. 1　训练内容

项目名称：数组综合操作

项目场景：如图 4. 30 所示，在界面输入一组数据创建一个数组，用“,”隔开，分别实现“添加一个首元素、添加一个尾元素、删除一个首元素、删除一个尾元素”等操作。

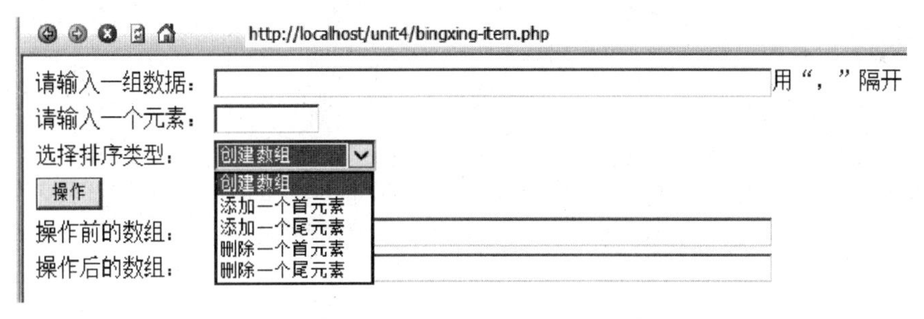

图 4. 30　数组综合操作

4. 5. 2　训练目的

进一步掌握对 PHP 数组的增删操作，进一步了解数组元素存放规律和数组操作方法，以及数组遍历后显示等操作，并将数据读取和数据结果与 HTML 界面结合，为后续综合应用程序前后台联合开发典型基础积累数组计数和方法经验。

4. 5. 3　训练过程

【步骤 1】新建一个“bingxing-item. php”程序。

打开 PHPEdit 软件，新建一个“bingxing-item. php”程序，并存放在“C：\wamp\www\PHP-CODES”文件夹。

【步骤 2】编写代码。

```
<html>
    <body>
        <form id="form1" name="form1" method="post">
            <table>
                <tr>
                    <td>请输入一组数据:</td>
                    <td><input name="nums" type="text" size="60"/>用“,”隔开</td>
                </tr>
                <tr>
                    <td>请输入一个元素:</td>
                    <td><input name="num" type="text" size="10"/></td>
                </tr>
                <tr>
                    <td>选择排序类型:</td>
                    <td><select name="flag">
                            <option>创建数组</option>
                            <option>添加一个首元素</option>
                            <option>添加一个尾元素</option>
                            <option>删除一个首元素</option>
                            <option>删除一个尾元素</option>
                        </select></td>
                </tr>
                <tr>
                    <td><input name="submit" type="submit" value="操作"/></td>
                </tr>
                <tr>
                    <?php
                    $first=array();// 声明一个空数组
                    $flag=null;
                    $array=array();// 声明一个空数组
                    if(isset($_POST['submit'])){
                        $nums=$_POST['nums'];// 使输入的分数获取(传给)变量
                        $flag=$_POST['flag'];
                        $num=$_POST['num'];
                        if(empty($nums)){
                            echo"<script>alert('请输入一组数据!,用','隔开');
</script>";
```

```
                    }
                    else{
                        switch( $flag) {
                            /* case 后面可以是具体的数值,也可以是比较
表达式,即条件语句。*/
                            case "创建数组":
                            $array=explode(",",$nums);/* 将字符串打散
读取,有界定符号","*/
                            $first=$array;
                            break;
                            case "添加一个首元素":
                            if(empty($num)){
                                echo"<script>alert('请输入一个元素!');
</script>";
                            }else{
                                $array=explode(",",$nums);/* 将字符串
打散读取,有界定符号","*/
                                $first=$array;
                                array_unshift($array,$num);
                            }
                            break;
                            case "添加一个尾元素":
                            if(empty($num)){
                                echo"<script>alert('请输入一个元素!');
</script>";
                            }else{
                                $array=explode(",",$nums);/* 将字符串
打散读取,有界定符号","*/
                                $first=$array;// 降序函数
                                array_push($array,$num);
                            }
                            break;
                            case "删除一个首元素":
                            /* 将字符串打散读取,有界定符号","/
                            $array=explode(",",$nums);/* 将字符串打散
读取,有界定符号","*/
                            $first=$array;
                            array_shift($array);
```

```
                                        break;
                                        case "删除一个尾元素":
                                        $array = explode(",", $nums);/ * / 将字符串打
散读取,有界定符号"," * /
                                        $first = $array;// 降序函数
                                        array_pop($array);
                                        break;
                                    }
                                }
                                / * 除非定义的函数调用,否则只是一段 PHP 代码,必须
写在显示结果的前面。 * /
                            }
                            ?>
                            <tr><td>操作前的数组:</td>
                                <td><input name = "start" type = "text" size = "60" width =
"150%" value = "<?php
                                    foreach($first as $key = >$value) {
                                        if($key = = count($first)-1) {
                                            echo $value;
                                        } else {
                                            echo $value.",";
                                        }
                                    } ?>"/></td></tr>
                            <tr><td>操作后的数组:</td>
                                <td><input name = "result" type = "text" size = "60" width =
"150%" value = "<?php
                                    foreach($array as $key = >$value) {
                                        if($key = = count($array)-1) {
                                            echo $value;
                                        } else {
                                            echo $value.",";
                                        }
                                    } ?>"/></td></tr>
                    </tr>
                </table>
            </form>
        </body>
    </html>
```

结果运行如图 4.31 所示。

http://localhost/unit4/bingxing-item.php

请输入一组数据：1, 2, 3, 4 用“，”隔开

请输入一个元素：

选择排序类型：创建数组

操作

操作前的数组：1, 2, 3, 4

操作后的数组：1, 2, 3

图 4.31　数组综合操作结果（删除一个尾元素）

4.5.4　项目实践常见问题解析

【问题 1】数组的遍历可用哪些方法？

【答】for 循环、list()、each()、foreach()等方法。

【问题 2】PHP 排序方法有几种？区别是什么？

【答】

sort($arr)，由小到大的顺序排序（第二个参数为按什么方式排序），忽略键名的数组排序；

rsort($arr)，由大到小的顺序排序（第二个参数为按什么方式排序），忽略键名的数组排序；

usort($arr,"function")，使用用户自定义的比较函数对数组中的值进行排序（function 中有两个参数，0 表示相等，正数表示第一个大于第二个，负数表示第一个小于第二个），忽略键名的数组排序；

asort($arr)，由小到大的顺序排序（第二个参数为按什么方式排序），保留键名的数组排序；

arsort($arr)，由大到小的顺序排序（第二个参数为按什么方式排序），保留键名的数组排序；

uasort($arr,"function")，使用用户自定义的比较函数对数组中的值进行排序（function 中有两个参数，0 表示相等，正数表示第一个大于第二个，负数表示第一个小于第二个），保留键名的数组排序。

【问题 3】界面传值给 PHP 变量的方法有几种？

【答】GET 和 POST。

4.6　习　　题

1. 选择题

(1) 定义关联数组时，其键名与值之间的分隔符是（　　）。

A. ->　　　　B. =>

C. :　　　　D. #

(2) 索引数组的键是（　　），关联数组的键是（　　）。

A. 浮点，字符串　　　　B. 正数，负数

C. 字符串，布尔值　　　　D. 整型，字符串

(3) 对数组进行升序排序并保留索引关系，应该用（　　）函数。

A. ksort()　　　　B. asort()

C. krsort()　　　　D. sort()

(4) 运行以下脚本后，数组$array 的内容是（　　）。

```
<?php
$array = array ('1','1');
foreach ($array as $k => $v) {$v = 2;}
?>
```

A. array ('2', '2')　　　　B. array ('1', '1')

C. array (2, 2)　　　　D. array (Null, Null)

(5) 以下脚本将按（　　）顺序输出数组$array 内的元素。

```
<?php
$array = array ('a1','a3','a5','a10','a20');
natsort ($array);
var_dump ($array);
?>
```

A. a1, a3, a5, a10, a20　　　　B. a1, a20, a3, a5, a10

C. a10, a1, a20, a3, a5　　　　D. a1, a10, a5, a20, a3

(6)（　　）方法用来计算数组所有元素的总和最简便。

A. 用 for 循环遍历数组

B. 用 foreach 循环遍历数组

C. 用 array_intersect 函数

D. 用 array_sum 函数

(7) 以下脚本输出的是（　　）。

```
<?php
$array = array (0.1 =>'a',0.2 =>'b');
echo count ($array);
?>
```

A. 1　　　　B. 2

C. 0　　　　D. 0.3

(8) 以下脚本输出的是（　　）。

```
<?php
$array = array (true =>'a',1 =>'b');
var_dump ($aray);
?>
```

A. 1 =>'b'
B. True =>'a', 1 =>'b'
C. 0 =>'a', 1 =>'b'
D. 输出 NULL

(9) 以下脚本的输出结果是（　　）。

```
<?php
function sort_my_array ($array){return sort ($array);}
$a1 = array (3,2,1);
var_dump (sort_my_array (& $a1));
?>
```

A. NULL
B. 0 => 1, 1 => 2, 2 => 3
C. 2 => 1, 1 => 2, 0 => 3
D. bool(true)

(10) 以下脚本的输出结果是（　　）。

```
<?php
$array = array (1,2,3,5,8,13,21,34,55);
$sum = 0;
for ($i = 0;$i < 5;$i++) {$sum += $array[$array[$i]];}
echo $sum;
?>
```

A. 78　　　　B. 19
C. NULL　　　D. 5

(11) 下列说法正确的是（　　）。
A. 数组的下标必须为数字，且从“0”开始
B. 数组的下标可以是字符串
C. 数组中的元素类型必须一致
D. 数组的下标必须是连续的

(12) 下列说法不正确的是（　　）。
A. list()函数可以写在等号左侧
B. each()函数可以返回数组里面的下一个元素
C. foreach()遍历数组的时候，可以同时遍历出 key 和 value
D. for 循环能够遍历关联数组

(13) 下面（　　）选项没有将 john 添加到 users 数组中。

A. $users[ ] ="john";

B. array_add($users,"john");

C. array_push($users,"john");

D. $users ["aa"] = "john";

(14) 下列代码执行后，$array 数组所包含的值是（　　）。

```
<?php
$array=array('1','1');
foreach($array as $k=>$v){
$v=2;
}
var_dump($array);
?>
```

A. array('2', '2')

B. array('1', '1')

C. array(2, 2)

D. array(Null, Null)

2. 编程题

(1) 现有数组 A=array("dog","cat","bird");, B=array("people","dog","mouse");，不使用函数，将 A 数组和 B 数组进行合并，要求没有重复的值。

(2) 跳水比赛，8 个评委打分。运动员的成绩是去掉 8 个成绩中的一个最高分和一个最低分，剩下的 6 个分数的平均分就是最后得分，使用一维数组实现打分功能。

4.7　小　　结

本单元通过示例引导学习、项目训练学习和并行训练巩固学习，并通过习题进一步加深对技术和方法的掌握，先后介绍了数组、声明数组、一维数组、二维和多维数组、数组的遍历、数组的排序、do while 循环、字符串与数组的转换、数组的操作等知识和技术，并通过示例对所讲技术进行演示，通过 2 个完整的程序项目，对所学数组操作语句进行了综合训练，将对进一步学习 PHP 后续内容奠定基础。

单元 5
使用函数

单元要点

- ➢ 函数及自定义行数
- ➢ 常用内置函数
- ➢ 字符串函数

技能目标

- ➢ 会定义和调用函数
- ➢ 会使用常用内置函数
- ➢ 会使用字符串函数

项目载体

◇ 工作场景项目：页面验证码生成器

◇ 并行训练项目：随机点名系统

5.1 项目场景导入

项目名称：页面验证码生成器

项目场景：如图 5.1 所示界面，自动生成一个验证码，当输入正确后，给出“通过验证”提示，如果不正确，可以实现对数据的升降序排列。

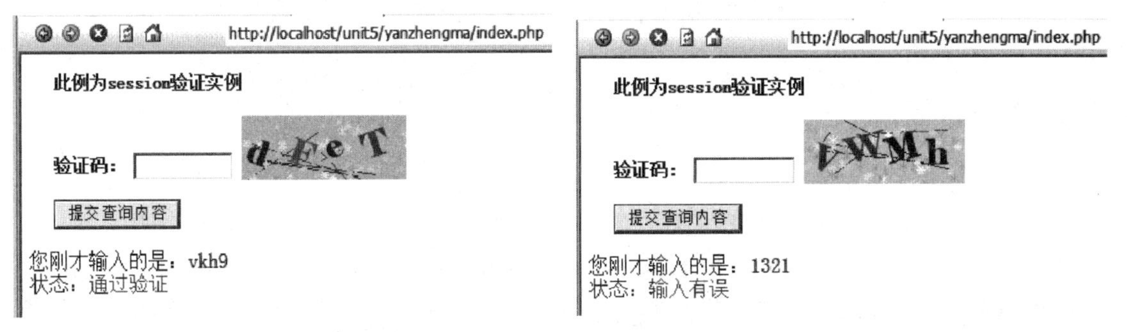

图 5.1　验证码生成器

5.2 项目问题引导

① 如何声明数组和给数组赋值?
② 如何对数组排序?
③ 如何遍历数组?
④ 数组操作有哪些?

5.3 技术与知识准备

5.3.1 函数

PHP的真正威力源自它的函数,PHP提供了超过1 000个内建函数。函数是一种可以在任何被需要的时候执行的代码块。在程序开发过程中,使用函数有利于程序的管理、阅读和调试,也就是说,使用函数可以提高程序的重用性,提升软件的开发效率,提高软件的可维护性。

5.3.2 创建和调用自定义函数

函数是由多条语句组成的,具有一定功能的语句块。定义函数的目的是将程序功能进行分块,减少冗余的代码。PHP中的函数有两种:一种是系统内置函数,另一种是自己编写的函数,不管是哪种函数,只要知道这个函数是做什么的,也就是只要知道它的功能,就可以在程序编写过程中直接拿过来使用。有些程序设计语言把函数称为方法、过程或子程序。

1 自定义函数的创建和调用

自定义函数就是用户自己定义的函数,用这个函数实现某个功能。通常由函数名、参数、函数体和返回值4部分组成。函数体是实现函数功能的代码段,它可以是任何有效的PHP代码。函数定义的语法格式如下:

```
function 函数名([参数列表]){
      函数体;
      [return 返回值]
}
```

其中:

- function是定义函数的关键字。
- 函数名与变量的命名规则相同,必须是以字母或下划线开头,后面可以跟字母、数字或下划线。函数具有唯一性,PHP不支持函数重载,所以函数名不能重复,并且PHP中函数名是不区分大小写的。参数可以有零个或多个,当有多个参数时,参数之间用逗号隔开。参数的作用范围为函数体内,只能被函数内的语句调用。
- 函数体是函数的主要代码部分。
- 声明函数时函数名后面的“()”及圆括号后面的“{}”都是不能少的,函数的代码就写在这对“{}”里面。

● 函数的返回值语句，根据函数功能，可以有返回值，也可以没有。函数执行到此语句结束，因此其后面不应该写其他代码。

当希望从函数返回某个值时，可以使用 return 关键字后面跟表达式的形式。当执行到 return 时，程序离开函数，返回原来调用函数的地方。若函数内省略了 return 关键字，将会传回 NULL。retum 语句最多只能返回一个值，如果需要返回多个值，可以把要返回的值存入数组，返回一个数组；如果不需要返回值，而是结束函数的执行，可以没有 return 语句，也可以只写 return。

不管是自定义函数还是系统内置函数，如果函数不被调用，则函数不会执行。在需要的地方对函数进行调用，函数只有被调用后，才真正开始执行函数体中的代码，执行完毕，返回调用函数的位置继续向下执行。那么如何调用函数呢？使用下面形式进行调用，即通过函数名和参数列表进行调用：

```
函数名(参数列表);
```

注意：

如果函数有参数，要传递对应的参数，参数的个数及顺序不能弄错，即便没有参数，圆括号（）也不能丢掉。

如果函数有返回值 return 语句，当函数执行完毕时，就会将 return 后面的值返回给函数的调用处，这样就可以将函数名当作函数返回值来使用。

【示例 1】自定义加法函数（图 5.2）

```
<?php
    echo "56+44 之和为:".sum(56,44);// 调用函数
    function sum($num1,$num2){ // 定义带有 2 个参数的函数
        return $num1+$num2;// 加法计算
    }
?>
```

http://localhost/unit5/demo1.php

56+44之和为：100

图 5.2　加法函数执行结果

2　函数的参数

函数中的参数列表由零个、一个或多个参数组成。每一个参数是一个表达式，用逗号隔开。定义函数时，参数名后面括号内的表达式称为形式参数，简称形参；函数被调用时，其后面括号中的表达式称为实际参数，简称实参。实参与形参之间需要按对应顺序来传递参数。

PHP 支持的参数传递方式有“按值传递”和“按址传递”两种，以下做进一步的说明。

（1）按值传递方式

按值传递是函数默认的参数传递方式，将实参的值复制到对应的形参中。示例 1 实际就是一个按值传递的参数实例，下面再来看一个。

【示例 2】按值传递数据-数据交换（图 5.3）

```
<?php
    $a=3;
    $b=4;
    function swap($num1,$num2){
        $temp;
        $temp=$num1;
        $num1=$num2;
        $num2=$temp;
        echo '$num1 的中值是'.$num1.'<br>';
        echo '$num2 的中值是'.$num2.'<br>';
    }
    swap($a,$b);
    echo '$a 的中值是'.$a.'<br>';
    echo '$b 的中值是'.$b.'<br>';
?>
```

http://localhost/unit5/demo2.php

$num1的中值是4
$num2的中值是3
$a的中值是3
$b的中值是4

图 5.3　按值传递数据-数据交换

该方式的特点是，在函数内部对形参的任何操作对实参的值都不会产生影响。

（2）按址传递方式

按址递也叫按引用传递，传递给函数的是参数的地址，能够改变参数的值，而不是参数，因此，只要函数内的语句改变参数的值，原来调用函数处的那个参数的值也会随之改变，因为它们指向同一个地址。这种方式需要在函数定义时在形参前加 &。

如果将 function swap($num1,$num2)改写为 function swap(& $num1,& $num2)，那么参数传递就成为按址传递。

【示例 3】按照地址传值-数据交换（图 5.4）

```
<?php
    $a=6;
    $b=7;
    function swap(& $num1,& $num2){
        $temp;
        $temp=$num1;
        $num1=$num2;
```

```
        $num2 = $temp;
        echo '$num1 的中值是'.$num1.'<br>';
        echo '$num2 的中值是'.$num2.'<br>';
    }
    swap($a,$b);
    echo '$a 的中值是'.$a.'<br>';
    echo '$b 的中值是'.$b.'<br>';
?>
```

http://localhost/unit5/demo3.php

$num1的中值是7
$num2的中值是6
$a的中值是7
$b的中值是6

图 5.4　按照地址传值-数据交换

另外，参数还可以采取默认值的方式，可以为一个或多个形参指定默认值。默认值必须是常量表达式，也可以是 NULL。可以在定义函数的同时设置参数的默认值，如果函数调用没有提供参数的值，就会自动采用默认值。要注意的是，拥有默认值的参数必须放在没有默认值的参数后面。

【示例 4】默认值传值-加法计算（图 5.5）

```
<?php
    echo sum(3);
    function sum($num1,$num2=4){
        return $num1+$num2;
    }
?>
```

http://localhost/unit5/demo4.php

7

图 5.5　默认值传值-加法计算

5.3.3　PHP 内置函数

PHP 提供了大量的内置函数，方便程序员直接使用，下面主要讲解常见的基本函数、日期时间函数、字符串处理函数。

5.3.3.1 常见的基本函数

1. 输入/输出函数

（1）print

函数描述：print(string arg,string[arg],…);

说明：函数 print 输入所有的参数。

返回值：若输出成功，返回 true(1)；否则，返回 false(0)。

（2）printf

函数描述：printf(string format,mixed[string]);

说明：函数 printf 根据所给格式 format，输出 string。格式以一个%开头，以一个字母结尾，该字母决定输出的数据类型。PHP 的类型说明符如下。

PHP 的类型说明符：

b—输出二进制整数；

o—输出八进制整数；

x，X—输出十六进制整数，“x”使用小写字母，“X”使用大写字母；

d—输出十进制整数；

c—输出由整数 ASCII 代码说明的字符；

s—输出字符串；

f—输出浮点数；

e—输出用科学计数法表示的浮点数；

%—输出一个百分号。

【示例 5】输出数据（图 5.6）

```
<?php
    $a=23;
    $b="hello";
    print($a);
    echo '<br>';
    print($b);
    echo '<br>';
    printf("%d",$a);
    echo '<br>';
    printf("%f",$a);
    echo '<br>';
    printf("%s",$b);
    echo '<br>';
?>
```

http://localhost/unit5/demo5.php

23
hello
23
23.000000
hello

图 5.6 输出函数

2. 数学函数

(1) abs

函数描述：

```
mixed abs(mixed number);
```

返回值：函数 abs 返回参数 number 的绝对值。

(2) max

函数描述：

```
mixed max(mixed arg1,mixed arg2,…,mixed argn);
```

返回值：返回参数中的最大值。若参数中有浮点数，则所有参数转化成浮点数，返回值也为浮点数；否则所有参数转化成整数，返回值为整数。

(3) min

函数描述：

```
mixed max(mixed arg1,mixed arg2,…,mixed argn);
```

返回值：返回参数中的最小值。若参数中有浮点数，则所有参数转化成浮点数，返回值也为浮点数；否则所有参数转化成整数，返回值为整数。

(4) pi

函数描述：

```
double pi();
```

返回值：函数 pi 返回圆周率的近似值。

(5) round

函数描述：

```
double round(double number);
```

返回值：函数 round 返回最接近参数 number 的整数。

(6) sqrt

函数描述：

```
double sqrt(double number);
```

说明：在函数 sqrt 中，参数 number 不能小于 0。

返回值：函数 sqrt 返回参数 number 的平方根。

【示例 6】数学函数应用（图 5.7）

```
<?php
    echo abs(-789).'<br>';
    echo max(23,56,12).'<br>';
    echo pi().'<br>';
    echo Round(-78.9).'<br>';
```

```
    echo sqrt(64).'<br>';
?>
```

图 5.7　数学函数应用

3. 日期和时间函数

(1) checkdate

函数描述：

```
int checkdate(int month,int date,int year);
```

说明：检查日期是否有效。PHP 中的合法日期，指的是参数 year 介于 1900～32767 之间，month 介于 1～12 之间，day 处于当前月的有效日期之间的日期。

返回值：若输入的日期合法，返回 true(1)，否则返回 false(0)。

(2) date

函数描述：

```
string date(string format,int [timestamp]);
```

说明：格式化本地日期时间。函数 date 根据参数 format 生成一个描述日期 timestamp 的字符串。参数 timestamp 可选，若给定，则为所需的时间戳，即从 1970 年 1 月 1 日开始的秒数；若为空白，则使用当前日期。Format 代码见表 5.1。

表 5.1　函数 date 的 format 代码表

代码	描述
a	am/pm
A	AM/PM
d	有前导零的月份中的日期
D	三字母简写形式的星期几
F	月份名
h	用 1～12 表示的小时
H	用 0～23 表示的小时
I	分钟
j	没有前导零的月份中的日期
l	星期几

续表

代码	描述
m	用 1～12 表示的月份
M	简写月份名
S	月份中日期的正序后缀
U	从纪元开始的秒数
y	两位的年份
Y	四位的年份
Z	一年之中的日期

返回值：函数 date 返回生成的日期描述字符串。

（3） getdate

函数描述：

```
array getdate(int[timnestamp]);
```

说明：获得日期时间信息，返回数组。函数生成一个带有所给日期信息的关联数组。参数 timestamp 为所需的时间戳，若为空，则使用当前日期。关联数组元素见表 5.2。

表 5.2　函数 getdate 生成的关联数组元素表

元素	描述
hours	24 小时格式的小时
mday	月份中的日期
minutes	分钟
mon	数字形式的月份
month	月份的全称
seconds	秒数
wday	从 0～6 数字形式的星期几
weekday	星期几的名称
yday	一年中数字形式的日期
year	年份
0	日期戳

返回值：函数 getdate 返回生成的关联数组。

（4） mktime

函数描述：

```
int mktime(int hour,int minute,int second,int month,int day,int year);
```

返回值：函数 mktime 返回给出日期的时间戳，即从 1970 年 1 月 1 日 0 分 0 时 0 秒开始的秒数。所有参数都可选，若为空，则使用当前值。若某参数超过范围，函数 mktime 也可以正确解释。例如，用 13 作为月份就等于第二年的一月份。

（5） gmmktime

函数描述：

```
int gmmktime(int hour,int minute,int second,int month,int day,int year);
```

返回值：函数 gmmktime 与函数 mktime 相似，但不同的是，它的各参数均被认为是格林尼治时间。

（6） time

函数描述：

```
int time();
```

返回值：函数 time 返回当前的时间戳。

（7） microtime

函数描述：

```
string microtime();
```

返回值：函数 microtime 返回一个字符串，其组成为两个由空格隔开的成员，第一个成员是系统时间的毫秒数，第二个成员是从 1970 年 1 月 1 日开始计的秒数，即系统时间的时间戳。

【示例 7】时间函数应用（图 5.8）

```
<?php
    echo checkdate(2,21,2006).'<br>';// 月日年,返回 1(true)
    echo checkdate(14,33,2009).'<br>';// 返回 false
    echo date("l").'<br>';// 输出星期几
    echo date("Y-m-d").'<br>';// 年月日
    echo date("H:i:s").'<br>';// 时分秒
    $a=getdate();
    echo $a["year"],$a["mon"],$a["mday"];
?>
```

http://localhost/unit5/demo7.php

1

Tuesday
2017-03-21
08:29:01
2017321

图 5.8　时间函数应用

5.3.3.2　字符串处理函数

字符串是 PHP 中重要的数据类型，在 Web 应用中，很多情况下都需要对字符串进行处

理和分析，字符串很多的常用操作都可以通过 PHP 内置函数来完成。前面知识讲述字符串的显示可以用 echo( ) 和 print( ) 函数完成，字符串的连接可以用连接运算符“.”完成，这里不再赘述。下面介绍几个字符串函数。

(1) 获取字符串长度

字符串长度的计算经常在很多应用中出现。比如，计算输入框输入文字的多少会用到此函数。PHP 提供 strlen 函数来计算字符串的长度，语法形式如下：

```
int strlen(string $string)
```

一个英文字符的长度为1，一个中文字符的长度为2，空格也算一个字符。

(2) 转换大小写

在字符串操作过程中，经常会出现字符串中字母大小写不统一的情况，这时可以使用大小写转换函数，语法形式如下：

```
string strtolower(string str);// 转换为小写
string strtoupper(string str);// 转换为大写
```

(3) 去掉字符串的首尾空格和特殊字符

用户在浏览器中输入数据时，经常会输入一些多余的空格，空格也是有效字符，而服务器在进行处理并输出时，又必须将空格去掉，因此 PHP 提供了 trim( )、rtrim( )、ltrim( ) 等函数，分别去除一个字符串的两端空格、一个字符串的尾部空格、一个字符串的首部空格。

① 去掉字符串的两端空格——trim( ) 函数。

语法形式如下：

```
string trim(string str[,string charlist])
```

其中，参数 str 为要去掉空格的字符串；可选参数 charlist 是为准备从字符串 str 中移除的字符，如果不提供该参数，则默认去除以下字符：

“ ”：空格。

“\t”：制表符。

“\n”：换行符。

“\r”：回车符。

“\0”：空字符。

“\x0B”：垂直制表符。

② 去掉字符串的尾部空格——rtrim( ) 函数。

语法形式如下：

```
string rtrim(string str[,string charlist])
```

③ 去掉字符串的首部空格——ltrim( ) 函数。

语法形式如下：

```
string ltrim(string str[,string charlist])
```

(4) 字符串截取

如果要截取字符串中的某一段，PHP 提供了 substr( )函数来实现。语法形式如下：

```
string substr(string string,int start[,int 1ength])
```

其中：

参数 strmg 为要截取子字符串的字符串。

参数 start 为要截取子字符串开始的位置，正数表示从指定位置开始，负数表示从字符串尾端算起的指定位置开始，0 表示从字符串的第一个字符开始。

可选参数 length 为正数，表示要截取的子字符串的长度；为负数，表示截取到字符串末端倒数的位置；如果不指定该参数，则截取 string 子串从 start 开始至末尾。

(5) 字符串查找

在开发过程中，如果需要对字符串进行查找操作，PHP 也提供了相关的函数。

① 搜索在一个字符串中第一次出现的另一字符串——strstr( )函数

语法形式如下：

```
string strstr(string haystack,string needle)
```

其中，参数 haystack 为被搜索的字符串；参数 needle 为要搜索的字符串。该函数返回字符串的其余部分（从匹配点开始），如果未找到所搜索的字符串，则返回 FALSE。

② 查找字符串在另一个字符串中第一次出现的位置——strpos( )函数

语法形式如下：

```
int strpos(string haystack,mixed needle[,int start])
```

其中，可选参数 start 为开始搜索的位置。与 strstr( )不同的是，如果搜索到字符串，则返回该字符串第一次出现的位置。

(6) 字符串替换

上面介绍了如何查找字符串，在程序开发中，有时需要将查找到的某个子串后用另一个子串替换掉，这时，可以使用字符串替换函数 str_replace( )来实现。

语法形式如下：

```
mixed str_replace(mixed search,mixed replace,mixed subject[,int&count])
```

其中，参数 search 为要查找的子串；参数 replace 是用来替换的字符串；参数 subject 是被搜索的字符串；可选参数 count 为执行替换的数量。

【示例 8】字符串函数应用（图 5.9）

```
<?php
    $str1 = "你们好呀!";
    $str2 = "hello ";
    $str3 = "php 应用程序设计";
    echo strlen($str1).'<br>';// 获取中文字符串长度
```

```
    echo strlen($str2).'<br>';// 获取西文字符字符串长度
    echo "$str2".strtoupper($str3).'<br>';// 将字符串字母转为大写,与$str2 连接
    echo rtrim($str2)."$str3".'<br>';// 去掉$str2 尾部的空格
    echo substr($str2,0,2).'<br>';// 取$str2 的子串
?>
```

http://localhost/unit5/demo8.php

10
6
hello PHP应用程序设计
hellophp应用程序设计
he

图 5.9　字符串函数应用

5.4　回到项目场景

通过以上学习，对函数、自定函数和内置行数有所了解，学会了定义和调用函数，能使用内置函数完成代码编辑任务，接下来回到项目场景，完成“验证码生成器”项目。

【步骤1】新建一个验证码类 ValidateCode. class. php 程序，将程序保存在“C:\wamp\www\PHPCODES\ yanzhengma”文件夹。

类的有关概念将在下一单元讲解，这里只是使用它。类的编写代码如下：

```
  <?php
  class ValidateCode {
    private $ charset = 'abcdefghkmnprstuvwxyzABCDEFGHKMNPRSTUVWXYZ23456789';
// 随机因子
    private $code;// 验证码
    private $codelen = 4;// 验证码长度
    private $width = 130;// 宽度
    private $height = 50;// 高度
    private $img;// 图形资源句柄
    private $font;// 指定的字体
    private $fontsize = 20;// 指定字体大小
    private $fontcolor;// 指定字体颜色
    // 构造方法初始化
    public function _construct() {
      $this->font = dirname(_FILE_).'/font/elephant.ttf';/* 注意字体路径要写对,否则显
示不了图片 */
    }
```

```
    // 生成随机码
    private function createCode() {
     $_len = strlen($this->charset)-1;
     for ($i=0;$i<$this->codelen;$i++) {
      $this->code .= $this->charset[mt_rand(0,$_len)];
     }
    }
    // 生成背景
    private function createBg() {
     $this->img = imagecreatetruecolor($this->width,$this->height);
     $color = imagecolorallocate($this->img,mt_rand(157,255),mt_rand(157,255),mt_
rand(157,255));
     imagefilledrectangle($this->img,0,$this->height,$this->width,0,$color);
    }
    // 生成文字
    private function createFont() {
     $_x = $this->width / $this->codelen;
     for ($i=0;$i<$this->codelen;$i++) {
      $this->fontcolor = imagecolorallocate($this->img,mt_rand(0,156),mt_rand(0,
156),mt_rand(0,156));
      imagettftext($this->img,$this->fontsize,mt_rand(-30,30),$_x * $i+mt_rand(1,5),
$this->height / 1.4,$this->fontcolor,$this->font,$this->code[$i]);
     }
    }
    // 生成线条、雪花
    private function createLine() {
     // 线条
     for ($i=0;$i<6;$i++) {
      $color = imagecolorallocate($this->img,mt_rand(0,156),mt_rand(0,156),mt_rand
(0,156));imageline($this->img,mt_rand(0,$this->width),mt_rand(0,$this->height),mt_
rand(0,$this->width),mt_rand(0,$this->height),$color);
     }
     // 雪花
     for ($i=0;$i<100;$i++) {
      $color = imagecolorallocate($this->img,mt_rand(200,255),mt_rand(200,255),mt_
rand(200,255));
      imagestring($this->img,mt_rand(1,5),mt_rand(0,$this->width),mt_rand(0,$this->
height),'*',$color);
```

```
    }
  }
  // 输出
  private function outPut() {
    header('Content-type:image/png');
    imagepng($this->img);
    imagedestroy($this->img);
  }
  // 对外生成
  public function doimg() {
    $this->createBg();
    $this->createCode();
    $this->createLine();
    $this->createFont();
    $this->outPut();
  }
  // 获取验证码
  public function getCode() {
    return strtolower($this->code);
  }
}
?>
```

【步骤 2】新建一个名为 captcha. php 的文件并调用该类，保存在同一目录。

```
<?php
session_start();
require './ValidateCode.class.php';/* 先把类包含进来,实际路径根据实际情况进行修改。*/
$_vc = new ValidateCode();// 实例化一个对象
$_vc->doimg();
$_SESSION['authnum_session'] = $_vc->getCode();// 验证码保存到 SESSION 中
?>
```

【步骤 3】编写主界面 index. php，保存在同一目录。

```
<?php
session_start();
// 首先要开启 session,
// error_reporting(2047);
```

```
session_destroy();
// 将 session 去掉,以每次都能取新的 session 值
// 用 seesion 效果不错,也很方便
?>
<html>
<head>
<title>session 图片验证实例</title>
<style type="text/css">
#login p{
margin-top:15px;
line-height:20px;
font-size:14px;
font-weight:bold;
}
#login img{
cursor:pointer;
}
form{
margin-left:20px;
}
</style>
</head>
<body>
<form id="login" action="" method="post">
<p>此例为 session 验证实例</p>
<p>
<span>验证码:</span>
<input type="text" name="validate" value="" size=10>
<img  title="单击刷新" src="./captcha.php" align="absbottom" onclick="this.src='
captcha.php? '+Math.random();"></img>
</p>
<p>
<input type="submit">
</p>
</form>
<?php
// 打印上一个 session;
// echo "上一个 session:<b>".$_SESSION["authnum_session"]."</b><br>";
```

```
$validate="";
if(isset($_POST["validate"])){
$validate=$_POST["validate"];
echo "您刚才输入的是:".$_POST["validate"]."<br>状态:";
if($validate! =$_SESSION["authnum_session"]){
// 判断 session 值与用户输入的验证码是否一致;
echo"<font color=red>输入有误</font>";
}else{
echo"<font color=green>通过验证</font>";
}
}
?>
```

运行结果如图5.1所示。

5.5 并行项目训练

5.5.1 训练内容

项目名称： 随机点名系统

项目场景： 如图5.10所示，将一个班级的名单定义成一个数组，单击“随机点名”按钮可以实现随机抽取人名。

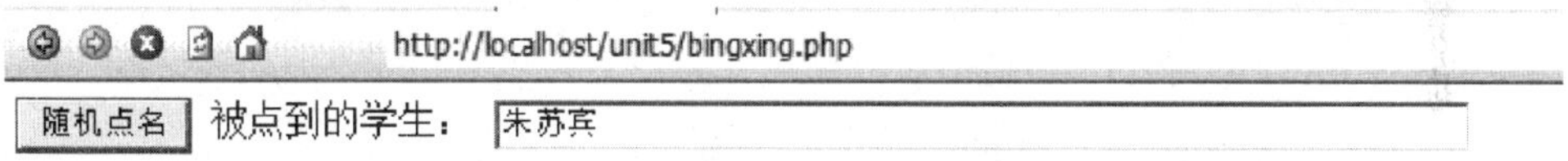

图5.10 数组综合操作

5.5.2 训练目的

进一步熟悉随机函数和数组的使用方法。

5.5.3 训练过程

【步骤1】新建一个“bingxing.php”程序。

打开PHPEdit软件，新建一个“bingxing-item.php”程序，并存放在“C:\wamp\www\PHPCODES\unit5”文件夹。

【步骤2】编写代码。

```
<html>
    <body>
```

```
            <form method = " post" >
                <tr><input name = " submit"  type = " submit"  value = " 随机点名" /></tr>
                <?php
                if( isset( $_POST[ ' submit ' ] ) ) {
                    $max = 42;
                    $min = 0;
                    $stu = mt_rand( $min, $max) ;
                    $array = array( "李义","尹睿达","黄买银","张恒","赵双森","李义","尹睿达","黄买银","张恒","赵双森","张远","王思南","韦龙禛","谷天龙","宋瑜","李勇","孙静","郁颖","陈桦","徐静羽","陈颖","赵芳","杨鹏","顾明","张悦","李兰","吕静","陈薇","朱宇航","苏勇硕","高兰兰","倪弘毅","王浩奇","周芹","李钱","吴宇娟","朱苏宾","张嘉","张慧娴","刘光浩","杨玉杰","杨芹","袁含","朱星臣","赵金林","张增","何乾方") ;
                }
                ?>
                <tr><td>被点到的学生:</td>
                    <td><input name = " result"  type = " text"  size = " 60"  width = " 150%" value = " <?php echo $array[ $stu ] ?>" /></td></tr>
            </form>

        </body>
    </html>
```

运行结果如图 5.10 所示。

5.5.4 项目实践常见问题解析

【问题 1】如何自定义函数并调用?

【答】

```
function 函数名([参数列表]) {
    函数体;
    [return 返回值]
}
```

调用：直接写 name(参数 1，参数 2)。

【问题 2】验证码程序的思路是什么?

【答】新建一个呈现验证码的页面，通过该页面调用验证码程序，可以创建一个验证码成功后的跳转页面。

5.6　习　　题

1. 选择题

(1) PHP 中可以输出变量类型的语句是（　　）。

A. echo　　B. print

C. var_dump()　　D. print_r()

(2) PHP 中单引号和双引号包含字符串的区别正确的是（　　）。

A. 单引号速度快，双引号速度慢

B. 双引号速度快，单引号速度慢

C. 单引号里面可以解析转义字符

D. 双引号里面可以解析变量

(3) PHP 中关于字符串处理函数的说法正确的是（　　）。

A. implode()方法可以将字符串拆解为数组

B. str_replace()可以替换指定位置的字符串

C. substr()可以截取字符串

D. strlen()不能取到字符串的长度

(4) 以下关于字符串的说法，正确的是（　　）。

A. echo "hello\nworld";

在页面可以实现换行

B. echo 'helloworld {$a}';

可以解析变量 a 的值

C.

$str=<<<AA

Hello world

AA;

该方式可以定义字符串

D. print $a,"hello";

可以输出数据且不报错

(5) 将字串 s 中的所有字母变为小写字母的方法是（　　）。

A. s. toSmallCase()　　B. s. toLowerCase()

C. s. toUpperCase()　　D. s. toUpperChars()

(6) 以下代码的输出结果正确的是（　　）。

```
<?php
    $str="this is a big fish"
    echo strlen($str);
?>
```

A. 14　　B. 16

C. 18　　　　D. 20

(7) 以下代码的输出结果是（　　）。

```
<?php
$str="I love play basketball";
  echo substr($str,-4,4)
?>
```

A. I love　　　　B. love

C. ball　　　　D. ketb

(8) 以下代码的输出结果是（　　）。

```
<?php
    str=array(1,2,3,4,5);
    echo count($str);
 ?>
```

A. 4　　　　B. 5

C. 6　　　　D. 7

(9) 以下代码的输出结果是（　　）。

```
<?php
    $str="I love play basketball";
    $array=explode("",$str);
    Print_r($array);
?>
```

A. Array([1]=>I[2]=>love[3]=>play[4]=>basketball)

B. Array([0]=>I[1]=>love[2]=>play[3]=>basketball)

C. I love play basketball

D. 代码错误

(10) 下列选项中不属于 PHP 数据类型的是（　　）。

A. 数组　　　　B. 对象

C. 变量　　　　D. 字符串

2. 编程题

(1) 跳水比赛，8 个评委打分。运动员的成绩是从 8 个成绩中去掉一个最高分和一个最低分，剩下的 6 个分数的平均分就是最后得分，使用一维数组实现打分功能。利用函数：① 把打最高分的评委和最低分的评委找出来。② 找出最佳评委和最差评委。最佳评委就是打分和最后得分最接近的评委，最差评委就是打分和最后得分相差最大的评委。

(2) 现有数组 A=array("dog","cat","bird");, B=array("people","dog","mouse");，不使用函数，将 A 数组和 B 数组进行合并，要求没有重复的值。

(3) 写一个函数，实现如下功能：把 open_door, my_shool_name 转成 OpenDoor, MyShoolName。

5.7 小　　结

本单元通过示例引导学习、项目训练学习和并行训练巩固学习，并通过习题进一步加深对技术和方法的掌握，先后介绍了函数及自定义行数、常用内置函数、字符串函数等知识和技术，并通过示例对所讲技术进行演示，通过2个完整的程序项目，对所学函数语句和思想进行了综合训练，为进一步学习PHP面向对象内容奠定了基础。

单元 6

处理表单

单元要点

- ➢ 表单
- ➢ 文本框
- ➢ 多选框
- ➢ 单选框
- ➢ 复选框
- ➢ 下拉列表框
- ➢ 隐藏域
- ➢ 读取和验证

技能目标

- ➢ 会设计表单
- ➢ 会使用常用页面元素
- ➢ 会读取数据
- ➢ 会验证信息
- ➢ 会进行 Web 与 PHP 混合编辑

项目载体

◇ 工作场景项目：信息注册

◇ 并行训练项目：信息验证

6.1 项目场景导入

项目名称：信息注册

项目场景：如图 6.1 所示，通过界面注册个人信息，并在第二页面显示个人注册信息。

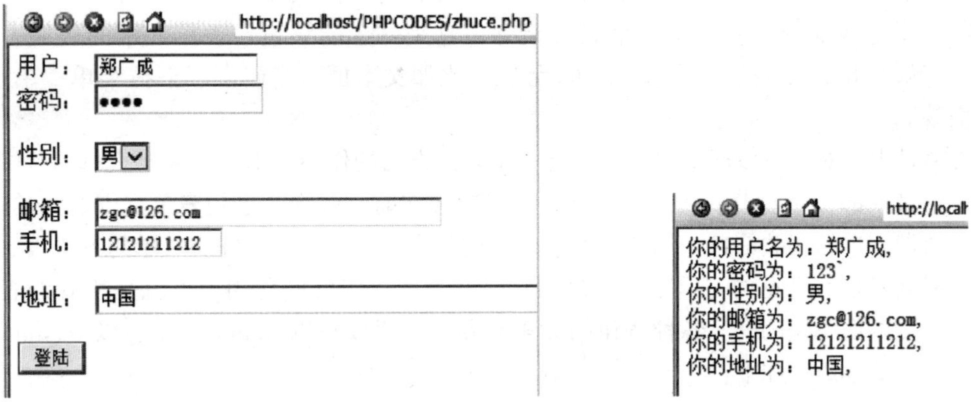

图 6.1　注册信息

6.2　项目问题引导

① 如何定义图形类?
② 如何使用多态和方法?
③ 如何继承?
④ 如何实例化矩形、圆形、三角形对象?
⑤ 如何实现具体操作和类方法?

6.3　技术与知识准备

在浏览网站时，经常会遇到表单，它是网站实现互动功能的重要组成部分。例如，在网上要申请一个电子信箱，就必须按要求填写网站提供的表单页面，其主要内容一般包括姓名、年龄、联系方式等个人信息。又如，要在某论坛上发言，发言之前要申请资格，也即要填写一个表单网页。表单是实现动态网页的一种主要的外在形式。HTML 表单是 HTML 页面与浏览器端实现交互的重要手段。利用表单可以收集客户端提交的有关信息。

PHP 处理表单数据的基本过程是：数据从 Web 表单发送到 PHP 代码，经过处理生成 HTML 并输出。它的处理原理是：当 PHP 处理一个页面的时候，会检查 URL、表单数据、上传文件、可用 cookie、Web 服务器和环境变量。如果有可用信息，就可以通过 PHP 访问自动全局变量数组$_GET、$_POST、$_FILES、$_COOKIE、$_SERVER、$_ENV 得到。

6.3.1　认识表单

表单由多个元素组成，如文本框、单选钮、复选框、下拉列表框等，用户可以根据自己的需要来设计。在设计的时候，需要注意各个元素的名称，获取的名称和表单元素相关。

随着网站交互性的加强，表单在网页设计中的地位越来越重要。在网页中，注册需要表单，登录需要表单，搜索需要表单，订单需要表单，付款需要表单，表单是网站交互功能的重要组成部分。表单是一个集合概念，它是一个能够包含表单元素的区域。表单元素是能够让用户在表单中输入信息的元素（比如文本框、密码框、下拉菜单、单选框、复选框等）。

表单是由一对<form>标记定义的，这一步有几方面的作用。第一，限定表单的范围，其他的表单对象都要插入表单之中。单击“提交”按钮时，提交的也是表单范围之内的内容。第二，携带表单的相关信息，例如，处理表单的脚本程序的位置、提交表单的方法等。这些信息对浏览者是不可见的，但对于处理表单，却有着决定性的作用。也就是所有的表单元素，比如文本框、密码框、各种按钮的元素对象，都要放在以<form>开始、以</form>结束的标签中。基本语法如下：

```
<form name="表单名"  method="提交方法"  action="表单提交的地址">
<!--文本框、按钮等表单元素-->
</form>
```

在上面的语法中，name 描述的是表单的名称，method 定义表单结果从浏览器传送到服务器的方法，一般有两种方法：get 和 post，get 方式传输的数据量少，当提交表单数据时，从浏览器的地址栏可以看到传递的具体数据，一般适用于安全性要求不高的场合，而 post 方式传输的数据量大，当提交表单数据时，浏览器的地址栏不会看到传递的具体数据，一般适用于安全性较高的场合。action 用来定义表单数据提交的目标地址，目标页面的地址可以是相对地址，也可以是绝对地址，如不填或者为 action="#" 时，默认为提交给当前页面处理。

学习了表单的基本语法之后，下面介绍表单元素的具体用法。除了下拉列表框、多行文本域等少数表单元素外，大部分表单元素都使用<input>标签，只是它们的属性设置不同，统一用法如下：

```
<input  name= "表单元素名称"  type="类型"  value="值"  size="显示宽度"
maxlength="能输入的最大字符数"  checked="是否选中"/>
```

name 属性指定表单元素的名称。例如，如果表单上有几个文本框，可以按照名称来标识它们，如 text1、text2 或用户选择的任何名称。

type 属性指定表单元素的类型。可用的选项有 text、password、checkbox、radio、submit、reset、file、hidden 和 button。默认值为 text。

value 属性是可选属性，它指定表单元素的初始值。当载入表单时，<input>标签显示 value 属性值，并提示文本输入框的文字。

size 属性指定表单元素的显示长度。

maxlenght 属性用于指定在 text 或 password 表单元素中可以输入的最大字符数。默认值为无限制的。如果设置了 maxlenght="5"，最多可以输入 5 个字符，当输入第 6 个字符时，光标就无法移动了。

checked 属性指定按钮是否被选中，只有一个值，为 checked。当输入类型为 radio 或 checkbox 时，使用此属性。

6.3.2 获取表单元素的数据

下面介绍常见的表单元素和基本用法，以及获取表单元素的数据的方法。

1. 文本框

在表单中，文本框用来让用户输入字母、数字等单行文本信息。文本框的宽度默认是20个字符。

```
<form  name="form1"  method="post"  action="handleform1.php">
    <p>姓名:<input  type="text"  name="username"  value=""/></p>
</form>
```

2. 密码框

把type的属性设置成password，就可以创建一个密码框，输入的字符以“·”显示，达到加密的作用。

```
<form  name="form1"  method="post"  action="handleform1.php">
    <p>密码:<input  type="password"  name="userpsw"/></p>
</form>
```

可以看到，这两个表单元素都用到了<input>标签，随type类型的不同，分为文本输入框、密码输入框，密码框里填写的内容是不可见的。决定它们类型不同的是<input>标签的属性type的属性值。type的属性值是text，即文本框；type的属性值是password，即密码框。同样，type的属性值是checkbox，代表表单元素为多选框；是radio，就是单选框（按钮）。值是submit，表示元素是“提交”按钮；如果值是reset，就代表元素是重置按钮了。可见，<input>标签也是一个单标签，它没有终止标签。一定要记得在后面加上一个“/”，以符合XHTML的要求。

3. “提交”和“重置”按钮

type="submit"和type="reset"分别是“提交”和“重置”两个按钮。“提交”按钮用于提交表单数据，将form中所有内容提交action页处理；“重置”按钮用于清空现有表单数据。

```
<form  name="form1"  method="post"  action="handleform1.php">
    <p><input  type="submit"  value="提交"><input  type="reset"  value="重置"></p>
</form>
```

文本框、密码框和“提交”“重置”按钮运行结果如图6.2所示。

图6.2 运行结果

【示例 1】设计表单

设计表单

```
<html>
<head>
<title></title>
<meta name="" content="">
</head>
<body>
<form  name="form1"  method="post"  action="demo2.php">
    <p>姓名:<input  type="text"  name="username" value="" size="20"/></p>
    <p>密码:<input  type="password"  name="userpsw"/></p>
    <p><input  type="submit"  value="提交"><input  type="reset"  value="重置"></p>
</form>
</body>
</html>
```

那么，如何获取表单的数据呢？在 PHP 中，可以通过两个预定义变量方便地获取网页提交的表单数据。这两个预定义变量为$_GET 和$_POST，它们都是 PHP 的自动全局变量，可以直接在 PHP 程序中使用。

预定义的 $_GET 变量用于收集来自 method="get" 的表单中的值，从带有 GET 方法的表单发送的信息，对任何人都是可见的（会显示在浏览器的地址栏），并且对发送信息的量也有限制；预定义的 $_POST 变量用于收集来自 method="post" 的表单中的值，从带有 POST 方法的表单发送的信息，对任何人都是不可见的（不会显示在浏览器的地址栏），并且对发送信息的量也没有限制。

预定义的 $_REQUEST 变量包含了 $_GET、$_POST 和 $_COOKIE 的内容。$_REQUEST 变量可用来收集通过 GET 和 POST 方法发送的表单数据。无论用何种方法提交表单，均可以通过超全局变量$_REQUEST 获取表单参数，其语法格式如下：

```
$_REQUEST["表单对象名称"]
```

其中，$_REQUEST 是经由 GET、POST 和 COOKIE 机制提交至 PHP 代码中的变量，因此该数组并不值得信任，所有包含在该数组中的变量的存在与否及变量的顺序均按照 php.ini 中的 variables_order 配置来定义。

下面新建一个 PHP 页面，用 demo2.php 来获取表单 form1 提交的姓名和密码。如果文本框中输入了“郑广成”，密码框输入的是“123”，那么通过 demo2.php 的处理，获取到的数据如下。

【示例 2】获取元素值（图 6.3）

获取元素值

```
<?php
    echo "你的姓名是:".$_POST['username'];
    echo "<br>";
    echo "你的密码是:".$_POST['userpsw'];
```

```
    echo "<br>";
?>
```

http://localhost/unit6/demo2.php

你的姓名是：郑广成
你的密码是：123

图6.3　运行结果

4. 多选框

type="checkbox" 表示多选框，常见于注册时选择爱好、性格等信息。参数有 name、value 及特别参数 checked（表示默认选择），其实最重要的还是 value 值，提交到处理页的也就是 value。name 一般不相同，但是也可以一样。

```
<form name="form1" method="post" action="demo2.php">
    <p>爱好:
      <input type="checkbox" name="hobby_sport" value="sport" checked="checked"/>运动   
      <input type="checkbox" name=" hobby_talk" value="talk"/>聊天   
      <input type="checkbox" name=" hobby_play" value="play"/>玩游戏
    </p>
</form>
```

应该如何获取被选中的多选框的信息呢？它需要用条件语句 if 来实现，其代码如下：

```
if(! empty($_POST['hobby_sport']))/*如果 hobby_sport 框的值不为空，则获取选项值 echo $_POST['hobby_sport']."<br>";*/
```

其他与上述相似。

5. 单选框

type="radio" 表示单选框，出现在多选一的页面中，如性别选择。参数同样有 name、value 及特别参数 checked。不同于 checkbox 的是，name 值一定要相同，否则就不能多选一。当然，提交到处理页的也是 value 值。

```
<form name="form1" method="post" action="demo2.php">
  <p>性别:
    <input type="radio" name="sex" value="man">男
    <input type="radio" name=" sex " value="woman" checked="checked">女
  </p>
</form>
```

上述代码创建了一组两个单选按钮，按钮的名称“sex”，但是 Value 的值有两个，分别为“man”和“woman”。提交后，假如用户选择了“男”，则该变量的值就是 man；如果为“女”，则该变量值为 woman。

表单增加了单选按钮和复选框之后，完整代码如下。

【示例 3】在示例 2 的基础上继续完善表单（表 6.4）

继续完善表单

```
<html>
<head>
<title></title>
<meta name="" content="">
</head>
<body>
<form name="form1" method="post" action="handleform1.php">
    <p>姓名:<input type="text" name="username" value="" size="20"/></p>
    <p>密码:<input type="password" name="userpsw"/></p>
    <p>爱好:
      <input type="checkbox" name="hobby_sport" value="sport" checked=
"checked"/>运动   
      <input type="checkbox" name="hobby_talk" value="talk"/>聊天  
 
      <input type="checkbox" name="hobby_play" value="play"/>玩游戏
    </p>
    <p>性别:
      <input type="radio" name="sex" value="man">男
      <input type="radio" name="sex " value="woman">女
   </p>
   <p><input type="submit" value="提交"><input type="reset" value="重置">
</p>
</form>
</body>
</html>
```

图 6.4 运行结果（demo. php）

6. 下拉列表框

基本语法如下：

```
<select>
<option  value="选择此项提交给处理页面的值"  selected="selected"></option>
</select>
```

一般使用表单下拉列表选择数据，如省、市、县、年、月等数据。select 是下拉列表菜单标签，option 为下拉列表数据标签，value 为 option 的数据值（用于数据的传值），selected 为默认被选中的项，如下就是默认橘子被选中。

```
<select  name="fruit">
  <option  value="apple">苹果</option>
  <option  value="orange"  selected="selected">橘子</option>
  <option  value="mango">芒果</option>
</select>
```

在示例 2 的基础上增加一个省份的下拉列表，默认河北省被选中，在浏览器中进行浏览。在页码进行表单的填写和选择，并提交给 handleform1. php 页面进行处理。

```
<select  name="province">
  <option  value="江苏">江苏省</option>
  <option  value="河北"  selected="selected">河北省</option>
  <option  value="浙江">浙江省</option>
</select>
```

对于下拉列表框的处理，使用选项的 name 值为“province”，然后 if 语句通过对传递的不同的值做出判断，打印不同的值。

```
$pro=$_POST['province'];
    if($pro=='江苏') $pro="江苏省";
    else if($pro=='浙江') $pro="浙江省";
    else $pro="河北省";
    echo "你所在的省份是:".$pro;
$pro=$_POST['province'];
if(!empty($pro))foreach($pro as $Mon)
 echo($Mon."月<br>");?>
```

7. 隐藏域

基本语法如下：

```
<input  type="hidden"  name="field_name"  value="value">
```

作用：隐藏域在页面中对用户是不可见的，在表单中插入隐藏域的目的在于收集或发送信息，以利于被处理表单的程序所使用。浏览者单击“发送”按钮发送表单的时候，隐藏域的信息也被一起发送到服务器。

有时一个 form 里有多个“提交”按钮，那么怎样使程序能够分清楚到底用户是按哪一个按钮提交上来的呢？这就可以写一个隐藏域，然后在每一个按钮处加上 onclick = "document.form.command.value = "xx""，收到数据后，检查 command 的值就会知道用户是按哪个按钮提交上来的。

```
<html>
<head>
<title></title>
<meta name="" content="">
</head>
<body>
<form  name="form2" method="get" action="showhide.php">
账号:<br>
<input type="hidden" name="hidename" value="<?php print 'hello！'?>">
<input type="submit" name="submit" value="提交">
<input type="reset" name="reset" value="重填">
</form>
</body>
</html>
```

【示例 4】显示隐藏字段信息

```
<?php
  //获取隐藏字段信息
  echo "你的隐藏字段信息为:<br>";
  echo $_GET['hidename']
?>
```

显示隐藏字段信息

8. 文本域

文本域，也就是多行输入框（textarea），用于输入两行或两行以上的较长文本信息，主要应用于用户留言或者聊天窗口及协议。

基本语法如下：

```
<textarea  name="yoursuggest"  cols ="50"  rows = "3">初始文本</textarea>
```

name 为传值命名；cols 为文本域的可见字符宽度，也就是字符列数，表示每行可以输入多少列文字，后跟具体数字；rows 为文本域的可见字符行数，默认输入框区域显示高度和具体数字。一般通过 CSS 的 width 和 height 属性控制文本域的宽度和高度。当输入的内容超过可视区域后，多行文本框将出现滚动条。

【示例5】文本域

```
<?php
$str="服务协议的具体内容……";
?>
<form name="form3" method="post" action="">
  <textarea rows="10" cols="30"><?php echo $str ?></textarea>
  <input type="submit" name="submit" value="接受">
  <input type="reset" name="reset" value="不接受">
</form>
```

文本域

9. 只读和禁用属性

在网页中，有些表单元素中的信息是不允许浏览者进行修改的，即用户只有浏览的权限而没有修改的权限。此功能可以通过设置文本框的只读属性来实现。在某些情况下，需要对表单进行限制，设置表单元素为禁用，它们常见的应用场景如下：

① 只读场景：服务器方不希望用户修改数据，只是要求这些数据在表单元素中显示。例如，注册或交易协议、商品价格等。

② 禁用场景：只有满足某个条件后，才能用某项功能。例如，只有用户同意注册协议后，才允许单击“注册”按钮；播放器控件在播放状态时，不能再单击“播放”按钮等。

只读和禁用效果分别通过 readonly 和 disabled 属性实现。例如，要实现协议只读和注册按钮禁用的效果，对应的部分 HTML 代码如下。

```
<!--省略部分 html 代码-->
<textarea rows="10" cols="30" readonly="readonly">
服务协议的具体内容……
</textarea>
<input name="btn" type="submit" value="注册" disabled="disabled"/>
<!--省略部分 html 代码-->
```

在实际的开发过程中，是不是获取表单数据就是将它显示出来呢？其实，在实际开发过程中并不是这样的，将表单的数据显示出来，主要是让读者能够看到效果。在实际的开发过程中，当然有的时候也会显示，但通常是用变量去接收每一个表单的元素的值，然后连接数据库、打开数据库中的表，将表单中的数据进行处理，添加到数据库中去。PHP 与 MySQL 是“黄金搭档”，通常是将表单数据添加到 MySQL 数据中去。

6.3.3　对表单传递的变量值进行编码与解码

国内网站的页面信息大多数使用汉字，但是 HTTP 在传送数据的时候，只能识别 ASCII 码，如果是空格、标点或者汉字被传递，很可能会发生不可预知的错误。为了保证信息能够得到正常的传输，需要在 PHP 网页中使用 URL 编码和 BASE64 编码，下面分别对这两种编码进行讲解。

URL 编码是一种浏览器用来打包表单输入数据的格式，是对用地址栏传递参数的一种编码规则。例如，在参数中带有空格，则传递参数时就会发生错误，而用 URL 编码处理后，空格变成了 20%，这样错误就不会发生了。PHP 对 URL 中传递的参数进行编码，一是可以实现对所传递数据的加密，二是可以对无法通过浏览器进行传递的字符进行传递。实现此操作一般使用 urlencode( ) 函数和 rawurlencode( ) 函数。而对此过程的反向操作，使用 urldecode( ) 函数和 rawurldecode( ) 函数。

用户在进行编码的时候，可以使用 UrlEncode 函数，其格式如下：

```
string UrlEncode(string str);
```

UrlEncode 函数返回的字符串中除了“-_”之外，所有非字母数字字符都被替换成百分号（%）后跟两位十六进制数的格式，空格被编码为加号（+）。此函数便于将字符串编码，并将其用于 URL 的请求部分，同时，还便于将变量传递给下一页。

下面通过一段代码讲解使用 UrlEncode 函数的方法，具体代码如下。

```
<?php
echo '<a href="#? lmbs=',urlencode("李四"),'">李四</a>';
?>
```

在执行结果中看不到编码的效果，查看该页的源代码时，会看到关键字“李四”已经被编码为<a href="#? lmbs=%C0%EE%CB%C4">李四</a>。

除了上面的编码和解码函数外，用户还可以用 UrlDecode 函数，其格式如下。

```
String urldecode(String str);
```

【示例 6】编码与解码

```
<?php
$user='王小明 刘晓莉';
$link1="index.php? userid=".urlencode($user)."<br/>";
$link2="index.php? userid=".rawurlencode($user)."<br/>";
echo $link1.$link2;
echo urldecode($link1);
echo urldecode($link2);
echo rawurldecode($link2);
?>
```

代码详解：

① 在$linkl 变量的赋值中，使用 urlencode( ) 函数对一个中文字符串 $user 进行编码。

② 在$link2 变量的赋值中，使用 rawurlencode( ) 函数对一个中文字符串 $user 进行编码。

③ 这两种编码方式的区别在于对空格的处理，urlencode( ) 函数将空格编码为“+”，而 rawurlencode( ) 函数将空格编码为“%20”加以表述。

使用 urlencode( ) 和 rawurlencode( ) 函数时，如果配合 js 处理页面的信息，要注意

urlencode( )函数使用后，“+”与js的冲突。由于js中“+”是字符串类型的连接操作符，js在处理URL时无法识别其中的“+”，这时可以使用rawurlencode( )函数对其进行处理。

上述示例演示，如果属性被private和protected修饰，可以通过定义公开的方法去访问属性。

6.4　回到项目场景

通过以上学习，对文本框、密码框、单选框、复选框、下拉列表框、多选框、隐藏域等有所了解，学会了设计表单、读取表单和验证表单，接下来回到项目场景，完成“信息注册”项目。

【步骤1】新建一个验证码类zhuce.php程序。

类将在下一单元讲解，这里只是使用它，将程序保存在“C:\wamp\www\PHPCODES\unit6\item”文件夹。后面定义的所有类和程序都放在该文件夹下面。

```
<html>
    <head>
        <title>用户信息注册 </title>
    </head>
    <body>
        <form id="form1" name="form1" action="show.php" method="post">
            <tr>
                <td height="35" align="center" class="STYLE1">用户:
                    <input name="user" type="text" size="16"/>
                </td>
            </tr>
            <br>
                <td height="35" align="center" class="STYLE1">密码:
                    <input name="password" type="password" size="16"/>
                </td>
            </br>
            <br>
                <td height="35" align="center" class="STYLE1">性别:
                    <select name="sex">
                        <option>女</option>
                        <option>男</option>

                    </select>
                </td>
```

```
                </br>
                <br>
                    <td height="35" align="center" class="STYLE1">邮箱：
                        <input name="email" type="text" size="36"/>
                    </td>
                </br>
                    <td height="35" align="center" class="STYLE1">手机：
                        <input name="phone" type="text" size="12"/>
                    </td>
                </br>
                </br>
                    <td height="35" align="center" class="STYLE1">地址：
                        <input name="adr" type="text" size="48"/>
                    </td>
                </br>
                <br>
                    <td height="35" align="center"><input type="submit" name="Sub-
mit" value="登录"/>
                    </td>
                </br>

            </form>
            <?php
            if(isset($_POST['Submit']))
            {
              $user=$_POST['user'];
              $password=$_POST['password'];
              $sex=$_POST['sex'];
              $email=$_POST['email'];
              $phone=$_POST['phone'];
              $adress=$_POST['adr'];
        if(empty($user)||empty($password)||empty($sex)||empty($email)||empty($
phone)||empty($adress))
              {
                    echo "<script>alert('请将信息填写完整！');window.location.href=
'zhuce.php';</script>";
              }
              else
```

```
            {
            echo "你的用户名为:$user,<br/>";
            echo "你的密码为:$password,<br/>";
            echo "你的性别为:$sex,<br/>";
            echo "你的邮箱为:$email,<br/>";
            echo "你的手机为:$phone,<br/>";
              echo "你的地址为:$adress,<br/>";
              }
          }
        ?>
    </body>
</html>
```

【步骤2】新建一个名为 show. php 的项目，保存在同一目录。

```
<?php
              $user=$_POST['user'];
              $password=$_POST['password'];
              $sex=$_POST['sex'];
              $email=$_POST['email'];
              $phone=$_POST['phone'];
              $adress=$_POST['adr'];
              echo "你的用户名为:$user,<br/>";
              echo "你的密码为:$password,<br/>";
              echo "你的性别为:$sex,<br/>";
              echo "你的邮箱为:$email,<br/>";
              echo "你的手机为:$phone,<br/>";
              echo "你的地址为:$adress,<br/>";
?>
```

运行结果如图 6. 1 所示。

6.5 并行项目训练

6.5.1 训练内容

项目名称：信息验证

项目场景：如图 6.5 所示，设计相应界面，当输入信息时，会自动验证信息格式是否正确。其中姓名为字母格式，密码为数字格式，日期和 E-mail 符合相应的格式。全部填写正确后，将读取所有信息并显示出来。

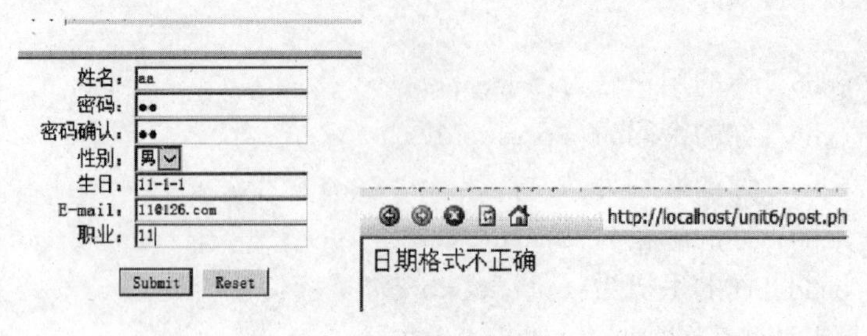

图 6.5　信息验证

6.5.2　训练目的

进一步掌握表单验证方法。

6.5.3　训练过程

【步骤 1】新建一个“item. php”程序。

打开 PHPEdit 软件，新建一个“item. php”程序，并存放在“C:\wamp\www\PHPCODES\unit6”文件夹。

```
<html>
<head>
<title>Form</title>
<meta http-equiv="Content-Type" content="text/html;charset=gb2312">
<!--<script language="javascript" src="form.js" src="form.js"></script>-->
</head>

<body>
<form action="post.php" method="get" name="form1" ">
<table width="271" border="0" align="center" cellpadding="0" cellspacing="0">
<tr>
<td width="85"><div align="right">姓名:</div></td>
<td width="186"><input name="username" type="text" id="username"></td>
</tr>
<tr>
<td><div align="right">密码:</div></td>
<td><input name="password" type="password" id="password"></td>
</tr>
<tr>
<td><div align="right">密码确认:</div></td>
<td><input name="password2" type="password" id="password2"></td>
</tr>
```

```
<tr>
<td><div align="right">性别:</div></td>
<td><select name="sex" id="sex">
<option value="0" selected>男</option>
<option value="1">女</option>
</select></td>
</tr>
<tr>
<td><div align="right">生日:</div></td>
<td><input name="birthday" type="text" id="birthday"></td>
</tr>
<tr>
<td><div align="right">E-mail:</div></td>
<td><input name="email" type="text" id="email"></td>
</tr>
<tr>
<td><div align="right">职业:</div></td>
<td><input name="job" type="text" id="job"></td>
</tr>
</table>
<p align="center">
<input type="submit" value="Submit">
<input type="reset" value="Reset">
</p>
</form>
</body>
</html>
```

【步骤 2】新建一个“post. php”程序，验证信息，放在同一目录。

```
<?php
//本程序用于接收来自 HTML 页面的表单数据,并进行相应的验证
$founderr = false;//初始化 founderr 变量,表示没有错误
if(! ereg("[a-zA-Z_]",$_GET['username']))
{
echo "姓名格式不正确<BR>";
$founderr = true;
}

if(! ereg("[0-9]{4}-[0-9]{2}-[0-9]{2}",$_GET['birthday']))
```

```
{
echo "日期格式不正确<BR>";
$founderr = true;
}

if(! ereg("^[a-zA-Z0-9_.]+@([a-zA-Z0-9_]+.)+[a-zA-Z]{2,3}$",$_GET
['email']))
{
echo "E-mail 地址格式不正确<BR>";
$founderr = true;
}

if($_GET['password']! = $_GET['password2'])
{
echo "两次密码输入不相同";
$founderr = true;
}

if(! $founderr)
{
?>
<html>
<head>
<title>Form</title>
<meta http-equiv="Content-Type" content="text/html;charset=gb2312">
</head>

<body>
<table width="271" border="0" align="center" cellpadding="0" cellspacing="0">
<tr>
<td width="85"><div align="right">姓名:</div></td>
<td width="186"><?php echo $_GET['username']?></td>
</tr>
<tr>
<td><div align="right">密码:</div></td>
<td><?php echo $_GET['password']?></td>
</tr>
<tr>
```

```
<td><div align="right">性别:</div></td>
<td><?php if($_GET['sex']==0) echo "男";else echo "女" ?></td>
</tr>
<tr>
<td><div align="right">生日:</div></td>
<td><?php echo $_GET['birthday']?></td>
</tr>
<tr>
<td><div align="right">E-mail:</div></td>
<td><?php echo $_GET['email']?></td>
</tr>
<tr>
<td><div align="right">职业:</div></td>
<td><?php echo $_GET['job']?></td>
</tr>
</table>
</body>
</html>
<?php
}
?>
```

结果运行如图 6.5 所示。

6.5.4 项目实践常见问题解析

【问题 1】isset() 和 empty()有什么区别?

【答】isset 判断变量是否存在，可以传入多个变量，若其中一个变量不存在，则返回 faulse；empty 判断变量是否为空为假，只可传一个变量，如果为空为假，则返回 true。

【问题 2】如何在页面之间传递变量（至少两种方式）？

【答】GET，POST，COOKIE，SESSION，隐藏表单。

【问题 3】读取页面变量值的方法是什么?

【答】$_REQUEST()。

6.6 习　　题

编程题

请设计一个如图 6.6 所示的页面，如果信息输入错误或没写，能弹出窗口进行提示。

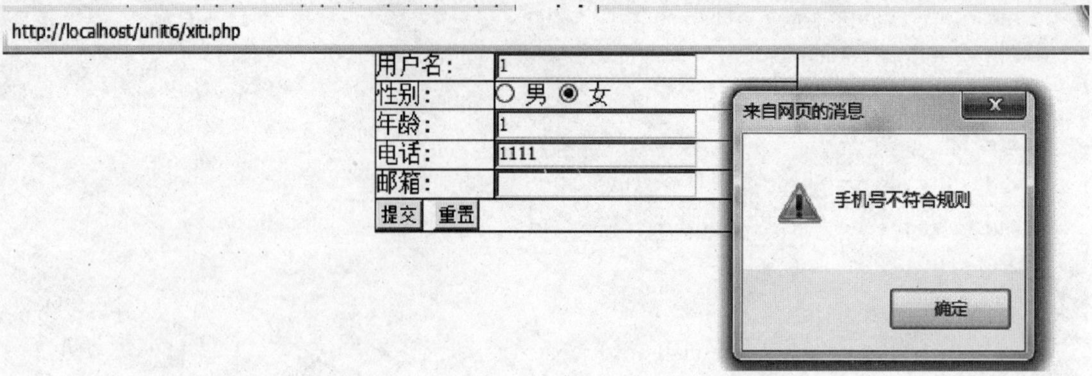

图 6. 6　信息验证

6. 7　小　　结

本单元通过示例引导学习、项目训练学习和并行训练巩固学习，并通过习题进一步加深对技术和方法的掌握，先后介绍了文本框、密码框、单选框、复选框、下拉列表框、多选框、隐藏域等知识和页面读取验证等技术，并通过示例对所讲技术进行演示，通过 2 个完整的程序项目，对所学技术方法进行了综合训练，为进一步学习 PHP 面向对象内容奠定基础。

单元 7

设计面向对象程序

单元要点

- ➢ 对象和类
- ➢ 创建类和对象
- ➢ 构造函数和析构函数
- ➢ 类的继承
- ➢ 方法的覆盖
- ➢ 抽象类和抽象方法
- ➢ 接口
- ➢ 类的多态

技能目标

- ➢ 会定义类和实例化对象
- ➢ 会使用对象
- ➢ 会使用抽象方法
- ➢ 会用继承方法
- ➢ 会使用接口、多态

项目载体

- ◇ 工作场景项目：图形面积 && 周长计算
- ◇ 并行训练项目：简单计算器

7.1 项目场景导入

项目名称：图形面积 && 周长计算

项目场景：使用面向对象的方法实现图形面积的计算，可以实现矩形、三角形、圆形的面积和周长的计算，如图 7-1 所示。

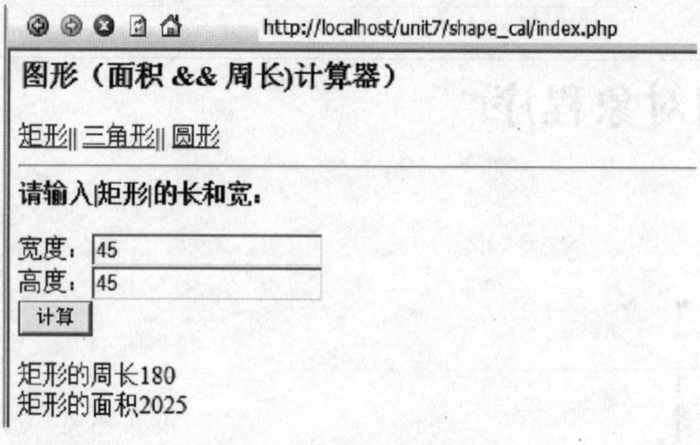

图 7.1　图形面积和周长计算

7.2　项目问题引导

① 如何定义图形类？
② 如何使用多态和方法？
③ 如何继承？
④ 如何实例化矩形、圆形、三角形对象？
⑤ 如何实现具体操作和类方法？

7.3　技术与知识准备

7.3.1　PHP 面向对象概述

面向对象（Object Oriented，OO）是软件开发过程中极具影响性的突破，越来越多的程序设计语言强调其面向对象的特性，PHP 也不例外。自 PHP 5 开始，PHP 就提供了面向对象的支持。

面向对象的思想可以使程序更加符合人类看待事物的规律。面向对象编程的优点是对象可以在不同的应用程序中被重复使用，实现了软件工程的重用性、灵活性和可扩展性。

7.3.2　创建类与对象

7.3.2.1　类和对象的关系

正所谓物以类聚，人以群分，世间万物都具有其自身的属性和方法，通过这些属性和方法，可以将不同物质区分开来。例如，人具有性别、体重和肤色等属性，还可以进行吃饭、睡觉、学习等能动活动，这些活动可以说是人具有的功能。可以把人看作程序中的一个类，那么，人的性别可以比作类中的属性，吃饭可以比作类中的方法。又如，动物中的一些宠物，如宠物狗、宠物鸟，它们一般都有自己的宠物名、体重、颜色、种类等属性，还可以进行跑、跳、飞等动作。

理解面向对象程序设计就是设计类和对象，类（class）和对象（object）是面向对象方法的核心概念。类可以理解为一些属性和行为的集合，是对一类事物的描述，是抽象的、概念上的，比如人类、动物类。对象是实际存在的该类事物的每个个体，因而也称为示例（instance）。对象是实实在在存在的，比如张三、李四等具体的某个人。

简单地说，类是用于生成对象的代码模板，比如教师类，它包含教师的姓名、年龄、学历、职称等属性信息，还包括教师进行自我介绍及如何授课等行为。PHP 中使用关键字 class 和一个类名来声明一个类。类名可以是任意数字和字母的组合，但是不能以数字开头，一般使用首字符大写，而后每个单词首字符大写的方式，这样方便阅读。

```
<?php
修饰符 class 类名
{
类的属性;
类的行为;
}
?>
```

① 权限修饰符是可选项，可以使用 public、protected、private 或省略这 3 者。

② class 是创建类的关键字。

③ 类名是所要创建类的名称，必须写在 class 关键字之后。在类的名称后面必须跟上一对大括号。

下面定义一个教师类：

```
<?php
    class Teacher {
    // 类体
}
?>
```

这样就创建了一个合法的 Teacher 类，虽然没有任何用处，但是已经完成了一些非常重要的事情。然后就可以把教师类当作生成各位教师对象的模板，创建各位教师。现实情况有很多教师，不同的教师对象是类的不同“示例”，它是由类定义的数据类型。

可以使用 Teacher 类生成 Teacher 对象：

```
    <?php
    class Teacher {
    // 类体
    }
    $teacher=new Teacher();
?>
```

这样就通过使用 new 这个关键字创建了一个 Teacher 的对象。

7.3.2.2 类的属性

类的属性是指在 class 中声明的变量，也称为成员变量，例如，前面提到的教师有姓名、年龄、学历、职称等信息，都可以定义为 Teacher 的属性。在 PHP 5 中，类中的属性与普通变量很相似，可以使用 public、private、protected、var 之一进行修饰，或者不使用任何修饰符，它们决定变量的访问权限。以上关键字是 PHP 5 中引入的，在 PHP 4 下运行将无法正常工作。

① public（公开）：可以自由地在类的内部和外部读取、修改，也就是由 public 所定义的类成员可以在任何地方被访问。

② private（私有）：只能在这个当前类访问和修改，不能在类外访问。

③ protected（受保护）：能够在本类和该类的子类中读取和修改。

④ var：以这个关键字定义的成员能够被任何程序代码访问（public 的别名）。

在类中定义的变量称为类的成员变量，在方法中定义的变量称为局部变量。不同位置定义的变量有什么不同呢？这里分三个方面进行区别：

成员变量：

① 成员变量定义在类中，在整个类中都可以被访问。

② 成员变量随着对象的建立而建立，随着对象的消失而消失。

③ 成员变量有默认初始化值。

局部变量：

① 局部变量只定义在局部范围内，如函数内、语句内等，只在所属的区域有效。

② 局部变量作用范围结束，变量空间会自动释放。

③ 局部变量没有默认初始化值。

在使用变量时，需要遵循就近原则，即首先在局部范围找，有就使用；接着在成员位置找。

属性的使用：通过使用“->”符号连接对象和属性名来访问属性变量。在方法内部通过“$this->”访问同一对象的属性。当然，可以在属性定义时设置初始值，也可以不设置初始值。

例如，前面提到的教师有姓名、年龄、学历、职称等属性，都可以定义为 Teacher 的成员变量。

【示例 1】定义类

```
<?php
    class Teacher {
        public $name;
        private $age;
        protected $title;
        var $school;
    }
?>
```

定义类

此外，可以根据需要对成员变量进行初始化。将成员属性初始化为一个常量，这就如同为对象的属性规定了一个默认值一样。下面就来重新定义“Teacher”类。

【示例 2】类变量初始化

```
<?php
    class Teacher {
        public $name;
        private $age=40;
        protected $title;
        var $school;
    }
?>
```

类变量初始化

7.3.2.3　函数的参数

类的方法也叫成员方法，是在类中声明的方法（函数）。属性可以让对象存储数据，类中的方法则可以让对象有活动，有功能。例如，前面提到的教师类有自我介绍及授课等行为活动，就可以在 Teacher 类中声明两个方法：一个可以进行自我介绍，一个进行授课。

成员方法的声明和函数的声明是相同的，唯一特殊之处是成员方法可以有关键字来对它进行修饰，控制成员方法的权限。成员方法可以省略访问控制关键字，它的访问控制关键字会被系统设置为 public。

在类中，成员属性和成员方法的声明都是可选的，可以同时存在，也可以单独存在。具体应该根据实际的需求而定。

类的成员方法的声明语法如下：

```
访问控制关键字 function 方法名([方法的参数]){
  // 方法体
}
```

function 关键字在方法名之前，之后圆括号中的是可选参数列表。function 之前如果没有访问控制关键字，就默认为是被 public 修饰的。

【示例 3】类方法定义

在前面的 Teacher 类中增加成员的方法代码如下：

```
<?php
class Teacher {
    public $name;
    private $age=40;
    protected $title;
    var $school;
    public function giveLession(){
        echo "讲解知识点<br>";
        echo "归纳总结<br>";
    }
    function introduce(){
```

类方法定义

```
        echo "大家好,我是".$this->school."的".$this->name."<br>";
        echo "今年".$this->age."岁,目前职称是".$this->title."<br>";
    }
}
?>
```

上面代码使用了一个特殊的对象引用方法“$this”，那么它到底表示什么呢？$this 存在于类的每个成员方法中，它是一个特殊的对象引用方法。成员方法属于哪个对象，$this 引用就代表哪个对象，其作用就是专门完成对象内部成员之间的访问。例如，再增加两个成员方法来为教师的年龄设置值和获取教师年龄。

【示例 4】设置和获取变量值

设置和获取变量值

```
<?php
class Teacher {
    public $name;
    private $age=40;
    protected $title;
    var $school;
    public function setAge($age){
        $this->age=$age;
    }
    public function getAge($age){
        return $age;
    }
    public function giveLession(){
        echo "讲解知识点<br>";
        echo "归纳总结<br>";
    }
    function introduce(){
        echo "大家好,我是".$this->school."的".$this->name."<br>";
        echo "今年".$this->age."岁,目前职称是".$this->title."<br>";
    }
}
?>
```

与访问属性一样，可以使用“->”连接对象和方法名来调用方法。调用方法时，必须带有圆括号（参数可选）。

另外，如果声明类的方法时带有参数，而调用这个方法时没有传递参数，或者参数数量不足，系统将会报出错误。如果参数数量超过方法定义参数的数量，PHP 会忽略多余的参数，不会报错。PHP 中也允许在函数定义时为参数设定默认值。在调用该方法时，如果没

有传递参数，将使用默认值填充这个参数变量。同时，还允许向一个方法内部传递另外一个对象的引用。

7.3.2.4　静态成员和静态方法

前面讲述类中定义的变量叫成员变量，类中声明的方法叫成员方法，成员变量和成员方法都属于对象。但是，如果类中成员变量和成员方法被关键字 static 修饰，则变为静态成员和静态方法，静态成员和静态方法属于类。

【示例 5】静态成员和静态方法

```
<?php
class Ren
{
    public $name;
    public static $zhongzu;// 变成静态成员
    function say()
    {
        echo self::$zhongzu."你好";// self 关键字在类里面代表该类
    }
    // 静态方法中不能调用普通成员
    static function run()
    {
        echo $this->name;
    }
}
    echo Ren::run();
?>
```

静态成员和静态方法

普通方法中可以访问静态成员，访问形式为"类名::静态成员名"，或者"self::静态成员名"，self 关键字在类里面代表该类。静态方法（类的方法）中不能调用普通成员，因此运行的时候会报错。

静态方法（类的方法）中可以访问静态成员，代码修改之后运行如下。

【示例 6】静态方法访问静态成员（图 7.2）

```
<?php
class Ren
{
    public $name;
    public static $zhongzu;// 变成静态成员
    function say()
    {
        echo self::$zhongzu."你好";// self 关键字在类里面代表该类
```

静态方法访问静态成员

```
    }
    static function run( )
    {
        echo   self::$zhongzu."你好";
    }
}
    Ren::$zhongzu="战斗民族";// 调用类里面的静态成员,用类名加双冒号
    echo Ren::$zhongzu."<br>";
    echo Ren::run( )."<br>";
    $r=new Ren ( );
    $r->say( )."<br>";
?>
```

http://localhost/unit7/demo6.php
战斗民族
战斗民族你好
战斗民族你好

图 7.2　运行结果

7.3.3　构造函数与析构函数

面向对象程序的最终操作者是对象，有了类之后，就可以用这个类去创建对象了。创建对象就是示例化一个类，对象是类的示例化的产物。所以，学习面向对象只停留在类的声明上是不够的，必须学会将类示例化成对象。

7.3.3.1　构造函数

构造函数也就是构造方法是示例化对象的时候使用的。构造方法没有返回值。构造方法与其他函数一样，可以传递参数，也可以设定参数默认值。构造函数写法特殊，方法名与类名一致；执行时间特殊，构造对象的时候就执行了构造方法。

如果类中没有定义构造函数，则 PHP 会自动创建一个不带参数的默认构造函数。

在 PHP 中，一个类只能声明一个构造方法。在构造方法中可以使用默认参数，实现其他面向对象的编程语言中构造方法重载的功能。如果在构造方法中没有传递参数，那么将使用默认参数为成员变量进行初始化。

如果在类中有显示的声明构造方法，那么，构造方法的声明有两种情况：第一种是在 PHP 5.0 以前的版本中，构造方法的名称必须与类名相同；第二种是在 PHP 5.0 的版本中规定的构造方法的使用，前面为两个下划线。虽然在 PHP 5.0 中构造方法的声明方法发生了变化，但是以前的方法还是可用的。双下划线开头的方法在面向对象中叫魔法方法，_construct( ) 是一个魔法方法。

在 PHP5 具体语法格式如下：

```
Void_construct([mixed $args[,$…]])
```

在 Teacher 类中声明一个构造方法的程序如下，它带有 4 个参数。

```
function _construct( $name, $age, $title, $school) {
    $this->name = $name;
    $this->age = $age;
    $this->title = $title;
    $this->school = $school;
}
```

可以看到构造方法可以定义多个参数，这个参数列表用来为构造方法传递参数，构造方法通常用来对对象做一些初始化，由系统来调用，那么就需要了解怎么将参数传到构造方法中。因为类属于“引用类型”，无法直接访问，所以必须使用 new 关键字来创建类的对象，创建对象时要调用构造方法。由于构造方法是在创建对象的时候被触发的，首先来看示例化类的对象的代码：

```
$对象名=new 类名([参数列表])
```

$对象名：类示例化返回的对象名称，用于引用类中的属性和方法。

new：关键字，表明要创建一个新的对象。

类名：表示新对象的类型。

参数：指定类的构造方法用于初始化对象的值。

例如，用上面的 Teacher 类创建一个具体的教师。

```
$teacher1=new Teacher( '张敏',40,'副教授','南京大学');
$teacher2=new Teacher( '王威',30,'讲师','江苏大学');
```

一个类可以示例化多个对象，每个对象都是独立的。如果上面的 Teacher 类示例化了 2 个对象，就相当于在内存中开辟了 2 个空间，用于存放对象。同一个类声明的多个对象之间没有任何联系，只能说明它们是同一个类型，就如同是 2 个教师，他们都有各自的姓名、年龄、职称、所在学校等属性，有自己的简历、授课方法等活动。

创建类的对象后，就可以使用运算符->访问对象的成员了。访问类中成员的语法格式如下：

```
$变量名->成员属性=值;// 为成员属性赋值
$变量名->成员属性;// 访问成员属性
$变量名->成员方法;// 访问成员方法
```

如：

```
$teacher1->name
```

如果属性是公开（public）的，那么可以自由地在类的内部和外部读取、修改。但是，如果属性是私有（private）的，则只能在这个当前类的内部读取、修改。想要访问该属性，可以提供公开的方法。比如，对于私有的年龄属性的赋值和取值，可以增加公开的方法完成。

```
public function setAge( $age) {
    $this->age = $age;
}
public function getAge( ) {
    return $this->age;
}
```

将这些语句整合到下面的例子中，通过构造方法示例化一个教师对象，然后调用该对象的自我介绍和授课的方法。

【示例7】构造函数类的使用（图7.3）

```
<?php
class Teacher {
    public $name;
    private $age = 40;
    protected $title;
    var $school;
    function __construct( $name, $age, $title, $school) {
        $this->name = $name;
        $this->age = $age;
        $this->title = $title;
        $this->school = $school;
    }
    public function setAge( $age) {
        $this->age = $age;
    }
    public function getAge( ) {
        return $this->age;
    }
public function giveLession( ) {
        echo "讲解知识点<br>";
        echo "归纳总结<br>";
    }
    function introduce( ) {
        echo "大家好,我是".$this->school."的".$this->name."<br>";
        echo "今年".$this->age."岁,目前职称是".$this->title."<br>";
    }
}
    $teacher1 = new Teacher( '张敏',40,'副教授','南京大学');
```

```
    $teacher1->introduce();
    $teacher1->giveLession();
?>
```

http://localhost/unit7/demo7.php

大家好，我是苏州健雄学院的郑广成
今年40岁，目前职称是副教授
讲解知识点
归纳总结

图7.3　运行结果

其中的构造方法也可以写成如下形式，这个构造方法有4个参数，所以创建对象时要传递4个参数。

```
function Teacher($name,$age,$title,$school){
    $this->name=$name;
    $this->age=$age;
    $this->title=$title;
    $this->school=$school;
}
```

下面将构造方法删除，利用类的无参构造法创建一名教师对象，然后通过对象的“->”为属性赋值，这时发现被public和var修饰的属性是可以被赋值的，而被private和protected修饰的属性是不能被直接赋值的，因此它们的赋值工作可以借助共有的方法进行，比如setAge()，演示代码如下。

【示例8】无参构造方法

```
<?php
class Teacher{
    public $name;
    private $age=40;
    protected $title;
    var $school;
    public function setAge($age){
        $this->age=$age;
    }
    public function getAge(){
        return $this->age;
    }
    public function giveLession(){
        echo "讲解知识点<br>";
```

```
        echo "归纳总结<br>";
    }
    function introduce(){
        echo "大家好,我是".$this->school."的".$this->name."<br>";
        echo "今年".$this->age."岁,目前职称是".$this->title."<br>";
    }
}
    $teacher1=new Teacher();
    $teacher1->name='郑广成';
    $teacher1->school='苏州健雄学院';
    $teacher1->setAge(40);
    $teacher1->introduce();
    $teacher1->giveLession();
?>
```

7.3.3.2 封装

面向对象编程的三个重要特点是：继承、封装和多态，它们迎合了编程中注重代码重用性、灵活性和可扩展性的需要，奠定了面向对象在编程中的地位。

封装就是将属性私有化，然后提供公有的方法去访问私有属性，目的是使一个类更加安全。基本做法是：将成员变量（年龄）变成私有；在类里面做方法，间接访问成员变量；在访问里面加控制。比如 Teacher 类中的 private $age。下面将 Teacher 类中所有属性私有化，然后提供公有的方法，访问这些属性。

【示例 9】将 Teacher 类中所有属性私有化

```
<?php
class Teacher{
    private $name;
    private $age;
    private $title;
    private $school;
    public function setName($name){
        $this->name=$name;
    }
    public function getName(){
        return $this->$name;
    }
    public function setAge($age){
        $this->age=$age;
    }
```

```
    public function getAge(){
        return $this->$age;
    }
    public function setTitle($title){
        $this->title=$title;
    }
    public function getTitle(){
        return $this->Title;
    }
    public function setSchool($school){
        $this->school=$school;
    }
    public function getSchool(){
        return $this->school;
    }
    public function giveLession(){
        echo "讲解知识点<br>";
        echo "归纳总结<br>";
    }
    function introduce(){
        echo "大家好,我是".$this->school."的".$this->name."<br>";
        echo "今年".$this->age."岁,目前职称是".$this->title."<br>";
    }
}
    $teacher1=new Teacher();
    $teacher1->setName('王华');
    $teacher1->setAge(38);
    $teacher1->setTitle("副教授");
    $teacher1->setSchool("南京大学");
    $teacher1->introduce();
    $teacher1->giveLession();
?>
```

7.3.3.3 析构函数

析构函数是用来释放对象所占用的系统资源的函数，是当某个对象成为垃圾或者当对象被显式销毁时执行的方法，在释放对象时会自动执行，无须在程序代码内加以调用。在 PHP 如果没有任何变量引用这个对象时，该对象就成为垃圾，PHP 会自动将其在内存中销毁，这是 PHP 的垃圾处理机制，防止内存溢出。当一个 PHP 线程结束时，当前占用的所有内存空间都会被销毁，当前程序中的所有对象同样被销毁。PHP 支持的析构函数名称为__destruct( )，没有参数，也没有返回值，注意前面为两个下划线。析构函数也可以被显式调用，但不要这样去做，由系统自动调用。析构方法__destruct( )也是一种方法。

下面以示例的方式演示析构函数的使用。创建一个宠物类，并且示例化一个对象。

【示例 10】析构函数

```
<?php
    class  Pet{
        public $name;
        public $health;
        public $love;
        function __construct( ) {
            echo "创建对象时调用 construct<br>";
        }
        function __destruct( ) {
            echo "销毁对象时调用 destruct";
        }
    }
    $pet1 = new Pet( );
?>
```

结合代码和运行结果可以看出，虽然在代码中并没有销毁对象，但是在程序执行完毕后还是执行了析构方法，这是因为在对象不再使用时，会被系统自动回收。

当显式地销毁对象时，也会自动调用析构函数，看下面的示例和运行结果。

【示例 11】执行析构函数（图 7.4）

```
<?php
    class  Pet{
        public $name;
        public $health;
        public $love;
        function __construct( ) {
            echo "创建对象时调用 construct<br>";
        }
        function __destruct( ) {
            echo "销毁对象时调用 destruct<br>";
        }
        public function show( ){
        echo "宠物的名字".$name."它的健康值是".$health.",它和主人的亲密度是
".$lovee."<br>";
```

```
        }
      }
    }
    $pet1=new Pet();
    unset($pet1);
    $pet2=new Pet();
?>
```

图7.4　运行结果

从运行结果可以看到，当程序调用unset()函数销毁变量$pet1之后，析构方法就被调用了，而变量$pet2标识的对象则在代码执行完毕后，系统回收对象时，执行了析构方法。

7.3.4　类的继承

继承就是从现有的类创建新的类，这个现有的类叫作“基类”。由于是用来作为基础的类，故又称为“父类”。这个新的类则叫作“派生类”，又称为“子类”或“扩充类”。继承的基本语法格式为：

```
修饰符 class 子类名称 extends 父类名称{
}
```

7.3.4.1　public成员访问标识符

被public修饰的成员变量和成员方法，可以在任何地方被访问，自然是可以被子类继承的。例如，上面定义的宠物类，它的属性和方法都是公有的，如果再定义一个类——宠物鸟，让它继承宠物类，它就可以通过继承关系继承宠物的共有属性和方法。当然，子类还可以定义自己的属性，比如为其定义一个颜色属性。

【示例12】public成员访问标识符（图7.5）

```
<?php
    class  Pet{
        public $name;
        public $health;
        public $love;
        public function show(){
```

```
            echo "宠物的名字".$this->name.",它的健康值是".$this->health.",它和主人的亲密度是".$this->love."<br>";
            }
        }
        class Bird extends Pet {        // 继承 Pet
            public $color;
        }
        $bird=new Bird();
        $bird->name="小白";
        $bird->health=85;
        $bird->love=70;
        $bird->color="白";
        $bird->show();
    ?>
```

http://localhost/unit7/demo12.php

宠物的名字小白,它的健康值是85,它和主人的亲密度是70

图 7.5　运行结果

7.3.4.2　protected 成员访问标识符

protected 成员访问标识符修饰的成员变量和成员方法，只可以被子类访问，不能被其他类访问。将前面的 Pet 类和子类 Bird 进行修改之后，在子类 Bird 中是可以访问父类中被 protected 修饰的成员的，但在父类和子类外部，这些被 protected 修饰的成员均不能被访问。

【示例 13】protected 成员访问标识符

```
    <?php
        class  Pet{
            public $name;
            protected $health;
            protected $love;
            protected function show(){
            echo "宠物的名字".$this->name.",它的健康值是".$this->health.",它和主人的亲密度是".$this->love."<br>";
            }
        }
        class Bird extends Pet {
            public $color;
            public function getinfo(){
                $this->show();
```

```
        }
    }
    $bird=new Bird();
    $bird->name="小白";
    $bird->color="白";
    $bird->health=85;
    $bird->love=70;
    $bird->show();
?>
```

运行无结果。

7.3.4.3　private 成员访问标识符

private 成员访问标识符修饰的成员变量和成员方法，只能在这个当前类访问和修改，不能在类外访问，当然，也就不能被子类继承。对前面的 Pet 类和子类 Bird 进行修改之后，在子类 Bird 中是不可以访问父类中被 private 修饰的成员的，在子类的外部也不能访问。

【示例 14】private 成员访问标识符

```
<?php
    class  Pet{
        public $name;
        private $health;
        private $love;
        private function show(){
        echo "宠物的名字".$this->name.",它的健康值是".$this->health.",它和主人的亲密度是".$this->love."<br>";
        }
    }
    class Bird extends Pet {
        public $color;
        public function getinfo(){
            $this->show();
        }
    }
?>
```

运行无结果。

7.3.5　方法覆盖

所谓方法覆盖，也叫方法的重写，就是重写父类的方法，使用与父类同样的方法名、参数和返回值类型，方法体对父类进行扩展，而父类的方法并不会受到影响。如果在子类 Bird

中重写父类 Pet 的 show 方法，可以增加宠物鸟颜色的展示。

可以在子类中通过 parent:: 关键字调用父类中的 show() 方法。其关键代码如下。

【示例 15】方法覆盖（图 7.6）

```
<?php
    class  Pet{
        public $name;
        public $health;
        public $love;
        public function show(){
        echo "宠物的名字".$this->name.",健康值是".$this->health.",和主人的亲密
度是".$this->love."<br>";
        }
    }
    class Bird extends Pet {
        public $color;
        public function show(){
        parent::show();
        echo "它是".$this->color."颜色的<br>";
        }
    }
    $pet1=new Pet();
    $pet1->show();
    $bird=new Bird();
    $bird->name="小白";
    $bird->color="白";
    $bird->health=85;
    $bird->love=70;
    $bird->show();
?>
```

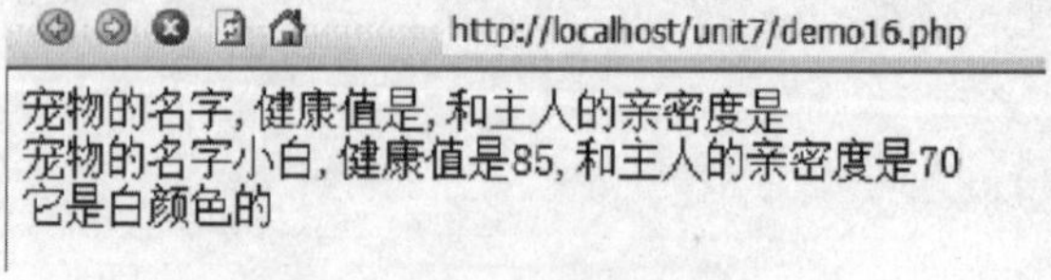

http://localhost/unit7/demo16.php

宠物的名字,健康值是,和主人的亲密度是
宠物的名字小白,健康值是85,和主人的亲密度是70
它是白颜色的

图 7.6　运行结果

7.3.6　抽象类和抽象方法

抽象类是不能被实例化的类。只能作为其他类的父类来使用。抽象类使用 abstract 关键

字来声明，其语法格式如下。

```
abstract class 抽象类名称{
// 类体
}
```

抽象类只能被继承，不能被实例化，也可以包含成员变量、成员方法。但是抽象类中至少要包含一个抽象方法。抽象方法只有定义的部分，没有实现的部分，而且实现的部分必须由子类完成。抽象方法也是使用 abstract 关键字来修饰的。

```
abstract class 抽象类名称{
// 类体
// 至少一个抽象方法 abstract function 方法名([参数]);
}
```

在宠物类的定义中，实际“宠物”是泛泛而谈的，这样可以将它设计成抽象类，限制它的实例化，因为实例化也没有具体意义，并且在抽象类中增加了一个抽象方法。

【示例 16】抽象对象不能实例化

```
<?php
    abstract class  Pet{
        public $name;
        public $health;
        public $love;
        abstract function eat();
        public function show(){
        echo "宠物的名字".$name."它的健康值是".$health.",它和主人的亲密度是
".$love."<br>";
        }
    }
    $pet1=new Pet();
?>
```

运行结果将出错或无法显示。

“宠物狗”“宠物鸟”可以继承这个抽象类，然后实例化一只鸟或者一条狗。在子类中必须重写父类中的抽象方法，如果不重写，则会报错。

【示例 17】子类不重写，方法会出错

```
<?php
abstract class  Pet{
    public $name;
    public $health;
```

```
        public $love;
        abstract function eat();
        public function show(){
        echo "宠物的名字".$name."它的健康值是".$health.",它和主人的亲密度是
".$love."<br>";
        }
    }
    class Bird extends Pet {

    }
        $bird=new Bird();
        $bird->name="小白";
        $bird->color="白";
        $bird->health=85;
        $bird->love=70;
        $bird->show();
    ?>
```

出错或无结果。

【示例 18】子类中重写父类的抽象方法（图 7.7）

```
    <?php
    abstract class  Pet{
        public $name;
        public $health;
        public $love;
        abstract function eat();
        public function show(){
        echo "宠物的名字".$name."它的健康值是".$health.",它和主人的亲密度是
".$love."<br>";
        }
    }
    class Bird extends Pet {
        function eat(){
            echo "宠物鸟啄食放在餐盘里的食物";
        }
    }
        $bird=new Bird();
        $bird->name="小白";
```

```
    $bird->color="白";
    $bird->health=85;
    $bird->love=70;
    $bird->eat();
?>
```

http://localhost/unit7/demo19.php

宠物鸟啄食放在餐盘里的食物

图 7.7　示例 19 运行结果

7.3.7　接口

PHP 与大多数面向对象的编程语言一样，不支持多继承，也就是每个类只能继承一个父类。为解决这个问题，PHP 引入了接口。一个类可以实现多个接口。

接口是面向对象的又一重要概念，也是实现数据抽象的重要途径。接口将抽象类更进了一步，它所有的方法都是抽象方法，并且由 public 修饰。接口和类、抽象类是一个层次的概念，命名规则相同。定义接口的关键字为 interface，语法如下：

```
Interface 接口名{
// 常量定义
// 抽象方法
}
```

接口中可以定义常量，用 const 进行声明，不能定义变量。接口中的属性都会自动用 public 修饰。

```
<?php
interface usb{
    function service();
}
?>
```

和抽象方法一样，接口同样不能实例化，接口之间可以通过关键字 extends 实现继承关系，如接口 A 继承接口 B。一个接口可以继承多个接口，如接口 A 继承接口 B 和接口 C。语法如下：

```
Interface A extends B{
// 可以声明新的抽象方法
}
Interface A extends B,C{
// 可以声明新的抽象方法
}
```

一个类虽然只能有一个直接父类，但可以通过关键字 implements 实现多个接口。语法如下：

```
class 类名 implements 接口名 1,接口名 2,…{
}
```

一个类实现某个接口，就必须实现该接口的全部抽象方法。

类在继承父类的同时，又可以实现多个接口，语法格式如下。

```
class 类名 extends 父类名称 implements 接口名 1,接口名 2…{
}
```

extends 必须位于 implements 之前。

生活中 USB 接口很常见。USB 接口规定了接口的大小、形状、各引脚信号电平的范围和含义、通信速度、通信流程等。按照该约定设计的各种设备，例如，U 盘、USB 接口的鼠标、USB 键盘、USB 风扇、USB 的暖手宝等，都可以插到 USB 接口上工作。下面来模拟实现 USB 接口。

① 定义 USB 接口，通过 service( ) 方法提供服务。

```
<?php
interface usb{
    function service( );
}
?>
```

接口的命名规则和类的相同。在这个接口中仅定义了一个方法，该方法是抽象方法。

② 定义 U 盘类，实现 USB 接口，进行数据传输。

```
class Udisc implements usb{
    function service( ){
        echo "U 盘在 USB 接口上工作,进行传输数据<br>";
    }
}
```

在 Udisc 类中必须重写接口中的抽象方法，否则会报错。

③ 定义 USB 鼠标类，实现 USB 接口。

```
class UMouse implements usb{
    function service( ){
        echo "鼠标在 USB 接口上工作,进行数据的单击和选取<br>";
    }
}
```

④ 实例化一个 U 盘和一个 USB 鼠标，然后进行测试。

```
// 实例化一个 U 盘
$udisc=new UDisc( );
$udisc->service( );
```

```
// 实例化一个 USB 鼠标
$umouse=new UMouse();
$umouse->service();
```

完整的代码见示例 20。

【示例 19】U 盘接口模拟（图 7.8）

```
<?php
interface usb{
    function service();
}
class UDisc implements usb{
    function service(){
        echo "U 盘在 USB 接口上工作,进行传输数据<br>";
    }
}
class UMouse implements usb{
    function service(){
        echo "鼠标在 USB 接口上工作,进行数据的单击和选取<br>";
    }
}
// 实例化一个 U 盘
$udisc=new UDisc();
$udisc->service();
// 实例化一个 USB 鼠标
$umouse=new UMouse();
$umouse->service();
?>
```

http://localhost/unit7/demo20.php

U盘在USB接口上工作,进行传输数据
鼠标在USB接口上工作,进行数据的点击和选取

图 7.8　示例 20 运行结果

接口表示一种约定，表示一种能力，体现了约定和实现相分离的原则。使用接口将宠物类进行重构，依次创建相应接口、类，并进行测试。

① 定义三个接口，分别表示吃饭、玩飞盘、玩球的能力。

定义 Eatable 接口，在接口中定义 eat()方法，表示吃饭功能；定义 FlyDiscCatchable 接口，在接口中定义 catchFlyDisc()方法，表示玩飞盘的功能；定义 BollPlayable 接口，在接口中定义 playBoll()方法，表示玩球的功能。

Eatable 接口：

```
interface Eatable{
     function eat();
}
```

FlyDiscCatchable 接口：

```
interface FlyDiscCatchable{
     function catchFlyDisc();
}
```

BollPlayable 接口：

```
interface BollPlayable{
     function playBool();
}
```

② 三个接口表示了三种能力，即在接口中使用抽象方法来表示。定义抽象父类 Pet，可以使用前面的定义，也可以利用下面的定义。

```
abstract class  Pet{
    public $name;
}
```

③ 定义子类 Dog，继承父类 Pet，同时能实现 2 个接口：Eatable、FlyDiscCatchable。

```
class Dog extends Pet implements Eatable,FlyDiscCatchable{
     function eat() {
         echo "宠物狗在吃骨头<br>";
     }
     function catchFlyDisc() {
         echo "宠物狗在接飞盘<br>";
     }
}
```

④ 定义猫类 Cat，继承 Pet 类，实现 Eatable、BollPlayable 接口，并重写或实现各方法。

```
class Cat extends Pet implements Eatable,BollPlayable {
    function eat() {
        echo "宠物猫在吃鱼<br>";
    }
    function playBool() {
        echo "宠物猫在玩球球<br>";
    }
}
```

⑤ 实例化一只宠物狗和一只宠物猫。

```
// 实例化一只宠物狗
$dog=new Dog();
$dog->eat();
$dog->catchFlyDisc();
// 实例化一只宠物猫
$cat=new Cat();
$cat->eat();
$cat->playBool();
```

【示例 20】接口应用（图 7.9）

```
<?php
interface Eatable{
    function eat();
}
interface FlyDiscCatchable{
    function catchFlyDisc();
}
interface BollPlayable{
    function playBool();
}
abstract class Pet{
    public $name;
}
class Dog extends Pet implements Eatable,FlyDiscCatchable{
    function eat() {
        echo "宠物狗在吃骨头<br>";
    }
    function catchFlyDisc() {
        echo "宠物狗在接飞盘<br>";
    }
}
class Cat extends Pet implements Eatable,BollPlayable {
    function eat() {
        echo "宠物猫在吃鱼<br>";
    }
    function playBool() {
        echo "宠物猫在玩球球<br>";
```

```
    }
}
// 实例化一只宠物狗
$dog=new Dog();
 $dog->eat();
$dog->catchFlyDisc();
// 实例化一只宠物猫
$cat=new Cat();
$cat->eat();
$cat->playBool();
?>
```

http://localhost/unit7/demo21.php

宠物狗在吃骨头
宠物狗在接飞盘
宠物猫在吃鱼
宠物猫在玩球球

图 7.9　示例 21 运行结果

7.3.8　类的多态

多态性是指同一个类的不同对象使用同一个方法可以获得不同的结果。多态性提高了软件的灵活性和重用性。例如，定义一个火车类和一个汽车类，火车和汽车都可以移动，说明两者在这方面可以进行相同的操作，然而，火车和汽车移动的行为是截然不同的，因为火车必须在铁轨上行驶，而汽车在公路上行驶，这就是类多态性的形象比喻。

PHP 有两种方法可以实现多态：第一是通过继承实现多态，第二是通过接口实现多态。

7.3.8.1　通过继承实现多态

前面的宠物类中，增加一个主人类 Master，主人可以给宠物喂食，添加 feed（$pet）方法，以父类作为形参。

① 创建主人 Master 类。

```
class Master{
    public $mastername;
    public function feed($pet){// 以父类的对象作为参数
        if($pet instanceof Pet) $pet->eat();
    }
}
```

运算符 instanceof 是用来判断类型的，语法为：对象 instanceof 类或者接口。它判断一个对象是否属于一个类或者实现了一个接口，结果为 true 或者 false。使用 instanceof 时，对象类型必须和 instanceof 的第二个参数指定的类型或接口中继承树有上下级关系，否则会出现

编译错误。

② 修改宠物类。

```
abstract class  Pet{
    public $name;
    abstract function eat();
}
```

③ 宠物狗和宠物猫继承宠物 Pet，并且重写父类的抽象方法 eat()。

```
class Dog extends Pet{
    function eat() {
        echo "宠物狗在吃骨头<br>";
    }
}
class Cat extends Pet{
    function eat() {
        echo "宠物猫在吃鱼<br>";
    }
}
```

④ 实例化一个主人、一只宠物狗和一只宠物猫，然后实现主人喂宠物狗和宠物猫。

```
$master=new Master();
$dog=new Dog();
$cat=new Cat();
$master->feed($dog);
$master->feed($cat);
```

【示例21】通过继承实现多态（图7.10）

```
<?php
abstract class  Pet{
    public $name;
    abstract function eat();
}
class Dog extends Pet{
    function eat() {
        echo "宠物狗在吃骨头<br>";
    }
}
class Cat extends Pet{
    function eat() {
```

```
        echo "宠物猫在吃鱼<br>";
    }
}
class Master{
    public $mastername;
    public function feed($pet){// 以父类的对象作为参数
        if($pet instanceof Pet) $pet->eat();
    }
}
$master=new Master();
$dog=new Dog();
$cat=new Cat();
$master->feed($dog);
$master->feed($cat);
?>
```

http://localhost/unit7/demo22.php

宠物狗在吃骨头
宠物猫在吃鱼

图 7.10　示例 22 运行结果

使用多态的优势明显：可以减少代码量，提高代码的可扩展性和可维护性。本任务中的 Master 类可以使用 feed($pet) 方法实现喂食所有动物的功能，也就是将父类对象作为形参，子类对象作为实参，通过 master.feed(dog)；及 master.feed(cat)；实现同一消息（同样的喂食功能）。可以根据发送对象的不同（dog 和 cat），而采用多种不同的行为方式（调用的对象的 eat()方法不同）。

总结出实现多态的三个条件如下：

① 继承的存在（继承是多态的基础，没有继承就没有多态）：本任务中 Dog、Cat 都继承了 Pet 类。

② 子类重写父类的方法（多态下调用子类重写的方法）：本任务中父类有抽象方法 eat()，而子类 Dog 和 Cat 均分别重写了 eat() 方法。

③ 父类引用变量指向子类对象（子类到父类的转换）：本任务中的关键代码就是主人类中的 feed 方法。

```
public function feed($pet){// 以父类的对象作为参数
    if($pet instanceof Pet) $pet->eat();
}
```

7.3.8.2　通过接口实现多态

下面通过实例讲解如何使用接口实现显卡、声卡、网卡通过 Pci 插槽工作。

定义一个 Pci 接口，它具有方法：开始工作 start( )、结束工作 stop( )。显卡类，实现 Pci 接口。声卡类，实现 Pci 接口。网卡类，实现 Pci 接口。装配类，安装各种适配卡，并让其开始工作、结束工作。

① 定义接口 Pci。

```
interface Pci{
    public function start( );
    public function stop( );
}
```

② 定义三个类，分别实现接口 Pci，并重写接口的方法。

```
显卡类 Graphicscard、声卡类 Soundcard、网卡类 Networkcard。
class Graphicscard implements Pci{
    public function start( ){
        echo "显卡插入 PCI 插槽,现在开始工作<br>";
    }
    public function stop( ){
        echo "显卡现在停止了工作<br>";
    }
}
class Soundcard implements Pci{
    public function start( ){
        echo "声卡插入 PCI 插槽,现在开始工作<br>";
    }
    public function stop( ){
        echo "声卡现在停止了工作<br>";
    }
}
class Networkcard implements Pci{
    public function start( ){
        echo "网卡插入 PCI 插槽,现在开始工作<br>";
    }
    public function stop( ){
        echo "网卡现在停止了工作<br>";
    }
}
```

③ 定义一个装配类，创建一个装配方法 assembly（$pci），可以在 Pci 插槽上插拔不同的卡。

```
class Assembling{
    function assembly( $pci){
```

```
            if( $pci instanceof Pci) {
                $pci->start( ) ;
                $pci->stop( ) ;
            }
        }
}
```

④ 实例化一个装配，一张显卡、一个声卡和一张网卡，然后通过调用装配的装配方法，实现不同对象的不同工作。

```
$assembling=new Assembling( ) ;
$graphicscard=new Graphicscard( ) ;
$soundcard=new Soundcard( ) ;
$networkcard=new Networkcard( ) ;
$assembling->assembly( $graphicscard) ;
$assembling->assembly( $soundcard) ;
$assembling->assembly( $networkcard) ;
```

【示例 22】通过接口实现多态（图 7.11）

```
<?php
interface Pci{
    public function start( ) ;
    public function stop( ) ;
}
class Graphicscard implements Pci{
    public function start( ) {
        echo "显卡插入 PCI 插槽,现在开始工作<br>" ;
    }
    public function stop( ) {
        echo "显卡现在停止了工作<br>" ;
    }
}
class Soundcard implements Pci{
    public function start( ) {
        echo "声卡插入 PCI 插槽,现在开始工作<br>" ;
    }
    public function stop( ) {
        echo "声卡现在停止了工作<br>" ;
    }
}
```

```
class Networkcard implements Pci{
    public function start(){
        echo "网卡插入 PCI 插槽,现在开始工作<br>";
    }
    public function stop(){
        echo "网卡现在停止了工作<br>";
    }
}
class Assembling{
    function assembly($pci){
        if($pci instanceof Pci){
            $pci->start();
            $pci->stop();
        }
    }
}
$assembling=new Assembling();
$graphicscard=new Graphicscard();
$soundcard=new Soundcard();
$networkcard=new Networkcard();
$assembling->assembly($graphicscard);
$assembling->assembly($soundcard);
$assembling->assembly($networkcard);
?>
```

http://localhost/unit7/demo23.php

显卡插入PCI插槽，现在开始工作
显卡现在停止了工作
声卡插入PCI插槽，现在开始工作
声卡现在停止了工作
网卡插入PCI插槽，现在开始工作
网卡现在停止了工作

图 7.11　示例 23 运行结果

7.4　回到项目场景

通过以上学习，对类、对象、析构函数、结构函数、接口、继承、多态、抽象方法有所了解，学会了定义和使用对象，能使用对象完成程序操作任务，接下来回到项目场景，完成“图形面积 && 周长计算”项目。

【步骤 1】新建一个验证码类 shape. class. php 程序。

将程序保存在“C:\wamp\www\PHPCODES\unit7\/shape_cal”文件夹。后面定义的所有类和程序都放在该文件夹下面。

```
<?php
abstract class shape {
    public $shapeName;
    abstract function area( );
    abstract function perimeter( );
    protected function validate( $value, $message = "形状") {
        if ( $value == "" || ! is_numeric( $value) || $value < 0) {
            echo '<font color="red">'. $message. '必须为非负值的数字,并且不能为空</
font><br>';
            return false;
        } else {
            return true;
        }
    }

}

?>
```

【步骤 2】新建一个名为“form. class. php”的文件来调用该类，保存在同一目录。

```
<?php
class Form {
    private $action;
    private $shape;
    function _construct( $action = "index.php") {
        $this->action = $action;
        $this->shape = isset( $_REQUEST[ "action" ] ) ? $_REQUEST[ "action" ]: "re-
ct";
    }
    function _toString( ) {
        $form = '<form action="'. $this->action. '" method="post">';
        switch ( $this->shape) {
            case"rect":
                $form. = $this->getRect( );
                break;
```

```
            case"triangle":
                $form.=$this->getTriangle();
                break;
            case"circle":
                $form.=$this->getcircle();
                break;
            default:
                $form.='请选择一个形状';
        }
        $form.='<input type="submit" name="sub" value="计算">';
        $form.='</form>';
        return $form;
    }
    private function getRect() {
        $input = '<b>请输入|矩形|的长和宽:</b><p>';
        $input.='宽度:<input type="text" name="width" value="'. $_POST['width']. '"
><br>';
        $input.='高度:<input type="test" name="height" value="'. $_POST['height'].
'"><br>';
        $input.='<input type="hidden" name="action" value="rect">';
        return $input;
    }
    private function getTriangle() {
        // $input = '<b>请输入|三角形|的三边:</b><p>';
        $input = '<b>请输入|三角形|的三边:</b><p>';
        $input.='第一边:<input type="text" name="side1" value="'. $_POST['side1'].
  '"><br>';
        $input.='第二边:<input type="test" name="side2" value="'. $_POST['side2'].
'"><br>';
        $input.='第三边:<input type="test" name="side3" value="'. $_POST['side3'].
'"><br>';
        $input.='<input type="hidden" name="action" value="triangle">';
        return $input;
    }
    private function getCircle() {
        $input = '<b>请输入|圆形|的半径:</b><p>';
        $input.='半径:<input type="text" name="radius" value="'. $_POST['radius'].
'"><br>';
```

```
        $input. ='<input type="hidden" name="action" value="circle">';
        return $input;
    }
}
?>
```

【步骤 3】新建三个子类 triangle.class.php、circle.class.php、rect.class.php，保存在同一目录。

triangle.class.php：

```
<?php
class Triangle extends Shape {
    private $side1 = 0;
    private $side2 = 0;
    private $side3 = 0;
    function __construct() {
        $this->shapeName = "三角形";
        if ($this->validate($_POST['side1'],'三角形的第一边')) {
            $this->side1 = $_POST["side1"];
        }
        if ($this->validate($_POST['side2'],'三角形的第一边')) {
            $this->side2 = $_POST["side2"];
        }
        if ($this->validate($_POST['side3'],'三角形的第一边')) {
            $this->side3 = $_POST["side3"];
        }
        $this->side1 = $_POST["side1"];
        $this->side2 = $_POST["side2"];
        $this->side3 = $_POST["side3"];
        if (! $this->validateSum()) {
            echo '<font color="red">三角形的两边之和必须大于第三边</font>';
            exit;
        }
    }
// 海伦公式
    function area() {
        $s = ($this->side1 + $this->side2 + $this->side3)/ 2;
        return sqrt($s * ($s - $this->side1) * ($s - $this->side2) * ($s - $this->
side3));
    }
```

```
    function perimeter( ) {
        return $this->side1 + $this->side2 + $this->side3;
    }
    private function validateSum( ) {
        $condition1 = ( $this->side1 + $this->side2)>$this->side3;
        $condition2 = ( $this->side1 + $this->side3)>$this->side2;
        $condition3 = ( $this->side2 + $this->side3)>$this->side1;
        if ( $condition1 && $condition2 && $condition3) {
            return true;
        } else {
            return false;
        }
    }
}
?>
```

circle.class.php:

```
<?php
class Circle extends Shape {
    private $radius = 0;
    function __construct( ) {
        $this->shapeName = "圆形";
        if ( $this->validate( $_POST['radius'],'圆的半径') ) {
            $this->radius = $_POST["radius"];
        } else {
            exit;
        }
        $this->radius = $_POST["radius"];
    }
    function area( ) {
        return pi( ) * $this->radius * $this->radius;
    }
    function perimeter( ) {
        return 2 * pi( ) * $this->radius;
    }
}
?>
```

rect.class.php:

```
<?php
class Rect extends Shape {
    private $width = 0;
    private $height = 0;
    function __construct() {
        $this->shapeName = "矩形";
        if ($this->validate($_POST["width"],'矩形的宽度') & $this->validate($_
POST["height"],'矩形的高度')) {
            $this->width = $_POST["width"];
            $this->height = $_POST["height"];
        } else {
            exit;
        }
        $this->width = $_POST["width"];
        $this->height = $_POST["height"];
    }
    function area() {
        return $this->width * $this->height;
    }
    function perimeter() {
        return 2 * ($this->width + $this->height);
    }
}
?>
```

【步骤 4】新建一个 result. class. php。

```
<?php
class Result {
    private $shape;
    function __construct() {
        switch ($_POST['action']) {
            case 'rect':
                $this->shape = new Rect();
                break;
            case 'triangle':
                $this->shape = new Triangle();
                break;
            case 'circle':
```

```
                $this->shape = new Circle();
                break;// 没有 break 会导致 default 的执行
            default:
                $this->shape = false;
        }
    }
    function __toString() {
        if ($this->shape) {
            $result = $this->shape->shapeName. '的周长'. $this->shape->perimeter().
'<br>';
            $result. = $this->shape->shapeName. '的面积'. $this->shape->area(). '<br>';
            return $result;
        } else {
            return '没有这个形状';
        }
    }
}
?>
```

【步骤5】新建 indext. php。

```
<html>
    <head>
        <title>图形计算器(面向对象)</title>
        <meta http-equiv="Content-Type" content="text/html;charset=utf-8">
    </head>
    <body>
        <h3>图形(面积 && 周长)计算器)</h3>
        <a href="index.php? action=rect">矩形</a>||
        <a href="index.php? action=triangle">三角形</a>||
        <a href="index.php? action=circle">圆形</a>
        <hr>
        <?php
        function __autoload($className) {
            include strtolower($className). ".class.php";
        }

        echo new Form();
        if (isset($_POST["sub"])) {
```

```
            echo new Result( );
        }
        ?>
    </body>
</html>
```

运行结果如图 7.1 所示。

7.5 并行项目训练

7.5.1 训练内容

项目名称：简单计算器

项目场景：如图 7.12 所示，使用面向对象的方法实现计算器的加、减、乘、除运算。

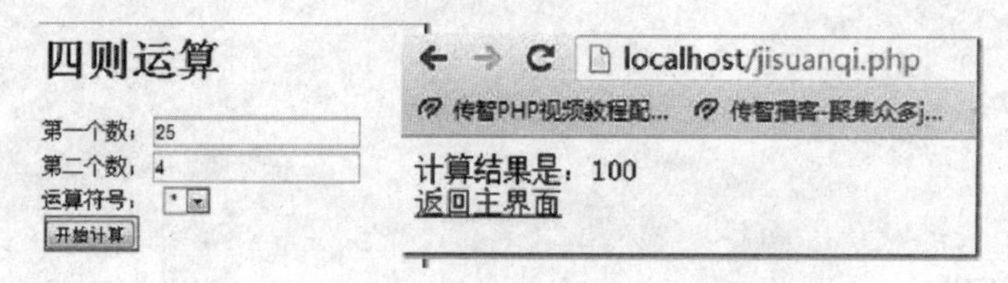

图 7.12 面向对象的计算器

7.5.2 训练目的

进一步熟悉面向对象的方法。

7.5.3 训练过程

【步骤 1】新建一个“index. php”程序。

打开 PHPEdit 软件，新建一个“index. php”程序，并存放在“C:\wamp\www\PHP-CODES\unit7”文件夹。

```
<html>
<head>
<meta http-equiv="content-type" content="text/html;charset=utf_8"/>
</head>
<body>
<form action="jisuanqi.php" method="post">
<h1>四则运算</h1>
第一个数;<input type="text" name="num1"/><br/>
第二个数;<input type="text" name="num2"/><br/>
```

```
运算符号:
<select name="oper">
<option value="+">+</option>
<option value="-">-</option>
<option value=" * "> * </option>
<option value="/">/</option>
</select>
<br/>
<input type="submit" value="开始计算"/>
</form>
</body>
</html>
```

【步骤2】新建一个“jisuanqi. php”程序，存放在同一目录。

```
<?php
require_once "Calculater.class.php";
$cat=new Calculater();
$num1=$_REQUEST['num1'];
$num2=$_REQUEST['num2'];
$oper=$_REQUEST['oper'];
$sum=$num1+$num2;
echo '计算结果是:'.$cat->jiSuan($num1,$num2,$oper);
echo '计算结果是:'.$num1+$num2;
?>
<br/>
<a href="index.php">返回主界面
```

【步骤3】新建一个“Calculater. class. php”程序，存放在同一目录。

```
<?php
class Calculate{
function jiSuan($num1,$num2,$oper){

    $res=0;
    if($oper=="+"){
        $res=$num1+$num2;
    }else if($oper=="-"){
        $res=$num1-$num2;
    }else if($oper==" * "){
        $res=$num1 * $num2;
```

```
    }else if($oper=="/"){
        $res=$num1/$num2;
    }
    return $res;
}
?>
```

结果运行如图 7.12 所示。

7.5.4 项目实践常见问题解析

【问题 1】$this 和 self、parent 这三个关键词分别代表什么？在哪些场合下使用？

【答】

$this：当前对象。在当前类中使用，使用“->”调用属性和方法。

self：当前类。在当前类中使用，不过需要使用“::”调用。

parent：当前类的父类。在类中使用。

【问题 2】如何在类中定义常量？如何在类中调用常量？如何在类外调用常量？

【答】类中的常量也就是成员常量，常量就是不会改变的量，是一个恒值。定义常量使用关键字 const。例如：

```
const PI = 3.1415326;
```

无论是类内还是类外，常量的访问和变量是不一样的，常量不需要实例化对象，访问常量的格式都是使用类名加作用域操作符号（双冒号）来调用。即

```
类名::类常量名
```

7.6 习　　题

1. 选择题

(1) 声明一个 PHP 的用户自定义类的方法是（　　）。

A.
```
<?php
  class Class_name(){}
?>
```
B.
```
<?php
  class Class_name{}
?>
```
C.
```
<?php
Function Function_name{}
?>
```
D.
```
<?php
Function Function_name(){}
?>
```

(2) 下面不是 PHP 中面向对象的机制的是（　　）。

A. 类　　B. 属性、方法

C. 单一继承　　D. 多继承

(3) 在PHP的面向对象中，类中定义的析构函数是在（ ）调用的。

A. 类创建时　　B. 创建对象时

C. 删除对象时　　D. 不自动调用

(4) 定义接口的关键字是（ ）。

A. abstract　　B. interface

C. class　　D. implements

(5) 定义抽象类的关键字是（ ）。

A. abstract　　B. interface

C. class　　D. implements

(6) 以下关于多态的说法，正确的是（ ）。

A. 多态在每个对象调用方法时都会发生

B. 多态是由于子类里面定义了不同的函数而产生的

C. 多态的产生不需要条件

D. 当父类引用指向子类实例的时候，由于子类对父类的方法进行了重写，在父类引用调用相应的函数的时候表现出的不同称为多态

(7) 让一个对象实例调用自身的方法函数"mymethod"的方法为（ ）。

A. $self=>mymethod();　　B. $this->mymethod()

C. $current->mymethod();　　D. $this->mymejthod()

(8) 以下是一个类的声明，其中有两个成员属性，对成员属性正确的赋值方式是（ ）。

```
class Demo {
    private $one;
    static $two;
    function setOne($value) {
     $this->one=$value;        }
}
$demo=new Demo();
```

A. $demo->one="abc";　　B. Demo::$two="abc";

C. Demo::setOne("abc");　　D. $demo->two="abc";

(9) 一个类继承父类的同时实现多个接口的正确写法是（ ）。

A. class 类名 extends 父类名，接口1，接口2，… { }

B. class 类名 implements 接口1，接口2，… extends 父类名 { }

C. class 类名 extends 父类名 implements 接口，1接口2，… { }

D. class 类名 implements 父类名 implements 接口，1接口

(10) PHP中调用类文件中的this表示（ ）。

A. 用本类生成的对象变量　　B. 本页面

C. 本方法　　D. 本变量

2. 简答题

(1) 什么是面向对象？主要特征是什么？

（2）什么是抽象类和接口？抽象类和接口有什么不同和相似的地方及应用场景？

（3）常用的属性的访问修饰符有哪些？分别代表什么含义？

7.7 小　　结

本单元通过示例引导学习、项目训练学习和并行训练巩固学习，并通过习题进一步加深对所学技术和方法的掌握，先后介绍了对类、对象、析构函数、结构函数、接口、继承、多态、抽象方法等知识和技术，并通过示例对所讲技术进行演示，通过 2 个完整的程序项目，对所学面向对象思想和方法技术进行了综合训练，为进一步学习 PHP 文件操作奠定了基础。

单元 8

操作文件与目录

单元要点

- ➢ 文件
- ➢ 读取文件
- ➢ 打开文件
- ➢ 文件创建
- ➢ 文件遍历
- ➢ 字符读取
- ➢ 文件创建写入
- ➢ 上传文件表单设计

技能目标

- ➢ 会打开文件
- ➢ 会读取文件
- ➢ 会上传文件
- ➢ 会写入文件
- ➢ 会浏览目录

项目载体

◇ 工作场景项目：文件上传

◇ 并行训练项目：目录浏览器

8.1 项目场景导入

项目名称：文件上传

项目场景：如图 8.1 所示，通过界面选取文件，实现图片文件上传。

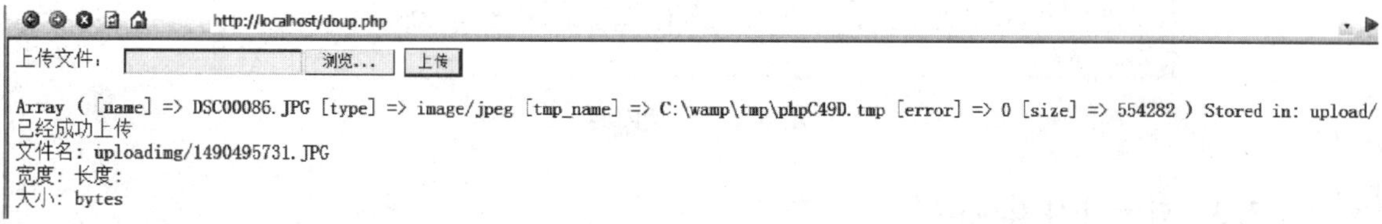

```
http://localhost/doup.php
上传文件：[          ] 浏览... 上传

Array ( [name] => DSC00086.JPG [type] => image/jpeg [tmp_name] => C:\wamp\tmp\phpC49D.tmp [error] => 0 [size] => 554282 ) Stored in: upload/
已经成功上传
文件名: uploadimg/1490495731.JPG
宽度: 长度:
大小: bytes
```

图 8.1 文件上传

8.2 项目问题引导

① 如何读文件?
② 如何写文件?
③ 如何创建文件?
④ 如何操作文件?
⑤ 如何上传文件?

8.3 技术与知识准备

8.3.1 文件

PHP 经常要对其他类型的文件进行操作，才能完成程序任务。PHP 拥有的多种函数可供创建、读取、上传及编辑文件。操作文件时，必须非常小心，如果操作失误，可能会造成非常严重的破坏。常见的错误有:

① 编辑错误的文件。
② 被垃圾数据填满硬盘。
③ 意外删除文件内容。

8.3.2 读取文件 readfile()

readfile()函数用于读取文件，并把它写入输出缓冲。

【示例 1】读取文本文件

假设存在一个如图 8.2 所示的文本，读取该文件的代码如下。

```
<?php
echo readfile("a.txt");
?>
```

读取文本文件

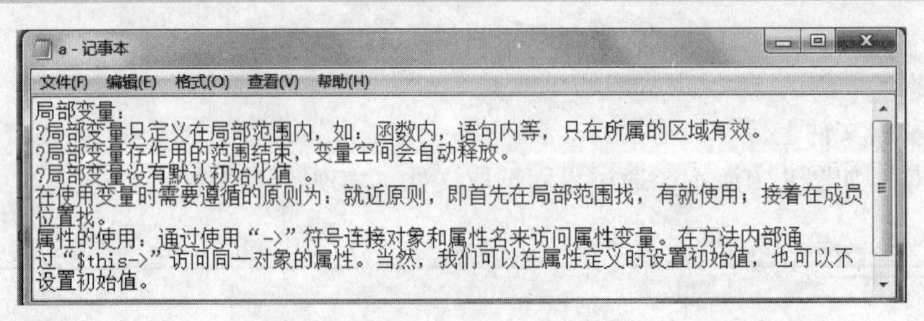

图 8.2 文本内容

8.3.3 打开文件 fopen()

PHP Open File - fopen()打开文件的更好的方法是通过 fopen() 函数。此函数提供了比

readfile( )函数更多的选项。

fopen( )的第一个参数包含被打开的文件名，第二个参数规定打开文件的模式。

【示例 2】打开如图 8.2 所示的文件 a.txt（图 8.3）

```
<?php
$myfile = fopen("a.txt","r") or die("Unable to open file!");
echo fread($myfile,filesize("webdictionary.txt"));
fclose($myfile);
?>
```

打开文件 “a. txt”

http://localhost/unit8/openfile.php

局部变量： ?局部变量只定义在局部范围内，如：函数内，语句内等，只在所属的区域有效。 ?局部变量存作用的范围结束，变量空间会自动释放。 ?局部变量没有默认初始化值 。 在使用变量时需要遵循的原则为：就近原则，即首先在局部范围找，有就使用；接着在成员位置找。 属性的使用：通过使用“->”符号连接对象和属性名来访问属性变量。在方法内部通过“$this->”访问同一对象的属性。当然，我们可以在属性定义时设置初始值，也可以不设置初始值。

图 8.3　示例 1、示例 2 运行结果（参考）

打开文件的模式见表 8.1。

表 8.1　文件打开模式

模式	描述
r	打开文件为只读。文件指针在文件的开头
w	打开文件为只写。删除文件的内容，如果它不存在，创建一个新的文件。文件指针在文件的开头
a	打开文件为只写。文件中的现有数据会被保留。文件指针在文件结尾。如果文件不存在，创建新的文件
x	创建新文件为只写。如果文件已存在，返回 FALSE 或错误
r+	打开文件为读/写，文件指针在文件开头
w+	打开文件为读/写。删除文件内容，如果它不存在，创建新文件，文件指针在文件开头
a+	打开文件为读/写。文件中已有的数据会被保留。文件指针在文件结尾。如果它不存在，创建新文件
x+	创建新文件为读/写。如果文件已存在，返回 FALSE 或错误

8.3.4　读取关闭文件 fread( )、fclose( )、fgets( )

1. PHP 读取文件—— fread( )

fread( )函数用于读取打开的文件。fread( )的第一个参数包含待读取文件的文件名，第二个参数规定待读取的最大字节数。如下 PHP 代码把“webdictionary.txt”文件读至结尾：

```
fread($myfile,filesize("webdictionary.txt"));
```

2. PHP 关闭文件——fclose( )

fclose( )函数用于关闭打开的文件。注释：用完文件后，把它们全部关闭是一个良好的编程习惯。fclose( )需要待关闭文件的名称（或者存有文件名的变量）：

```
<?php
$myfile = fopen("webdictionary.txt","r");
// some code to be executed....
fclose($myfile);
?>
```

3. PHP 读取单行文件——fgets( )

fgets( )函数用于从文件中读取单行。

【示例 3】读取单行

```
<?php
$myfile = fopen("a.txt","r") or die("Unable to open file!");
echo fgets($myfile);
fclose($myfile);
?>
```

读取单行

8.3.5 文件结束判断 feof( )

feof( )语句用来判断文件是否结束。

feof( )函数检查是否已到达 "end-of-file"（EOF）。

feof( )对于遍历未知长度的数据很有用。

【示例 4】判断文件是否结束（图 8.4）

逐行读取“a. txt”文件，直到 end-of-file。

```
<?php
$myfile = fopen("a.txt","r") or die("Unable to open file!");
// 输出单行,直到 end-of-file
while(! feof($myfile)) {
  echo fgets($myfile)."<br>";
}
fclose($myfile);
?>
```

判断文件是否结束

http://localhost/unit8/demo4.php

局部变量：
?局部变量只定义在局部范围内，如：函数内，语句内等，只在所属的区域有效。
?局部变量存作用的范围结束，变量空间会自动释放。
?局部变量没有默认初始化值 。
在使用变量时需要遵循的原则为：就近原则，即首先在局部范围找，有就使用；接着在成员位置找。
属性的使用：通过使用“->”符号连接对象和属性名来访问属性变量。在方法内部通过“$this->”访问同一对象的属性。当然，我们可以在属性定义时设置初始值，也可以不设置初始值。

图 8.4 示例 4 运行结果（参考）

8.3.6　读取单字符 fgetc( )

fgetc( )函数用于从文件中读取单个字符。

【示例 5】读取单字符

逐字符读取“a.txt”文件，直到 end-of-file。

```
<?php
$myfile = fopen("a.txt","r") or die("Unable to open file!");
// 输出单字符,直到 end-of-file
while(! feof($myfile)) {
  echo fgetc($myfile);
}
fclose($myfile);
?>
```

读取单字符

运行结果类似图 8.3。

8.3.7　文件创建/写入

1. PHP 创建文件——fopen( )

fopen( ) 函数也用于创建文件。也许有点混乱，但是在 PHP 中，创建文件所用的函数与打开文件的相同。如果用 fopen( ) 打开并不存在的文件，此函数会创建文件，假定文件被打开为写入（w）或增加（a）。

创建名为“testfile.txt”的新文件（此文件将被创建于 PHP 代码所在的相同目录中）：

```
$myfile = fopen("testfile.txt","w")
```

2. PHP 写入文件——fwrite( )

fwrite( ) 函数用于写入文件。

fwrite( ) 的第一个参数包含要写入的文件的文件名，第二个参数是被写的字符串。

```
<?php
$myfile = fopen("newfile.txt","w") or die("Unable to open file!");
$txt = "Bill Gates\n";
fwrite($myfile,$txt);
$txt = "Steve Jobs\n";
fwrite($myfile,$txt);
fclose($myfile);
?>
```

请注意，向文件“newfile.txt”写了两次。在每次向文件写入时，在发送的字符串 $txt 中，第一次包含“Bill Gates”，第二次包含“Steve Jobs”。在写入完成后，使用 fclose( ) 函数来关闭文件。

如果打开“newfile.txt”文件，它应该是这样的：

Bill Gates
Steve Jobs
PHP 覆盖（Overwriting）

如果现在“newfile.txt”包含了一些数据，可以展示在写入已有文件时发生的事情，所有已存在的数据会被擦除，并以一个新文件开始。

【示例 6】打开已存在文件

打开一个已存在的文件“newfile.txt”，并向其中写入了一些新数据：

```
<?php
$myfile = fopen("newfile.txt","w") or die("Unable to open file!");
$txt = "Mickey Mouse\n";
fwrite($myfile,$txt);
$txt = "Minnie Mouse\n";
fwrite($myfile,$txt);
fclose($myfile);
?>
```

如果现在打开这个“newfile.txt”文件，Bill 和 Steve 都已消失，只剩下刚写入的数据：

```
Mickey Mouse
Minnie Mouse
```

8.3.8 创建一个文件上传表单

通过 PHP，可以把文件上传到服务器，用户往往从表单上传文件。通过表单上传文件的过程如下。

1. 上传文件的 HTML 表单

```
<html>
<body>
<form action="upload_file.php" method="post"
enctype="multipart/form-data">
<label for="file">Filename:</label>
<input type="file" name="file" id="file" />
<br />
<input type="submit" name="submit" value="Submit" />
</form>
</body>
</html>
```

请留意如下有关此表单的信息：

<form> 标签的 enctype 属性规定了在提交表单时要使用哪种内容类型。在表单需要二进制数据时，比如文件内容，使用“multipart/form-data”。

<input> 标签的 type="file" 属性规定了应该把输入作为文件来处理。例如，当在浏览器中预览时，会看到输入框旁边有一个浏览按钮。

2. 创建上传脚本（upload_file.php）

```
<?php
if ($_FILES["file"]["error"] > 0)
  {
  echo "Error:".$_FILES["file"]["error"]."<br />";
  }
else
  {
  echo "Upload:".$_FILES["file"]["name"]."<br />";
  echo "Type:".$_FILES["file"]["type"]."<br />";
  echo "Size:".($_FILES["file"]["size"] / 1024)." Kb<br />";
  echo "Stored in:".$_FILES["file"]["tmp_name"];
  }
?>
```

通过使用 PHP 的全局数组 $_FILES，可以从客户计算机向远程服务器上传文件。

第一个参数是表单的文件名；第二个参数为下标，可以是“name”“type”“size”“tmp_name”或“error”。比如：

① $_FILES["file"]["name"]——被上传文件的名称。
② $_FILES["file"]["type"]——被上传文件的类型。
③ $_FILES["file"]["size"]——被上传文件的大小，以字节计。
④ $_FILES["file"]["tmpname"]——存储在服务器的文件的临时副本的名称。
⑤ $_FILES["file"]["error"]——由文件上传导致的错误代码。

这是一种非常简单的文件上传方式。基于安全方面的考虑，应当增加有关什么用户有权上传文件的限制。

3. 上传限制

在这个脚本中，增加了对文件上传的限制。用户只能上传.gif 或.jpeg 文件，文件必须小于 20 kb。

```
<?php
if ((($_FILES["file"]["type"] == "image/gif")
|| ($_FILES["file"]["type"] == "image/jpeg")
|| ($_FILES["file"]["type"] == "image/pjpeg"))
&& ($_FILES["file"]["size"] < 20000))
  {
  if ($_FILES["file"]["error"] > 0)
```

```
    }
    echo "Error:".$_FILES["file"]["error"]."<br />";
    }
  else
    {
    echo "Upload:".$_FILES["file"]["name"]."<br />";
    echo "Type:".$_FILES["file"]["type"]."<br />";
    echo "Size:".($_FILES["file"]["size"] / 1024)." Kb<br />";
    echo "Stored in:".$_FILES["file"]["tmpname"];
    }
  }
else
  {
  echo "Invalid file";
  }
?>
```

注释：对于 IE，识别 jpg 文件的类型必须是 pjpeg；对于 FireFox，必须是 jpeg。

4. 保存被上传的文件

上面的例子在服务器的 PHP 临时文件夹创建了一个被上传文件的临时副本。

这个临时的复制文件会在脚本结束时消失。要保存被上传的文件，需要把它拷贝到另外的位置。

```
<?php
if ((($_FILES["file"]["type"] == "image/gif")
|| ($_FILES["file"]["type"] == "image/jpeg")
|| ($_FILES["file"]["type"] == "image/pjpeg"))
&& ($_FILES["file"]["size"] < 20000))
  {
  if ($_FILES["file"]["error"] > 0)
    {
    echo "Return Code:".$_FILES["file"]["error"]."<br />";
    }
  else
    {
    echo "Upload:".$_FILES["file"]["name"]."<br />";
    echo "Type:".$_FILES["file"]["type"]."<br />";
    echo "Size:".($_FILES["file"]["size"] / 1024)." Kb<br />";
echo "Temp file:".$_FILES["file"]["tmpname"]."<br />";
```

```
        if (file_exists("upload/".$_FILES["file"]["name"]))
          {
          echo $_FILES["file"]["name"]." already exists.";
          }
        else
          {
          move_uploaded_file($_FILES["file"]["tmp_name"],
          "upload/".$_FILES["file"]["name"]);
          echo "Stored in:"."upload/".$_FILES["file"]["name"];
          }
        }
      }
    else
      {
      echo "Invalid file";
      }
    ?>
```

上面的脚本检测了是否已存在此文件，如果不存在，则把文件拷贝到指定的文件夹。

8.4 回到项目场景

通过以上学习，对文件的读、写、打开、关闭等有了一定的了解，熟悉了文件和文件目录的常规操作，接下来回到项目场景，完成“文件上传”项目。

【步骤1】建立html入口文件——findex.html。

```
<html>
<head>
<title>ZwelL 图片上传程序</title>
</head>
<body>
<form id="upfile"  name="upform"  enctype="multipart/form-data"  method="post"
action="doup.php">
    <label for="upfile">上传文件:</label>
    <input type="file" name="upfile" id="fileField" />
    <input type="submit" name="submit" value="上传"/>
</form>
</body></html>
```

【步骤 2】建立上传配置文件 test_upload_pic.php。

```
<?php
/*
    * 参数说明
    * $max_file_size:上传文件大小限制,单位 BYTE
    * $destination_folder:上传文件路径
    * $watermark:是否附加水印(1 为加水印,其他为不加水印);
    * 使用说明:
    * 1.将 PHP.INI 文件里面的"extension=php_gd2.dll"一行前面的;号去掉,因为要用
到 GD 库;
    * 2.将 extension_dir =改为你的 php_gd2.dll 所在目录;
    */
// 上传文件类型列表
$uptypes = array (
        'image/jpg',
        'image/png',
        'image/jpeg',
        'image/pjpeg',
        'image/gif',
        'image/bmp',
        'image/x-png'
);
$max_file_size = 20000000;                 // 上传文件大小限制,单位为 Byte
$destination_folder = 'uploadimg/';        // 上传文件路径
$watermark = 0;                            // 是否附加水印(1 为加水印,其他为不加水印)
$watertype = 1;                            // 水印类型(1 为文字,2 为图片)
$waterposition = 1;                        /* 水印位置(1 为左下角,2 为右下角,3 为左
上角,4 为右上角,5 为居中) */
$waterstring = "xxxx.com/";                // 水印字符串
$waterimg = "xplore.gif";                  // 水印图片
$imgpreview = 1;                           // 是否生成预览图(1 为生成,其他为不生成)
$imgpreviewsize = 1 / 2;                   // 缩略图比例
?>
```

【步骤 3】建立上传处理页面 doup.php。

```
<html>
<head>
```

```
<title>ZwelL 图片上传程序</title>
</head>
<body>
<form id="upfile" name="upform" enctype="multipart/form-data" method="post" ac-
tion="">
    <label for="upfile">上传文件:</label>
    <input type="file" name="upfile" id="fileField" />
    <input type="submit" name="submit" value="上传"/>
</form>
</body></html>
<?php
include 'test_upload_pic.php';
if ($_SERVER['REQUEST_METHOD'] == 'POST') {
    // 判断是否有上传文件
    if (is_uploaded_file($_FILES['upfile']['tmp_name'])) {
            $upfile = $_FILES['upfile'];
            print_r($upfile);
            $name = $upfile['name'];      // 文件名
            $type = $upfile['type'];// 文件类型
            $size = $upfile['size'];// 文件大小
            $tmp_name = $upfile['tmp_name'];  // 临时文件
            $error = $upfile['error'];// 出错原因
            if ($max_file_size < $size) { // 判断文件的大小
                    echo '上传文件太大';
                    exit();
            }
            if (! in_array($type,$uptypes)) {           // 判断文件的类型
                    echo '上传文件类型不符'.$type;
                    exit();
            }
            if (! file_exists($destination_folder)) {
                    mkdir($destination_folder);
            }
            if (file_exists("upload/".$_FILES["file"]["name"])) {
                    echo $_FILES["file"]["name"]." already exists.";
            } else {
                     move_uploaded_file($_FILES["file"]["tmp_name"],"upload/".
$_FILES["file"]["name"]);
```

```
            echo "Stored in:"."upload/".$_FILES["file"]["name"];
        }
        $pinfo = pathinfo($name);
        $ftype = $pinfo['extension'];
        $destination = $destination_folder.time()."."."$ftype;
        if (file_exists($destination) && $overwrite ! = true) {
            echo "同名的文件已经存在了";
            exit ();
        }
        if (! move_uploaded_file($tmp_name,$destination)) {
            echo "移动文件出错";
            exit ();
        }
        $pinfo = pathinfo($destination);
        $fname = $pinfo[basename];
        echo " <font color=red>已经成功上传</font><br>文件名:<font color=blue
>".$destination_folder.$fname."</font><br>";
        echo "宽度:".$image_size[0];
        echo "长度:".$image_size[1];
        echo "<br> 大小:".$file["size"]." bytes";
        if ($watermark == 1) {
            $iinfo = getimagesize($destination,$iinfo);
            $nimage = imagecreatetruecolor($image_size[0],$image_size[1]);
            $white = imagecolorallocate($nimage,255,255,255);
            $black = imagecolorallocate($nimage,0,0,0);
            $red = imagecolorallocate($nimage,255,0,0);
            imagefill($nimage,0,0,$white);
            switch ($iinfo[2]) {
                case 1 :
                    $simage = imagecreatefromgif($destination);
                    break;
                case 2 :
                    $simage = imagecreatefromjpeg($destination);
                    break;
                case 3 :
                    $simage = imagecreatefrompng($destination);
                    break;
```

```
                    case 6 :
                            $simage = imagecreatefromwbmp($destination);
                            break;
            default :
                    die("不支持的文件类型");
                    exit;
            }
            imagecopy($nimage,$simage,0,0,0,0,$image_size[0],$image_size
[1]);
            imagefilledrectangle($nimage,1,$image_size[1] - 15,80,$image_size
[1],$white);
            switch ($watertype) {
                    case 1 :// 加水印字符串
                imagestring($nimage,2,3,$image_size[1] - 15,$waterstring,$
black);
                            break;
                    case 2 :// 加水印图片
                            $simage 1 = imagecreatefromgif("xplore.gif");
                            imagecopy($nimage,$simage1,0,0,0,0,85,15);
                            imagedestroy($simage1);
                            break;
            }
            switch ($iinfo[2]) {
                    case 1 :
                            // imagegif($nimage,$destination);
                            imagejpeg($nimage,$destination);
                            break;
                    case 2 :
                            imagejpeg($nimage,$destination);
                            break;
                    case 3 :
                            imagepng($nimage,$destination);
                            break;
                    case 6 :
                            imagewbmp($nimage,$destination);
                            // imagejpeg($nimage,$destination);
                            break;
            }
```

```
                // 覆盖原上传文件
                imagedestroy( $nimage) ;
                imagedestroy( $simage) ;
            }
        }
}
?>
</body>
</html>
```

运行结果如图 8.1 所示。

8.5 并行项目训练

8.5.1 训练内容

项目名称：目录浏览器

项目场景：如图 8.5 所示，编写程序代码，实现对目录文件的信息浏览。

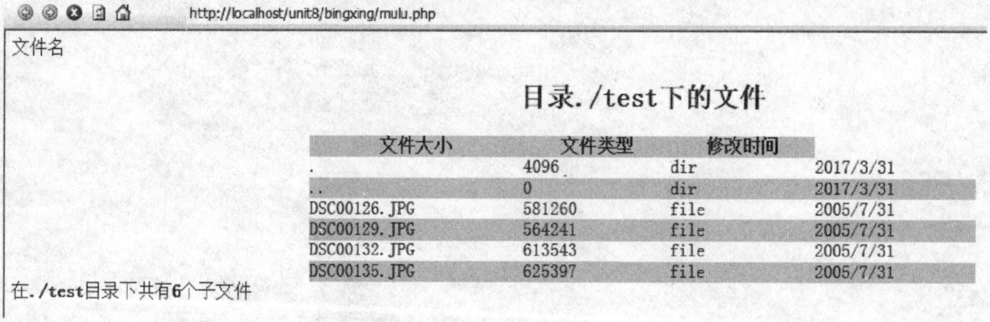

http://localhost/unit8/bingxing/mulu.php

目录./test下的文件

文件名	文件大小	文件类型	修改时间
.	4096	dir	2017/3/31
..	0	dir	2017/3/31
DSC00126.JPG	581260	file	2005/7/31
DSC00129.JPG	564241	file	2005/7/31
DSC00132.JPG	613543	file	2005/7/31
DSC00135.JPG	625397	file	2005/7/31

在./test目录下共有6个子文件

图 8.5 目录浏览器

8.5.2 训练目的

进一步熟悉文件目录操作。

8.5.3 训练过程

【步骤 1】新建一个“mulu. php”程序。

打开 PHPEdit 软件，新建一个“mulu. php”程序，并存放在“C:\wamp\www\PHPCODES\unit8”文件夹。

【步骤 2】编写关键代码。

```
<?php
/ *
```

```
    * 遍历目录
    * @ param string $dirName 目录名
    */
   function findDir( $dirName)
   {
      $num = 0;/ * 统计子文件个数 */
      $dir_handle = opendir( $dirName) ;/ * 打开目录 */
      / * 输出目录文件 */
      echo '<table border="0" align="center" width="600" cellspacing="0" cellpadding="
0">';
      echo '<caption><h2>目录'.$dirName.'下的文件</h2></caption>';
      echo '<tr align="left" bgcolor="#cccccc"';
      echo '<th>文件名</th><th>文件大小</th><th>文件类型</th><th>修改时间</th>
</tr>';

      while( $file = readdir( $dir_handle) )
      {
         $dirFile = $dirName.'/'.$file;
         $bgcolor = $num++%2==0? '#ffffff':'#cccccc';
         echo '<tr bgcolor='.$bgcolor.'>';
         echo '<td>'.$file.'</td>';
         echo '<td>'.filesize( $dirFile).'</td>';
         echo '<td>'.filetype( $dirFile).'</td>';
         echo '<td>'.date('Y/n/t',filemtime( $dirFile) ).'</td>';
         echo '</tr>';
      }
      echo "</table>";
      closedir( $dir_handle) ;/ * 关闭目录 */
      echo "在<b>".$dirName."</b>目录下共有<b>".$num.'</b>个子文件';
   }
   / * 传递当前目录下的 test 目录 */
   findDir('./test') ;
   ?>
```

结果运行参见图 8.5。

8.5.4 项目实践常见问题解析

【问题 1】如何打开文件?

【答】使用 fopen( )。

【问题 2】如何读取文件?

【答】使用 fread( )。

【问题 3】如何读取文件字符?

【答】使用 fgetc( )。

【问题 4】如何判断文件结束?

【答】使用 feof( )。

8.6 习　　题

编程题:

(1) 文件的基本操作有:文件判断、目录判断、文件大小判断、读写性判断、存在性判断及文件时间判断等,请编写实现这些操作的函数或方法。

(2) 编写统计目录大小程序。

(3) 编写删除目录的函数和方法。

(4) 编写复制目录的函数和方法。

8.7 小　　结

本单元通过示例引导学习、项目训练学习和并行训练巩固学习,并通过习题进一步加深对技术和方法的掌握,先后介绍了文件、文件目录的读取、打开、关闭、阅读方式等知识和技术,并通过示例对所讲技术进行演示,通过 2 个完整的程序项目,奠定了进一步学习 PHP 数据库技术和 Web 系统开发技术的基础。

单元 9

设计 MySQL 数据库

单元要点

- ➢ MySQL 数据库
- ➢ RDMMS 术语
- ➢ 数据库及表的创建
- ➢ 数据库和表的管理
- ➢ 数据操作
- ➢ 用户管理
- ➢ 数据库连接
- ➢ PHP 编写数据操作代码

技能目标

- ➢ 会建库、表
- ➢ 会操作数据库
- ➢ 会连接数据库
- ➢ 会设置数据表结构
- ➢ 会编写数据操作代码

项目载体

◇ 工作场景项目：图书信息库和表

◇ 并行训练项目：用户信息表

9.1 项目场景导入

项目名称： 图书信息库和表

项目场景： 小李进入单位已有一段时间，一天，领导要求小李在 MySQL 中新建数据库db_book，再新建数据表 tb_bookinfo，具体表结构见表 9.1。

图书信息库和表

表 9.1 图书信息表

字段名称	数据类型	长度	是否允许为空	是否为主键	说明
id	INT	4	否	是	序号
ISBN	VARCHAR	15	否		ISBN

续表

字段名称	数据类型	长度	是否允许为空	是否为主键	说明
title	VARCHAR	30	否		书名
author	VARCHAR	20	否		作者
publisher	VARCHAR	20	否		出版社

9.2 项目问题引导

① MySQL 数据库是什么？
② 如何创建数据库和表？
③ 如何查询数据？
④ 如何操作数据？
⑤ 如何连接数据库？

9.3 技术与知识准备

9.3.1 数据库

数据库（Database）是按照数据结构来组织、存储和管理数据的仓库，每个数据库都有一个或多个不同的 API 用于创建、访问、管理、搜索和复制所保存的数据。可以将数据存储在文件中，但是在文件中读写数据速度相对较慢，所以，现在使用关系型数据库管理系统（Relational Database Management System，RDBMS）来存储和管理大量数据。所谓的关系型数据库，是建立在关系模型基础上的数据库，借助于集合代数等数学概念和方法来处理数据库中的数据。

RDBMS 的特点：
① 数据以表格的形式出现；
② 每行为各种记录的名称；
③ 每列为记录名称所对应的数据域；
④ 许多的行和列组成一张表单；
⑤ 若干的表单组成 database。

9.3.2 RDBMS 术语

在开始学习 MySQL 数据库前，先了解一下 RDBMS 的一些术语：
① 数据库：数据库是一些关联表的集合。
② 数据表：表是数据的矩阵。一个数据库中的表看起来像一个简单的电子表格。
③ 列：一列（数据元素）包含了相同的数据，例如，邮政编码的数据。
④ 行：一行（=元组，或记录）是一组相关的数据，例如，一条用户订阅的数据。
⑤ 冗余：存储两倍数据。冗余降低了性能，但提高了数据的安全性。

⑥ 主键：主键是唯一的。一个数据表中只能包含一个主键。可以使用主键来查询数据。

⑦ 外键：外键用于关联两个表。

⑧ 复合键（组合键）：将多个列作为一个索引键，一般用于复合索引。

⑨ 索引：使用索引可快速访问数据库表中的特定信息。索引是对数据库表中一列或多列的值进行排序的一种结构，类似于书籍的目录。

⑩ 参照完整性：参照的完整性要求关系中不允许引用不存在的实体。其与实体完整性是关系模型必须满足的完整性约束条件，目的是保证数据的一致性。

9.3.3　MySQL 数据库

MySQL 是一个关系型数据库管理系统，由瑞典 MySQL AB 公司开发，目前属于 Oracle 公司。MySQL 是一种关联数据库管理系统，关联数据库将数据保存在不同的表中，而不是将所有数据放在一个大仓库内，这样就增加了速度，并提高了灵活性。

① MySQL 是开源的，所以不需要支付额外的费用。

② MySQL 支持大型的数据库，可以处理拥有上千万条记录的大型数据库。

③ MySQL 使用标准的 SQL 数据语言形式。

④ MySQL 允许用于多个系统上，并且支持多种语言。这些编程语言包括 C、C++、Python、Java、Perl、PHP、Eiffel、Ruby 和 Tcl 等。

⑤ MySQL 对 PHP 有很好的支持，PHP 是目前最流行的 Web 开发语言。

⑥ MySQL 支持大型数据库，支持 5 000 万条记录的数据仓库，32 位系统表文件最大可支持 4 GB，64 位系统支持最大的表文件为 8 TB。

⑦ MySQL 是可以定制的，采用了 GPL 协议，可以通过修改源码来开发自己的 MySQL 系统。

9.3.4　使用 phpMyAdmin 创建数据库

【步骤 1】打开 phpMyAdmin 图形化管理界面。

使用 phpMyAdmin 创建数据库和表

方法一：在浏览器地址栏中输入 http://localhost:8080/phpmyadmin 或 http://localhost/phpmyadmin。

方法二：单击任务栏右下角的“WampServer”，在弹出的菜单中单击“phpMyAdmin”，如图 9.1 所示。

图 9.1　打开 phpMyAdmin

【步骤 2】打开的图形化管理界面如图 9. 2 所示。

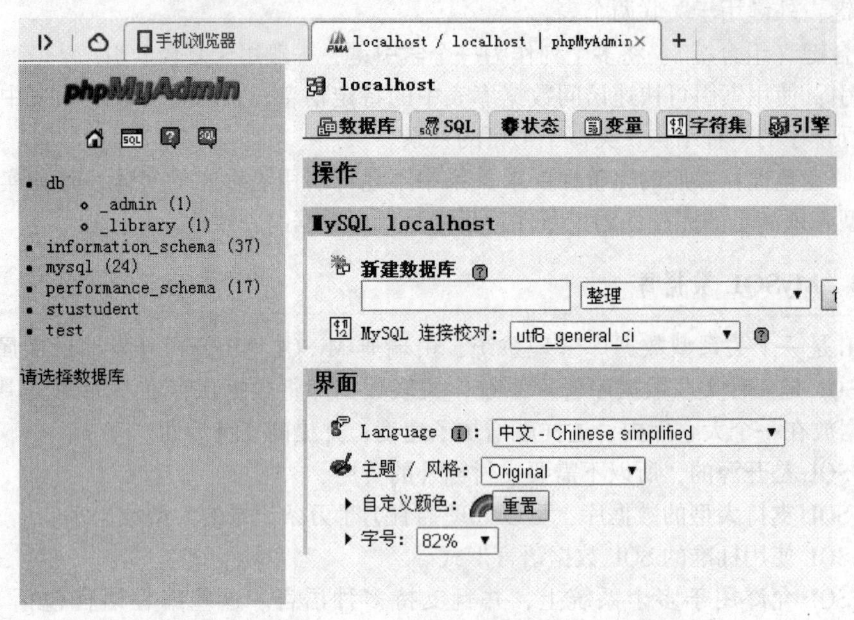

图 9. 2　phpMyAdmin 图形化界面

【步骤 3】单击“数据库”选项卡后，输入数据库名称，在“整理”下拉列表框中选择“utf8_general_ci”项，单击“创建”按钮，如图 9. 3 所示。

localhost

数据库　SQL　状态　变量　字符集　引擎　权限

数据库

	数据库 ▲	主复制	
☐	db_admin	✔	
☐	db_library	✔	
☐	information_schema	✔	
☐	mysql	✔	
☐	performance_schema	✔	
☐	stustudent	✔	
☐	test	✔	
	总计: 7		

全选 / 全不选 选中项:

启用统计

注意：在此启用数据库统计可能导致网站服务器和 MySQL 服务器之间的

新建数据库

db_stu　utf8_general_ci　创建

图 9. 3　创建数据库

【步骤 4】创建完成后，就在界面左侧看到创建的数据库了，如图 9.4 所示。

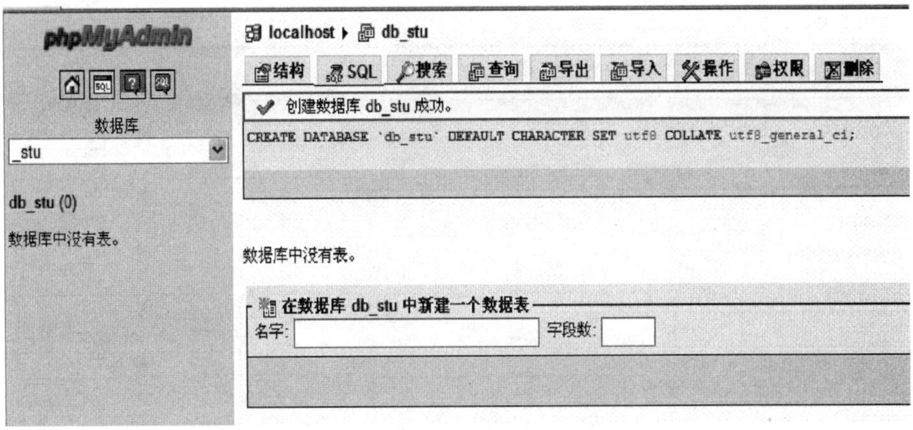

图 9.4 数据库 db_stu

9.3.5 使用 phpMyAdmin 新建数据表

在 db_stu 中新建数据表 tb_stu，表结构见表 9.2。

表 9.2 数据表 tb_stu

字段名称	数据类型	长度	是否允许为空	是否为主键	说明
id	INT	4	否	为主键	序号
sno	INT	10	否		学生学号
sname	VARCHAR	20	否		学生姓名
ssex	VARCHAR	5	是		学生性别
sage	INT	4	是		学生年龄

【步骤 1】在图 9.5 中输入数据表名 tb_stu 及字段数，单击“执行”按钮，如图 9.5 所示。

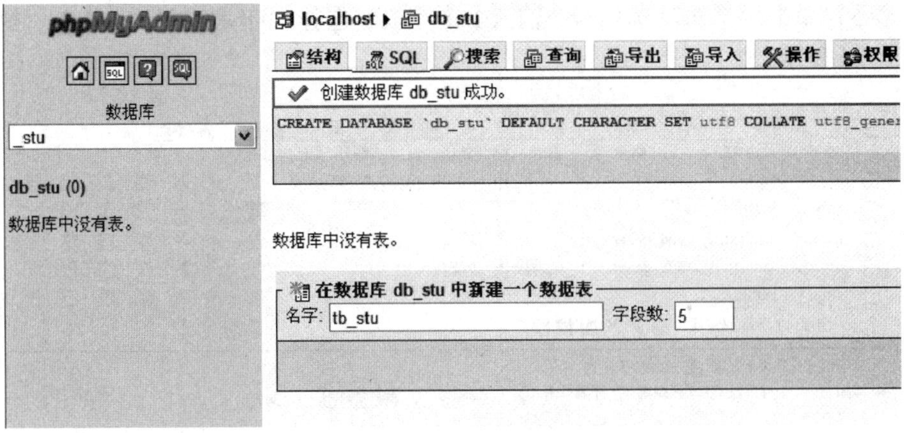

图 9.5 创建数据表

【步骤 2】在 tb_stu 数据表中输入各字段名称、类型、长度、是否为空、说明等信息，并设置 id 为主键，如图 9.6 所示。

phpMyAdmin

数据库

_stu

db_stu (0)

数据库中没有表。

localhost ▸ db_stu ▸ tb_stu

字段	类型	长度/值[1]
id	INT	4
sno	INT	10
sname	VARCHAR	20
ssex	VARCHAR	5
sage	INT	4

图 9.6　设置表字段

【步骤 3】创建完成的数据表如图 9.7 所示。

字段	类型	整理	属性	空	默认	额外	操作
id	int(4)			否	无	AUTO_INCREMENT	
sno	int(10)			否	无		
sname	varchar(20)	utf8_general_ci		否	无		
ssex	varchar(5)	utf8_general_ci		是	NULL		
sage	int(4)			是	NULL		

全选 / 全不选 选中项:

图 9.7　数据表 tb_stu

【步骤 4】修改数据表结构。在数据表 tb_stu 中添加字段，具体见表 9.3。

表 9.3　添加字段

字段名称	数据类型	长度	是否允许为空	是否为主键	说明
sclass	VARCHAR	16	是	否	学生班级

【步骤 5】单击“结构”选项卡，输入 1 个字段，选择“于表结尾”，单击“执行”按钮，如图 9.8 所示。

浏览　结构　SQL　搜索　插入　导出　导入　操作　清空　删除

字段	类型	整理	属性	空	默认	额外	操作
id	int(4)			否	无	AUTO_INCREMENT	
sno	int(10)			否	无		
sname	varchar(20)	utf8_general_ci		否	无		
ssex	varchar(5)	utf8_general_ci		是	NULL		
sage	int(4)			是	NULL		

全选 / 全不选 选中项:

打印预览　关系查看　规划表结构

添加 1 个字段 ⊙ 于表结尾 ○ 于表开头 ○ 于之后 id 执行

图 9.8　添加字段

【步骤6】输入添加的字段信息，如图9.9所示，单击“保存”按钮。

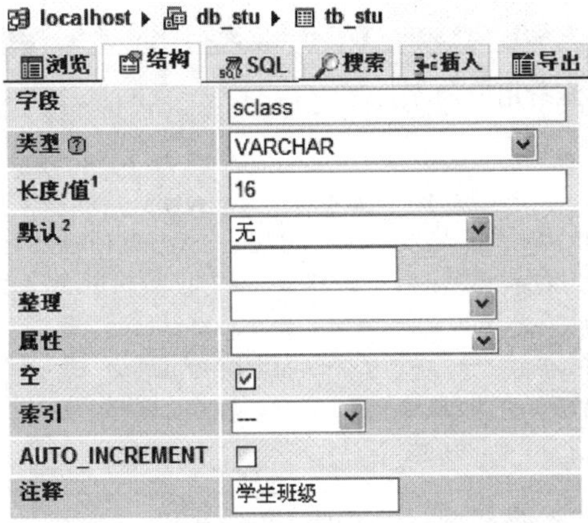

图9.9　添加字段信息

【步骤7】为 tb_stu 数据表添加表9.4所示记录。

表9.4　学生表

id	sno	sname	ssex	sage	sclass
	110	张丽	女	18	电商1622

【步骤8】在左侧选中 tb_stu，右侧选中“插入”选项卡，在下面输入各项信息，如图9.10所示，完成后单击“执行”按钮。

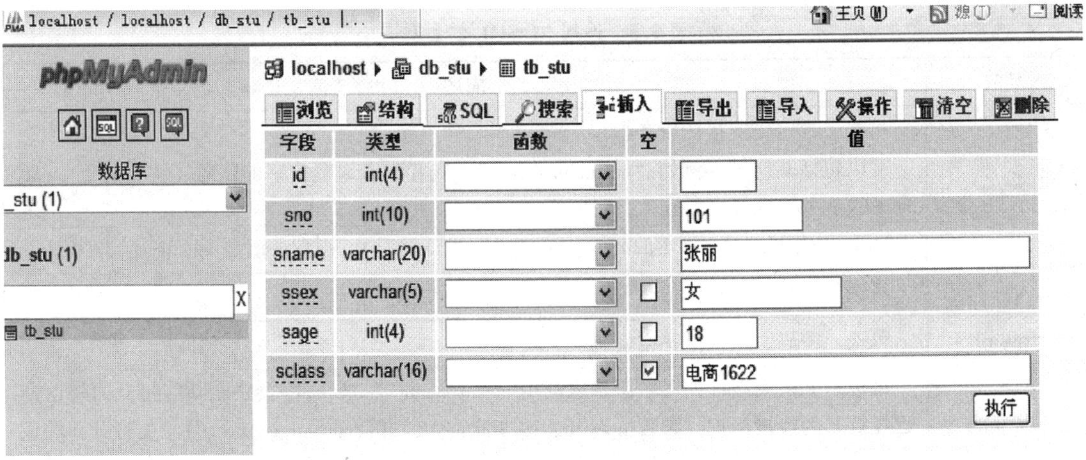

图9.10　添加记录

9.3.6　MySQL 用户管理

在 phpMyAdmin 的权限选项卡中，可以对用户的用户名、密码、权限等进行设置，如图9.11所示。

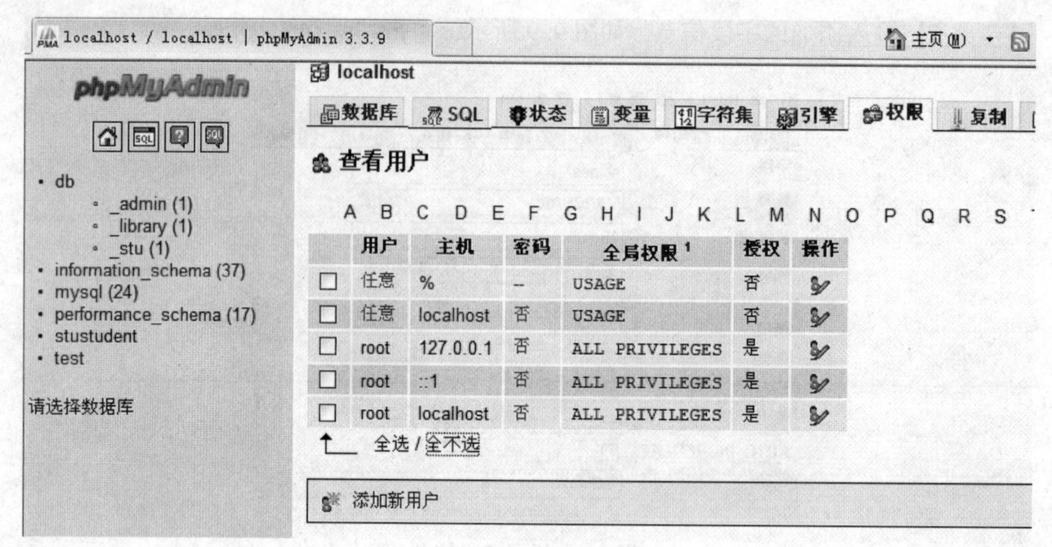

图 9.11　修改权限

9.3.7　使用 PHP 脚本连接 MySQL

PHP 提供了 mysql_connect( ) 函数来连接数据库，该函数有 5 个参数（表 9.5），在成功连接到 MySQL 后返回连接标识，若失败，则返回 FALSE。

语法：

```
connection mysql_connect(server,user,passwd,new_link,client_flag);
```

参数说明见表 9.5。

表 9.5　连接 MySQL 的参数

参数	描述
server	可选。规定要连接的服务器。 可以包括端口号，例如“hostname：port”，或者到本地套接字的路径，例如对于 localhost 的“：/path/to/socket”。 如果 PHP 指令 mysql.default_host 未定义（默认情况），则默认值是'localhost：3306'
user	可选。用户名。默认值是服务器进程所有者的用户名
passwd	可选。密码。默认值是空密码
new_link	可选。如果用同样的参数第二次调用 mysql_connect( )，将不会建立新连接，而将返回已经打开的连接标识。参数 new_link 改变此行为，并使 mysql_connect( ) 总是打开新的连接，甚至当 mysql_connect( ) 曾在前面被用同样的参数调用过
client_flag	可选。client_flags 参数可以是以下常量的组合： MYSQL_CLIENT_SSL——使用 SSL 加密 MYSQL_CLIENT_COMPRESS——使用压缩协议 MYSQL_CLIENT_IGNORE_SPACE——允许函数名后的间隔 MYSQL_CLIENT_INTERACTIVE——允许关闭连接之前的交互超时非活动时间

使用 PHP 的 mysql_close( ) 函数来断开与 MySQL 数据库的连接。该函数只有一个参数为 mysql_connect( ) 函数创建连接成功后返回的 MySQL 连接标识符。

语法：

```
bool mysql_close ( resource $link_identifier );
```

本函数关闭指定的连接标识所关联的到 MySQL 服务器的非持久连接。如果没有指定 link_identifier，则关闭上一个打开的连接。

小提示：通常不需要使用 mysql_close( )，因为已打开的非持久连接会在脚本执行完毕后自动关闭。注释：mysql_close( ) 不会关闭由 mysql_pconnect( ) 建立的持久连接。

【示例 1】连接数据库

```
<html>
<head>
<meta charset="utf-8">
<title>Connecting MySQL Server</title>
</head>
<body>
<?php
    $dbhost = 'localhost:8080';  // MySQL 服务器主机地址
    $dbuser = 'guest';           // MySQL 用户名
    $dbpass = 'guest123';// MySQL 用户名密码
    $conn = mysql_connect($dbhost,$dbuser,$dbpass);
    if(! $conn )
    {
        die('Could not connect:'.mysql_error());
    }
    echo 'Connected successfully';
    mysql_close($conn);
?>
</body>
</html>
```

9.3.8　MySQL 数据操作语句

1. 使用 PHP 脚本创建数据库

PHP 使用 mysql_query 函数来创建或者删除 MySQL 数据库，见表 9.6。该函数有两个参数，在执行成功时返回 true，否则返回 FALSE。

语法：

```
bool mysql_query( sql,connection);
```

表 9.6　创建、删除数据库参数

参数	描述
sql	必需。规定要发送的 SQL 查询。注释：查询字符串不应以分号结束
connection	可选。规定 SQL 连接标识符。如果未规定，则使用上一个打开的连接

【示例 2】创建数据库

```
<html>
<head>
<meta charset="utf-8">
<title>创建 MySQL 数据库</title>
</head>
<body>
<?php
$dbhost = 'localhost:3036';
$dbuser = 'root';
$dbpass = 'rootpassword';
$conn = mysql_connect($dbhost,$dbuser,$dbpass);
if(! $conn )
{
  die('连接错误:'.mysql_error());
}
echo '连接成功<br />';
$sql = 'CREATE DATABASE RUNOOB';
$retval = mysql_query($sql,$conn);
if(! $retval )
{
  die('创建数据库失败:'.mysql_error());
}
echo "数据库 RUNOOB 创建成功\n";
mysql_close($conn);
?>
</body>
</html>
```

2. 使用 PHP 脚本删除数据库

PHP 使用 mysql_query 函数来创建或者删除 MySQL 数据库。该函数有两个参数，在执行成功时返回 true，否则返回 FALSE。

语法：

```
bool mysql_query( sql,connection );
```

【示例 3】删除数据库

```
<html>
<head>
<meta charset="utf-8">
<title>删除 MySQL 数据库</title>
</head>
<body>
<?php
$dbhost = 'localhost:3036';
$dbuser = 'root';
$dbpass = 'rootpassword';
$conn = mysql_connect($dbhost,$dbuser,$dbpass);
if(! $conn )
{
   die('连接失败:'.mysql_error());
}
echo '连接成功<br />';
$sql = 'DROP DATABASE RUNOOB';
$retval = mysql_query( $sql,$conn );
if(! $retval )
{
   die('删除数据库失败:'.mysql_error());
}
echo "数据库 RUNOOB 删除成功\n";
mysql_close($conn);
?>
</body>
</html>
```

3. 使用 PHP 脚本选择 MySQL 数据库

PHP 提供了函数 mysql_select_db 来选取一个数据库，见表 9.7。函数在执行成功后返回 true，否则返回 FALSE 。

语法：

```
bool mysql_select_db(db_name,connection);
```

表 9.7　选择数据库参数

参数	描述
db_name	必需。规定要选择的数据库
connection	可选。规定 MySQL 连接。如果未指定，则使用上一个连接

【示例 4】选择数据库

```
<html>
<head>
<meta charset="utf-8">
<title>选择 MySQL 数据库</title>
</head>
<body>
<?php
$dbhost = 'localhost:3036';
$dbuser = 'guest';
$dbpass = 'guest123';
$conn = mysql_connect($dbhost,$dbuser,$dbpass);
if(! $conn )
{
    die('连接失败:'.mysql_error());
}
echo '连接成功';
mysql_select_db( 'RUNOOB' );
mysql_close($conn);
?>
</body>
</html>
```

4. MySQL 数据类型

MySQL 中定义数据字段的类型对数据库的优化是非常重要的。MySQL 支持多种类型，大致可以分为三类：数值、日期/时间和字符串（字符）类型。

(1) 数值类型

MySQL 支持所有标准 SQL 数值数据类型。

这些类型包括严格数值数据类型（INTEGER、SMALLINT、DECIMAL 和 NUMERIC）及近似数值数据类型（FLOAT、REAL 和 DOUBLE PRECISION）。

关键字 INT 是 INTEGER 的同义词，关键字 DEC 是 DECIMAL 的同义词。

BIT 数据类型保存位字段值，并且支持 MyISAM、MEMORY、InnoDB 和 BDB 表。

作为 SQL 标准的扩展，MySQL 也支持整数类型 TINYINT、MEDIUMINT 和 BIGINT。表 9.8 显示了每个整数类型的大小和范围。

表 9.8　数值类型

类型	大小	范围（有符号）	范围（无符号）	用途
TINYINT	1 字节	（-128，127）	（0，255）	小整数值
SMALLINT	2 字节	（-32 768，32 767）	（0，65 535）	大整数值
MEDIUMINT	3 字节	（-8 388 608，8 388 607）	（0，16 777 215）	大整数值
INT 或 INTEGER	4 字节	（-2 147 483 648，2 147 483 647）	（0，4 294 967 295）	大整数值
BIGINT	8 字节	（-9 233 372 036 854 775 808，9 223 372 036 854 775 807）	（0，18 446 744 073 709 551 615）	极大整数值
FLOAT	4 字节	（-3.402 823 466 E+38，-1.175 494 351 E-38），0，（1.175 494 351 E-38，3.402 823 466 351 E+38）	0，（1.175 494 351 E-38，3.402 823 466 E+38）	单精度浮点数值
DOUBLE	8 字节	（-1.797 693 134 862 315 7 E+308，-2.225 073 858 507 201 4 E-308），0，（2.225 073 858 507 201 4 E-308，1.797 693 134 862 315 7 E+308）	0，（2.225 073 858 507 201 4 E-308，1.797 693 134 862 315 7 E+308）	双精度浮点数值
DECIMAL	对 DECIMAL(M,D)，如果 M>D，为 M+2，否则为 D+2	依赖于 M 和 D 的值	依赖于 M 和 D 的值	小数值

（2）日期和时间类型

表示时间值的日期和时间类型为 DATETIME、DATE、TIMESTAMP、TIME 和 YEAR，见表 9.9。每个时间类型有一个有效值范围和一个“零”值，当指定不合法的、MySQL 不能表示的值时，使用“零”值。TIMESTAMP 类型有专有的自动更新特性，将在后面描述。

表 9.9　日期类型

类型	大小/字节	范围	格式	用途
DATE	3	1000-01-01/9999-12-31	YYYY-MM-DD	日期值
TIME	3	'-838：59：59'/'838：59：59'	HH：MM：SS	时间值或持续时间
YEAR	1	1901/2155	YYYY	年份值
DATETIME	8	1000-01-01 00：00：00/9999-12-31 23：59：59	YYYY-MM-DD HH：MM：SS	混合日期和时间值
TIMESTAMP	4	1970-01-01 00：00：00/2037 年某时	YYYYMMDD HHMMSS	混合日期和时间值，时间戳

（3）字符串类型

字符串类型指 CHAR、VARCHAR、BINARY、VARBINARY、BLOB、TEXT、ENUM 和 SET，见表 9.10。

表 9.10 字符串类型

类型	大小	用途
CHAR	0~255 字节	定长字符串
VARCHAR	0~65535 字节	变长字符串
TINYBLOB	0~255 字节	不超过 255 个字符的二进制字符串
TINYTEXT	0~255 字节	短文本字符串
BLOB	0~65 535 字节	二进制形式的长文本数据
TEXT	0~65 535 字节	长文本数据
MEDIUMBLOB	0~16 777 215 字节	二进制形式的中等长度文本数据
MEDIUMTEXT	0~16 777 215 字节	中等长度文本数据
LONGBLOB	0~4 294 967 295 字节	二进制形式的极大文本数据
LONGTEXT	0~4 294 967 295 字节	极大文本数据

CHAR 和 VARCHAR 类型类似，但它们保存和检索的方式不同，它们的最大长度和尾部空格是否被保留等方面也不同。在存储或检索过程中不进行大小写转换。

BINARY 和 VARBINARY 类似于 CHAR 和 VARCHAR，不同的是，它们包含二进制字符串，而不是非二进制字符串。也就是说，它们包含字节字符串，而不是字符字符串。这说明它们没有字符集，并且排序和比较基于列值字节的数值。

BLOB 是一个二进制对象，可以容纳可变数量的数据。有 4 种 BLOB 类型：TINYBLOB、BLOB、MEDIUMBLOB 和 LONGBLOB，它们只是可容纳值的最大长度不同。

有 4 种 TEXT 类型：TINYTEXT、TEXT、MEDIUMTEXT 和 LONGTEXT。这些对应 4 种 BLOB 类型，有相同的最大长度和存储需求。

5. 使用 PHP 脚本创建数据表

可以使用 PHP 的 mysql_query( ) 函数来创建已存在于数据库的数据表。该函数有两个参数，见表 9.11，在执行成功时返回 true，否则返回 FALSE。

语法：

```
bool mysql_query( sql,connection );
```

表 9.11 创建表参数

参数	描述
sql	必需。规定要发送的 SQL 查询。注释：查询字符串不应以分号结束
connection	可选。规定 SQL 连接标识符。如果未规定，则使用上一个打开的连接

【示例5】创建表

```
<html>
<head>
<meta charset="utf-8">
<title>创建 MySQL 数据表</title>
</head>
<body>
<?php
$dbhost = 'localhost:3036';   // 此处服务器地址根据实际写
$dbuser = 'root';
$dbpass = 'rootpassword';
$conn = mysql_connect($dbhost,$dbuser,$dbpass);
if(! $conn )
{
  die('连接失败:'.mysql_error());
}
echo '连接成功<br />';
$sql = "CREATE TABLE runoob_tbl( ".
         "runoob_id INT NOT NULL AUTO_INCREMENT,".
         "runoob_title VARCHAR(100) NOT NULL,".
         "runoob_author VARCHAR(40) NOT NULL,".
         "submission_date DATE,".
         "PRIMARY KEY ( runoob_id ));";
mysql_select_db( 'RUNOOB' );
$retval = mysql_query( $sql,$conn );
if(! $retval )
{
  die('数据表创建失败:'.mysql_error());
}
echo "数据表创建成功\n";
mysql_close($conn);
?>
</body>
</html>
```

6. 使用 PHP 脚本删除数据表

PHP 使用 mysql_query 函数来删除 MySQL 数据表。该函数有两个参数，在执行成功时返回 true，否则返回 FALSE。

语法：

```
bool mysql_query( sql,connection );
```

【示例 6】 删除数据库表

```
<html>
<head>
<meta charset="utf-8">
<title>创建 MySQL 数据表</title>
</head>
<body>
<?php
$dbhost = 'localhost:3036';
$dbuser = 'root';
$dbpass = 'rootpassword';
$conn = mysql_connect($dbhost,$dbuser,$dbpass);
if(! $conn )
{
  die('连接失败:'.mysql_error());
}
echo '连接成功<br />';
$sql = "DROP TABLE runoob_tbl";
mysql_select_db( 'RUNOOB' );
$retval = mysql_query( $sql,$conn );
if(! $retval )
{
  die('数据表删除失败:'.mysql_error());
}
echo "数据表删除成功\n";
mysql_close($conn);
?>
</body>
</html>
```

7. 使用 PHP 脚本插入数据

可以使用 PHP 的 mysql_query() 函数执行 SQL INSERT INTO 命令来插入数据。该函数有两个参数，在执行成功时返回 true，否则返回 FALSE。

语法：

```
bool mysql_query( sql,connection );
```

【示例 7】插入数据编码

```
<html>
<head>
<meta charset="utf-8">
<title>向 MySQL 数据库添加数据</title>
</head>
<body>
<?php
if(isset($_POST['add']))
{
$dbhost = 'localhost:3036';
$dbuser = 'root';
$dbpass = 'rootpassword';
$conn = mysql_connect($dbhost,$dbuser,$dbpass);
if(! $conn )
{
  die('Could not connect:'.mysql_error());
}

if(! get_magic_quotes_gpc() )
{
   $runoob_title = addslashes ($_POST['runoob_title']);
   $runoob_author = addslashes ($_POST['runoob_author']);
}
else
{
   $runoob_title = $_POST['runoob_title'];
   $runoob_author = $_POST['runoob_author'];
}
$submission_date = $_POST['submission_date'];

$sql = "INSERT INTO runoob_tbl ".
            "(runoob_title,runoob_author,submission_date) ".
            "VALUES ".
            "('$runoob_title','$runoob_author','$submission_date')";
mysql_select_db('RUNOOB');
$retval = mysql_query($sql,$conn);
if(! $retval )
```

```
{
  die('Could not enter data:'.mysql_error());
}
echo "Entered data successfully\n";
mysql_close($conn);
}
else
{
?>
<form method="post" action="<?php $_PHP_SELF ?>">
<table width="600" border="0" cellspacing="1" cellpadding="2">
<tr>
<td width="250">Tutorial Title</td>
<td>
<input name="runoob_title" type="text" id="runoob_title">
</td>
</tr>
<tr>
<td width="250">Tutorial Author</td>
<td>
<input name="runoob_author" type="text" id="runoob_author">
</td>
</tr>
<tr>
<td width="250">Submission Date [ yyyy-mm-dd ]</td>
<td>
<input name="submission_date" type="text" id="submission_date">
</td>
</tr>
<tr>
<td width="250"> </td>
<td> </td>
</tr>
<tr>
<td width="250"> </td>
<td>
<input name="add" type="submit" id="add" value="Add Tutorial">
</td>
```

```
</tr>
</table>
</form>
<?php
}
?>
</body>
</html>
```

8. 查询数据

使用 PHP 函数的 mysql_query( )及 SQL SELECT 命令来获取数据。该函数用于执行 SQL 命令，然后通过 PHP 函数 mysql_fetch_array( )来使用或输出所有查询的数据。

mysql_fetch_array( )函数从结果集中取得一行作为关联数组，或数字数组，或二者兼有。返回根据从结果集取得的行生成的数组，如果没有更多行，则返回 FALSE。

【示例 8】查询数据

```
<?php
$dbhost = 'localhost:3036';
$dbuser = 'root';
$dbpass = 'rootpassword';
$conn = mysql_connect($dbhost,$dbuser,$dbpass);
if(! $conn)
{
  die('Could not connect:'.mysql_error());
}
$sql = 'SELECT runoob_id,runoob_title,
                    runoob_author,submission_date
          FROM runoob_tbl';
mysql_select_db('RUNOOB');
$retval = mysql_query($sql,$conn);
if(! $retval )
{
  die('Could not get data:'.mysql_error());
}
while($row = mysql_fetch_array($retval,MYSQL_NUM))
{
    echo "Tutorial ID :{$row[0]}  <br> ".
         "Title:{$row[1]} <br> ".
         "Author:{$row[2]} <br> ".
```

```
            "Submission Date :{$row[3]} <br> ".
            "--------------------------------<br>";
}
echo "Fetched data successfully\n";
mysql_close($conn);
?>
```

或者以下代码：

```
<?php
$dbhost = 'localhost:3036';
$dbuser = 'root';
$dbpass = 'rootpassword';
$conn = mysql_connect($dbhost,$dbuser,$dbpass);
if(! $conn )
{
  die('Could not connect:'.mysql_error());
}
$sql = 'SELECT runoob_id,runoob_title,
                    runoob_author,submission_date
            FROM runoob_tbl
            WHERE runoob_author LIKE "%jay%"';    // 使用了模糊查询
mysql_select_db('RUNOOB');
$retval = mysql_query($sql,$conn);
if(! $retval )
{
  die('Could not get data:'.mysql_error());
}
while($row = mysql_fetch_array($retval,MYSQL_ASSOC))
{
    echo "Tutorial ID :{$row['runoob_id']}    <br> ".
            "Title:{$row['runoob_title']} <br> ".
            "Author:{$row['runoob_author']} <br> ".
            "Submission Date :{$row['submission_date']} <br> ".
            "--------------------------------<br>";
}
echo "Fetched data successfully\n";
mysql_close($conn);
?>
```

9. 修改数据

PHP 中使用函数 mysql_query( )来执行 SQL 语句，在 SQL UPDATE 语句中可以使用也可以不使用 WHERE 子句。该函数与在 mysql>命令提示符中执行 SQL 语句的效果是一样的。

【示例 9】修改数据

```
<?php
$dbhost = 'localhost:3036';
$dbuser = 'root';
$dbpass = 'rootpassword';
$conn = mysql_connect($dbhost,$dbuser,$dbpass);
if(! $conn )
{
  die('Could not connect:'.mysql_error());
}
$sql = 'UPDATE runoob_tbl
            SET runoob_title="Learning JAVA"
            WHERE runoob_id=3';

mysql_select_db('RUNOOB');
$retval = mysql_query( $sql,$conn );
if(! $retval )
{
  die('Could not update data:'.mysql_error());
}
echo "Updated data successfully\n";
mysql_close($conn);
?>
```

10. 删除数据

PHP 使用 mysql_query( )函数来执行 SQL 语句，在 SQL DELETE 命令中使用可以也可以不使用 WHERE 子句。该函数与 mysql>命令符执行 SQL 命令的效果是一样的。

【示例 10】删除数据

```
<?php
$dbhost = 'localhost:3036';
$dbuser = 'root';
$dbpass = 'rootpassword';
$conn = mysql_connect($dbhost,$dbuser,$dbpass);
if(! $conn )
```

```
{
  die('Could not connect:'.mysql_error());
}
$sql = 'DELETE FROM runoob_tbl
        WHERE runoob_id=3';

mysql_select_db('RUNOOB');
$retval = mysql_query( $sql,$conn );
if(! $retval )
{
  die('Could not delete data:'.mysql_error());
}
echo "Deleted data successfully\n";
mysql_close($conn);
?>
```

9.4 回到项目场景

通过以上学习，对 MySQL 数据库创建、管理和数据操作有了一定了解，熟悉了 MySQL 常规操作和 PHP 编码技术，接下来回到项目场景，完成“创建图书信息库和表”项目。

【步骤 1】新建数据库，如图 9.12 所示。

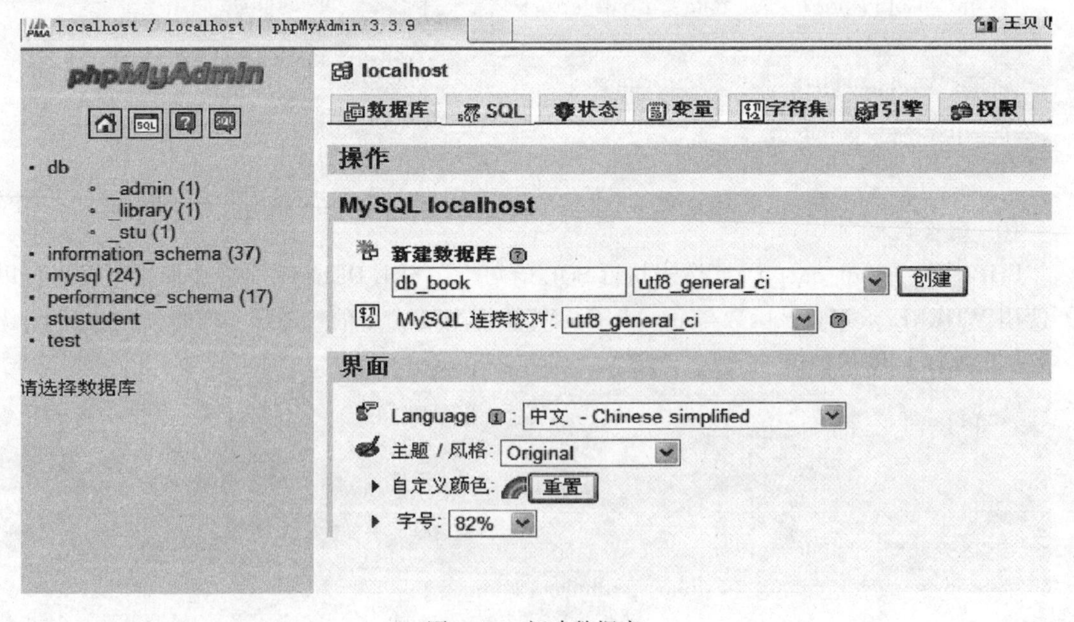

图 9.12　新建数据库

【步骤 2】新建数据表，如图 9.13 所示。

localhost / localhost / db_book | phpMyAd...

phpMyAdmin

数据库

_book

db_book (0)

数据库中没有表。

localhost ▸ db_book

结构　SQL　搜索　查询　导出　导入　操作

✔ 创建数据库 db_book 成功。

CREATE DATABASE `db_book` DEFAULT CHARACTER SET utf8 COLLAT

数据库中没有表。

在数据库 db_book 中新建一个数据表

名字: tb_bookinfo　字段数: 5

图 9.13　新建数据表

【步骤 3】添加表信息，如图 9.14 所示。

localhost / localhost / db_book / tb_book...　主页(M)

phpMyAdmin

数据库

_book

db_book (0)

数据库中没有表。

localhost ▸ db_book ▸ tb_bookinfo

字段	类型	长度/值
id	INT	4
ISBN	VARCHAR	15
title	VARCHAR	30
author	VARCHAR	20
publisher	VARCHAR	20

图 9.14　添加表信息

创建完的数据表如图 9.15 所示。

	字段	类型	整理	属性	空	默认	额外	操作
☐	id	int(4)			否	无	AUTO_INCREMENT	
☐	ISBN	varchar(15)	utf8_general_ci		否	无		
☐	title	varchar(30)	utf8_general_ci		否	无		
☐	author	varchar(20)	utf8_general_ci		否	无		
☐	publisher	varchar(20)	utf8_general_ci		否	无		

全选 / 全不选 选中项:

图 9.15　数据表 tb_bookinfo

9.5 并行项目训练

9.5.1 训练内容

项目名称：用户信息表设计

项目场景：小李创建了 db_book 数据库，在该数据库中创建了 tb_bookinfo 数据表后，领导要求再添加数据表 tb_userinfo，用来保存用户信息。表结构见表 9.12。

表 9.12 用户信息表

字段名称	数据类型	长度	是否允许为空	是否为主键	说明
id	INT	4	否	是	序号
name	VARCHAR	15	否		姓名
password	VARCHAR	20	否		密码
age	VARCHAR	10	否		年龄
address	VARCHAR	50	否		家庭地址

9.5.2 训练目的

① 进一步训练和巩固学生对 phpMyAdmin 的理解。

② 使学生对创建数据库、数据表和管理数据库有比较深刻的印象和认识。

9.5.3 训练过程

【步骤 1】如图 9.16 所示，在左侧选中 db_book，在右侧输入数据表名“tb_userinfo”，并输入字段数“5”，单击“执行”按钮。

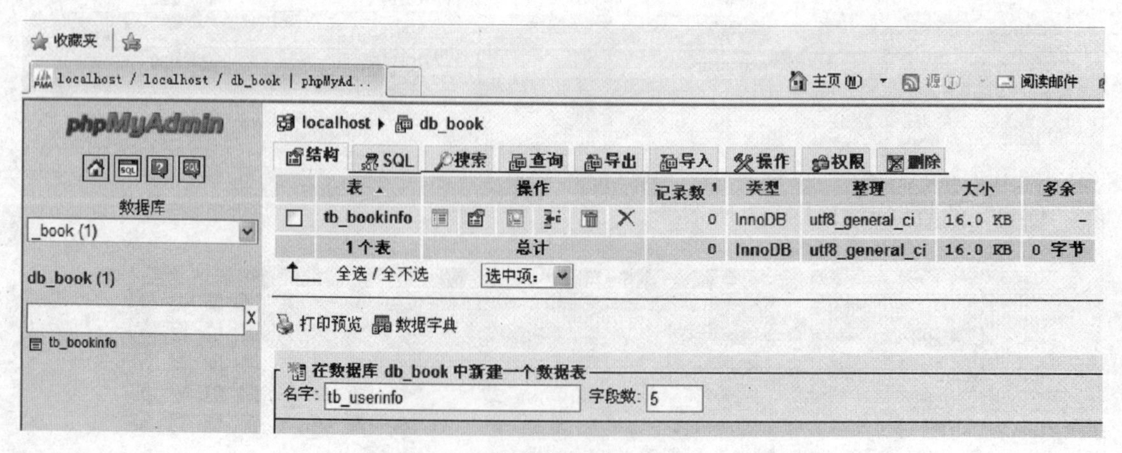

图 9.16 新建数据表 tb_userinfo

【步骤2】添加表信息，如图9.17所示。

图9.17 添加表信息

创建完的数据表如图9.18所示。

字段	类型	整理	属性	空	默认	额外	操作
id	int(4)			否	无	AUTO_INCREMENT	
name	varchar(15)	utf8_general_ci		否	无		
password	varchar(20)	utf8_general_ci		否	无		
age	varchar(10)	utf8_general_ci		否	无		
address	varchar(50)	utf8_general_ci		否	无		

全选 / 全不选 选中项：

图9.18 数据表 tb_userinfo

9.6 习　　题

1. 简述如何创建数据表及数据库。
2. 在 db_book 数据库中新建数据表 tb_admin，保存管理员信息。表结构见表9.13。

表9.13 管理员信息表

字段名称	数据类型	长度	是否允许为空	是否为主键	说明
id	INT	4	否	是	序号
admin	VARCHAR	15	否		姓名
password	VARCHAR	20	否		密码

9.7 小　　结

本单元通过简单项目示例，介绍了 phpMyAdmin 的发展历史及如何操作管理 phpMyAdmin，并详细介绍了创建数据库及创建数据表的步骤，对语句操作进行详述。通过一个贯穿项目“创建 db_book”和平行项目“创建 db_stu”系统地学习了数据库及数据表的创建，以及数据表的管理，使学生对学习 PHP 程序设计增强了信心和兴趣。

单元 10

开发 MySQL+PHP 应用程序

单元要点

➢ PHP 操作 MySQL 数据库的步骤
➢ PHP 操作 MySQL 数据库的相关函数
➢ PHP 管理 MySQL 数据库中数据的方法

技能目标

➢ 能熟练掌握 SQL 查询语句
➢ 能熟练运用 MySQL 数据库图形管理工具
➢ 能熟练掌握 PHP 操作 MySQL 数据库

项目载体

◇ 工作场景项目：简单用户信息管理系统——编辑删除
◇ 并行训练项目：简单用户信息管理系统——添加模块

10.1　项目场景导入

项目名称：简单用户信息管理系统——编辑删除

项目场景：小李进入新单位，领导下发一个任务：开发一个用户信息管理系统，方便公司管理所有员工，运行效果如图 10.1 所示。

简单用户信息管理系统-01

用户信息				
用户名	密码	电子邮箱	编辑	删除
Mary	9876	Mary@126.com	编辑	删除
jack	12321	jack@163.com	编辑	删除
lily	1212	lily@126.com	编辑	删除

图 10.1　项目运行效果

简单用户信息管理系统-02

10.2　项目问题引导

① 如何实现与数据库的连接？
② 如何用 PHP 操作 MySQL 数据库？
③ 如何实现数据的增、删、改、查？

简单用户信息管理系统-03

10.3　技术与知识准备

10.3.1　连接 MySQL

mysql_connect()函数：PHP 与 MySQL 是“黄金搭档”，学习 PHP 必须学会连接 MySQL 服务器。连接数据库就是 PHP 客户端向服务器端的数据库发出连接请求，连接成功后，就可以进行其他的数据库操作了。如果使用不同的用户连接，会有不同的操作权限。在 PHP 中，可以使用 mysql_connect()函数来连接 MySQL 服务器，该函数的格式如下：

```
mysql_connect(string server,string username,string password)
```

server：MySQL 服务器；

username：用户名；

password：密码。

mysql_select_db()函数：用来选择 MySQL 服务器中的数据，如果成功，返回 true，如果失败，则返回 False。

一般新建公共文件 conn.php，用于实现与数据库的连接，代码如下所示：

```
<?php
$conn = mysql_connect("localhost","root","");            // 连接数据库服务器
mysql_select_db("db_library");                           // 选择数据库
mysql_query("set names utf8");
?>
```

10.3.2　执行简单查询

mysql_query()函数：查询是数据库操作中必不可少的内容。在数据库中，数据查询是通过 select 语句完成的。select 语句可以从数据库中按用户要求提供的限定条件检索数据，并将查询结果以表格的形式返回。可以通过 PHP 中的 mysql_query()函数来查询数据库中的内容。

10.3.3　显示查询结果

在实际应用中，只创建了查询是不够用的，还需要将其显示出来。可以使用 mysql_fetch_row()函数来实现该功能，其函数形式如下：

```
array mysql_fetch_row(result);
```

返回根据所取得的行生成的数组，如果没有更多行，则返回 False。

详细参见单元 9。

10.3.4　获取记录

mysql_fetch_array()函数：在 PHP 中，可以通过 mysql_fetch_array()函数获取数据表中

的记录。

【示例】 新建图书管理页面，实现图书的增、删、改、查。

【步骤 1】登录 http:// localhost/phpmyadmin，在新建数据库文本框中输入“db_library”，选择“utf8_general_ci”，单击“创建”按钮，如图 10.2 所示。

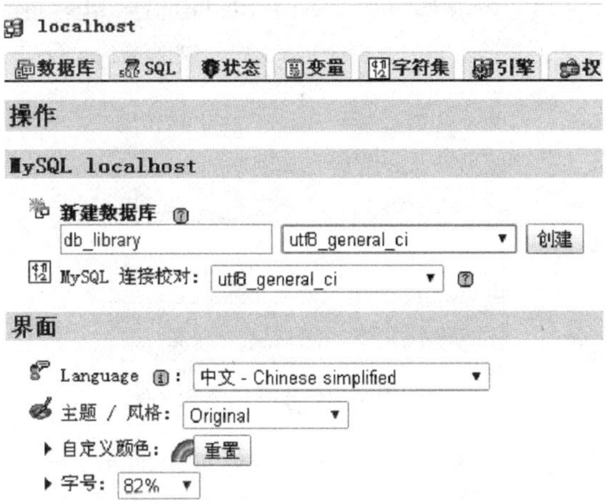

图书管理系统-01

图书管理系统-02

图书管理系统-03

图 10.2　新建数据库

【步骤 2】新建数据表 tb_bookinfo。

数据库创建后，再创建数据表，如图 10.3 所示。在数据表中添加字段，如图 10.4 所示。

图 10.3　新建数据表

字段	类型	整理	属性	空	默认	额外	操作
id	int(11)			否	无	AUTO_INCREMENT	
ISBN	varchar(20)	utf8_general_ci		否	无		
title	varchar(50)	utf8_general_ci		否	无		
author	varchar(20)	utf8_general_ci		否	无		

全选 / 全不选 选中项：

图 10.4　表结构

【步骤 3】新建 bookinfo.php 页面，实现图书的浏览功能，代码如下所示，运行效果如图 10.5 所示。

```
<?php
include "conn.php";
$result=mysql_query("select * from tb_bookinfo",$conn);
echo "<table align='center' border='1'";
```

```
echo "<tr><td colspan='5'  align='center'>图书管理系统   <a href='AddBook.php'>添加图书</a></td></tr>";
echo "<tr><td>书名</td><td>ISBN</td><td>作者</td><td>删除</td></tr>";
while($arr = mysql_fetch_array($result))
{echo "<tr><td>$arr[title]</td><td>$arr[ISBN]</td><td>$arr[author]</td>";
echo "<td><a href='delete_ok.php?id=$arr[id]'>删除</a></td>";
echo "</tr>";}
echo "</table>";
?>
```

图书管理系统 添加图书			
书名	ISBN	作者	删除
PHP编程自学手册	9787111392394	王晓丽	删除

图 10.5 图书信息页面

【步骤 4】新建图书添加页面 AddBook.php，代码如下所示，效果如图 10.6 所示。

```
<form method="post" action="AddBook_ok.php">
    <table border="1"  align='center'>
        <tr>
<td colspan="2" align='center'>增加图书</td>
</tr>
        <tr>
<td>书名</td>
<td><input type="text" name="title"></td>
</tr>
        <tr>
<td>ISBN</td>
<td><input type="text" name="ISBN"></td>
</tr>
        <tr>
<td>作者</td>
<td><input type="text" name="author"></td>
</tr>
        <tr>
<td  colspan="2" align='center'>
        <input type="submit" name="submit" value="增加" ></td>
</tr>
    </table>
</form>
```

增加图书	
书名	
ISBN	
作者	
增加	

图 10.6　图书增加页面

【步骤 5】新建 AddBook_ok.php 页面，实现增加功能，代码如下。

```
<?php
include 'conn.php';
if ( isset( $_POST['submit'] ) && $_POST['submit'] == '增加') {
    $title = $_POST['title'];
    $ISBN = $_POST['ISBN'];
    $author = $_POST['author'];
    $insert1 = mysql_query( "insert into  tb_bookinfo( ISBN,title,author) values('$ISBN
','$title','$author')" );
    if ( $insert1) {
        echo "<script>alert('增加成功!');window.location.href=' bookinfo.php '</script>";
    } else {
        echo "<script>alert('增加失败!');window.location.href=' bookinfo.php '</script>";
    }
}
?>
```

【步骤 6】新建页面 delete_ok.php，实现删除功能，代码如下所示，运行效果如图 10.7 所示。

```
<?php
include 'conn.php';
if (isset( $_GET['id'])) {
    $delete = mysql_query( "delete from tb_bookinfo where id= $_GET[id]" );
    if ( $delete) {
        echo "<script>alert('删除成功!');window.location.href=' bookinfo.php '</script>";
    } else {
        echo "<script>alert('删除失败!');window.location.href=' bookinfo.php '</script>";
}
}
?>
```

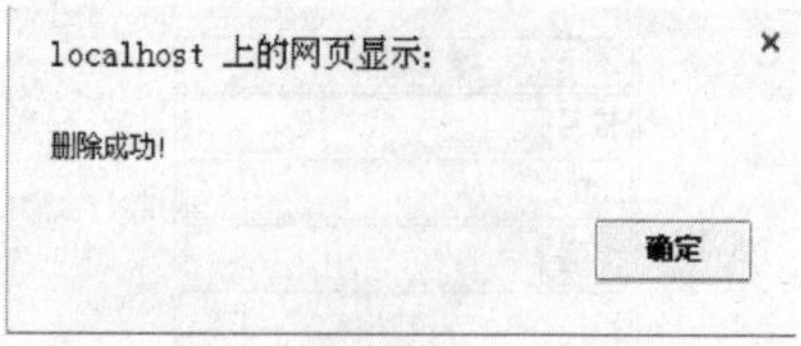

localhost 上的网页显示:

删除成功!

确定

图 10.7　图书删除页面

10.4　回到项目场景

通过对以上内容的学习，了解了 MySQL 数据库的基本操作，掌握了 PHP 操作 MySQL 数据库的方法，现在回到项目导入的任务中来。

【步骤 1】创建数据库 db_admin 及数据表 tb_admin，表结构如图 10.8 所示。

	字段	类型	整理	属性	空	默认	额外
☐	id	int(11)			否	无	AUTO_INCREMENT
☐	user	varchar(20)	utf8_general_ci		否	无	
☐	password	varchar(20)	utf8_general_ci		否	无	
☐	email	varchar(30)	utf8_general_ci		否	无	

图 10.8　表结构

【步骤 2】创建公共文件 conn.php，用于连接数据库。

```
<?php
$conn = mysql_connect("localhost","root","");            // 连接数据库服务器
mysql_select_db("db_admin");                             // 选择数据库
mysql_query("set names utf8");
?>
```

【步骤 3】新建页面 index.php，代码如下所示。

```
<?php
include "conn.php";
$result=mysql_query("select * from tb_admin",$conn);
echo "<table align='center' border='1'";
echo "<tr><td colspan='5'  align='center'>用户信息</td></tr>";
echo "<tr><td>用户名</td><td>密码</td><td>电子邮箱</td><td>编辑</td><td>删除</td></tr>";
while($arr = mysql_fetch_array($result))
{echo "<tr><td>$arr[user]</td><td>$arr[password]</td><td>$arr[email]</td>";
echo "<td><a href='update.php?id=$arr[id]'>编辑</a></td>";
echo "<td><a href='delete.php?id=$arr[id]'>删除</a></td>";
```

```
echo "</tr>";
}
echo "</table>";
?>
```

【步骤 4】新建页面 update.php，用于实现更新，代码如下所示，运行效果如图 10.9 所示。

```
<?php
include 'conn.php';
$arr = mysql_query("select * from tb_admin where id=$_GET[id]",$conn);
$select = mysql_fetch_array($arr);
?>
<! --数据修改表单-->
<form method="post" action="update_ok.php">
    <table border="1">
        <tr>
<td colspan="2">用户信息修改</td>
</tr>
        <tr>
<td>姓名</td>
<td><input type="text" name="username" value="<?php echo $select[1];?>"></td>
</tr>
        <tr>
<td>密码</td>
<td><input type="text" name="password" value="<?php echo $select['password'];?>"
></td>
</tr>
        <tr>
<td>邮箱</td>
<td><input type="text" name="email" value="<? php echo $select['email'];?>"></td>
</tr>
        <tr>
<td><input type="hidden" name="id" value="<?php echo $select['id'];?>"></td>
        <td><input type="submit" name="submit" value="修改" ></td>
</tr>
    </table>
</form>
```

用户信息修改	
姓名	Mary
密码	9876
邮箱	Mary@126.com
	修改

图 10.9　用户修改页面

【步骤 5】新建页面 update_ok.php，用于更新数据。

```
<?php
include 'conn.php';
if (isset($_POST['id']) && isset($_POST['submit']) && $_POST['submit'] == '修改') {
    $username = $_POST['username'];
    $password = $_POST['password'];
    $email = $_POST['email'];
    $update = mysql_query("update tb_admin set user='$username',password='$password',email='$email'"
              ." where id=$_POST[id]");
    if ($update) {
        echo "<script>alert('修改成功!');window.location.href='index.php'</script>";
    } else {
        echo "<script>alert('修改失败!');window.location.href='index.php'</script>";
    }
}
?>
```

【步骤 6】新建页面 delete.php，实现删除功能。

```
<?php
include 'conn.php';
if (isset($_GET['id'])) {
    $delete = mysql_query("delete from tb_admin where id=$_GET[id]");
    if ($delete) {
        echo "<script>alert('删除成功!');window.location.href='index.php'</script>";
    } else {
        echo "<script>alert('删除失败!');window.location.href='index.php'</script>";
    }
}
?>
```

10.5　并行项目训练

10.5.1　训练内容

项目名称： 简单用户信息管理系统——添加模块

项目场景： 为用户信息管理系统增加添加用户的模块，实现用户的添加功能。

10.5.2　训练目的

① 进一步训练和巩固学生对 MySQL 和 PHP 的理解。

② 使学生对数据的增、删、改、查有比较深刻的印象和认识。

10.5.3　训练过程

【步骤 1】修改页面 index.php。

```
<?php
include "conn.php";
$result=mysql_query("select * from tb_admin",$conn);
echo "<table align='center' border='1'";
echo "<tr><td colspan='5'  align='center'>用户信息     <a href='AddUser.php'>添加用户</a></td></tr>";
echo "<tr><td>用户名</td><td>密码</td><td>电子邮箱</td><td>编辑</td><td>删除</td></tr>";
while($arr = mysql_fetch_array($result))
{echo "<tr><td>$arr[user]</td><td>$arr[password]</td><td>$arr[email]</td>";
echo "<td><a href='update.php?id=$arr[id]'>编辑</a></td>";
echo "<td><a href='delete.php?id=$arr[id]'>删除</a></td>";
echo "</tr>";
}
echo "</table>";
?>
```

【步骤 2】新建页面 AddUser.php（图 10.10）。

```
<form method="post"  action="AddUser_ok.php">
    <table border="1"   align='center'>
        <tr>
<td colspan="2"  align='center'>增加用户</td>
</tr>
        <tr>
```

```
<td>用户名</td>
<td><input type="text" name="name"></td>
</tr>
        <tr>
<td>密码</td>
<td><input type="text" name="password"></td>
</tr>
        <tr>
<td>电子邮件</td>
<td><input type="text" name="email"></td>
</tr>
        <tr>
<td colspan="2" align='center'>
        <input type="submit" name="submit" value="增加" ></td>
</tr>
    </table>
</form>
```

增加用户	
用户名	
密码	
电子邮件	
	增加

图 10.10　增加用户页面

【步骤 3】新建页面 AddUser_ok.php。

```
<?php
include 'conn.php';
if ( isset($_POST['submit']) && $_POST['submit'] == '增加') {
    $name = $_POST['name'];
    $password = $_POST['password'];
    $email = $_POST['email'];
    $insert1 = mysql_query("insert into tb_admin(user,password,email) values('$
name','$password','$email')");
    if ($insert1) {
        echo "<script>alert('增加成功!');window.location.href='index.php'</script>";
    } else {
        echo "<script>alert('增加失败!');window.location.href='index.php'</script>";
    }
```

```
}
?>
```

10.6　习　　题

1. PHP 如何连接 MySQL?
2. 开发一个用户登录系统，实现用户的登录功能。

10.7　小　　结

本单元通过介绍使用 PHP 操作 MySQL 数据库，学习了数据库表页面的操作。通过一个贯穿项目“图书管理系统”和平行项目“用户信息管理系统”，系统地学习了数据库的创建，能够用 PHP 代码完成数据库记录的网页操作，能够对记录进行增、删、改、查等操作。

单元 11

上机训练

上机 1　学习 PHP 语法

训练目的

① 注意 PHP 中的词法结构，包括大小写、语句和分号、注释、标识符；

② 掌握在 HTML 中嵌入 PHP 的方法；

③ 掌握在 PHP 代码中嵌入 HTML 标记的方法。

训练内容

1. 大小写敏感（表 11.1）

表 11.1　大小写敏感

程序代码	运行结果
<?php $name="hello1,world1"; $NAME="hello2,world2"; $NaME="hello3,world3"; echo "\$name=$name\n"; ECHO "\$NAME=$NAME\n"; EcHo "\$NaME=$NaME"; ?>	http://localhost/shangji1/demo1.php $name=hello1, world1 $NAME=hello2, world2 $NaME=hello3, world3

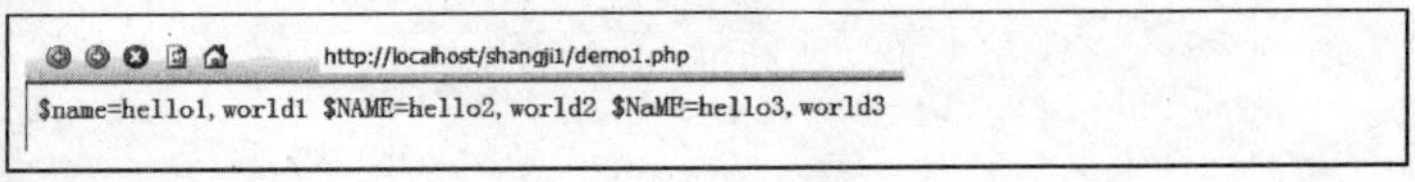

注意：要使运行结果真正实现分行（和 HTML 输出一致），将程序中的\n 换成
即可实现，如下例。

2. 实现分行（表 11.2）

表 11.2　实现分行

程序代码	运行结果
<?php $name="hello1,world1"; $NAME="hello2,world2"; $NaME="hello3,world3"; echo "\$name=$name "; ECHO "\$NAME=$NAME "; EcHo "\$NaME=$NaME"; ?>	http://localhost/shangji1/demo2.php $name=hello1, world1 $NAME=hello2, world2 $NaME=hello3, world3

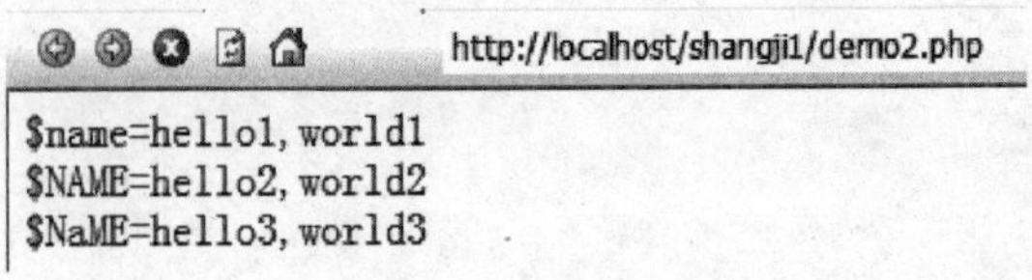

原因：浏览器不解释（或者说不识别，或忽略）经 PHP 解释\n 而成的空白换行，只有遇到
这个 HTML 中的换行标记时，才解释成换行。为了直接达到预期换行的效果，将不再使用\n，而使用
。

3. 语句和分号（表 11.3）

表 11.3　语句和分号

程序代码	运行结果

<?php
if($a = = $b)
{ echo "注意:
";//简单语句
echo "\$a 的值等于\$b 的值
";
}echo "hello,world";//此处分号可省略
?>
	 http://localhost/shan
	注意:
	$a的值等于$b的值
	hello, world

4. 使用注释（表 11.4）

表 11.4　使用注释

程序代码	运行结果
<?php $l = 12; $m = 13; / * 注释从这里开始 ?> <p> Some stuff you want to be HTML.</p> <? = $n = 14; */　//到这里结束 echo ("l = $l　m = $m　n = $n"); ?> <p>Now <b>this</b> is regular HTML…</p>	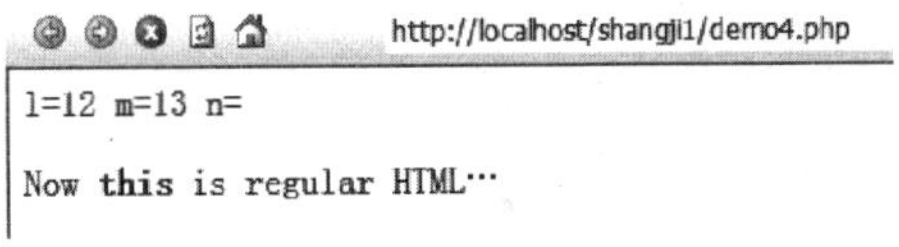 http://localhost/shangji1/demo4.php l=12 m=13 n= Now **this** is regular HTML…

5. 在页面中嵌入 PHP（表 11.5）

表 11.5　在页面中嵌入 PHP

程序代码	运行结果
<html> <head><title>这是我的第一个 PHP 网页！ </title></head> <body> 这是我的第一个 PHP 网页！ <?php echo "Hello,world";?> 很好玩吧？ </body> </html>	 http://localhost/shangji1/demo5.php 这是我的第一个PHP网页！ Hello, world 很好玩吧？

6. PHP 代码放在 HTML 标签内部（表 11.6）

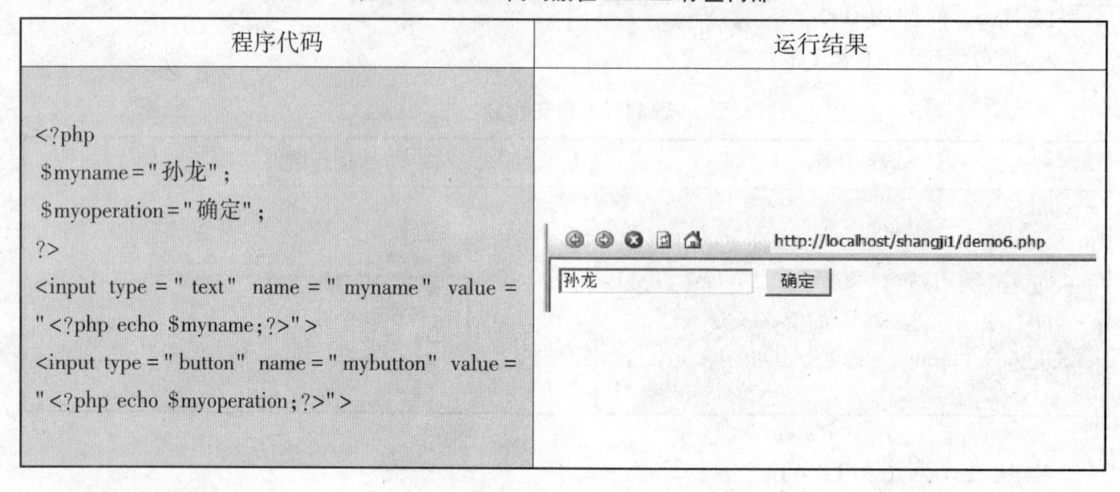

表 11.6　PHP 代码放在 HTML 标签内部

程序代码	运行结果
<?php $myname = "孙龙"; $myoperation = "确定"; ?> <input type = "text" name = "myname" value = "<?php echo $myname;?>"> <input type = "button" name = "mybutton" value = "<?php echo $myoperation;?>">	http://localhost/shangji1/demo6.php 孙龙　确定

7. 在 PHP 中嵌入 HTML 代码（表 11.7）

表 11.7　在 PHP 中嵌入 HTML 代码

程序代码	运行结果
<?php echo '<p align = "center">我要居中</p>'; echo"<font size='5'>这是 5 号字体</font>"?>	我要居中 这是5号字体

在 PHP 中插入大段的 HTML 代码时，可以将 HTML 代码嵌入 PHP 标记之间来输出，见表 11.8。

表 11.8　在 PHP 中插入大段的 HTML 代码

程序代码	运行结果

<?php
$str = 1;
if($str = = 1)
{
?>
<font size = "5">变量的值为 1</font>
<?php
} //这里的"}"是和前面的"{"连接在一起的
?>
	http://localhost/shangji1/demo6_1.php
	变量的值为1

注意：这种方法适合在 PHP 中插入大段的 HTML 代码，但是后期的维护有一定的难度，特别是当 HTML 语句过长时，在编写程序的逻辑代码时容易产生错误。

上机 2　使用数据类型

训练目的

① 理解 PHP 中的数据类型；
② 理解数据类型强制转换后的方法及转换后的值。

训练内容

1. 整型（表 11.9）

表 11.9　整型

程序代码	运行结果

<?php
$n1=656;//十进制数
$n2=0;//零
$n3=-42;//负数
$n4=0123;//八进制数(等于十进制数的 83)
$n5=0x1B;//十六进制数(等于十进制数的 27)
echo "$n1\t"."$n2\t"."$n3\t"."$n4\t"."$n5"
?>
	http://localhost/shangji2/demo1.php
	656 0 -42 83 27

2. 浮点型（表 11.10）

表 11.10　浮点型

程序代码	运行结果

<?php
$n1=101.1;//以小数点表示浮点数
$n2=1.011e20;//以科学计数法表示浮点数
$n3=1.01E-10;//以科学计数法表示浮点数
echo "$n1\t"."$n2\t"."$n3"
?>
	http://localhost/shangji2/demo2.php
	101.1 1.011E+20 1.01E-10

3. 字符串类型（表 11.11）

表 11.11　字符串类型

程序代码	运行结果
<?php $name="张三"; echo "Hi,$name ";/* 双引号中的变量值将被输出 */ echo "Hi,\$name ";/* 在双引号中加了反斜杠后就不一样了 */ echo 'Hi,$name';/* 单引号中的变量名将被输出,因为单引号不认为$name 是变量 */ ?>	 http://localhost/shangji2/demo3.php Hi,张三 Hi,$name Hi,$name

4. 反斜杠 \ 和单引号'（表 11.12）

表 11.12　反斜杠 \ 和单引号 '

程序代码	运行结果
<?php $dos_dir='c:\\windows\\system'; $publisher='Tim O\'Reilly'; echo "$dos_dir $publisher"; ?>	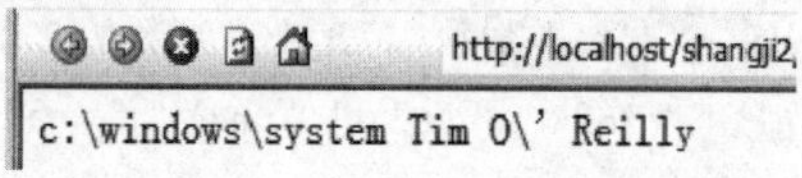 http://localhost/shangji2, c:\windows\system Tim O\' Reilly

5. 判断布尔值（表 11.13）

表 11.13　判断布尔值

程序代码	运行结果

<?php
$x=5;
$y="";
if($x) echo '$x 有一个 true 值
';
if(!$x) echo '$x 有一个 false 值
';
if($y) echo '$y 有一个 true 值
';
if(!$y) echo '$y 有一个 false 值
';
?>
	 http://localhost/shangji2/demo5.php
	$x有一个true值
	$y有一个false值

6. 数据类型的检测（表 11.14）

表 11.14　数据类型的检测

程序代码	运行结果

<?php
$x=2.5;
if(is_int($x)) echo '$x 是整型变量';
if(is_float($x)) echo '$x 是浮点型变量';
if(is_string($x)) echo '$x 是字串型变量';
if(is_bool($x)) echo '$x 是布尔型变量';
if(is_array($x)) echo '$x 是数组型变量';
if(is_object($x)) echo '$x 是对象型变量';
if(is_resource($x)) echo '$x 是资源型变量';
if(is_null($x)) echo '$x 是 NULL 型变量';
?>
	http://localhost/shangji2/demo
	$x是浮点型变量

7. 判断数据类型函数 gettype()（表 11.15）

表 11.15　判断数据类型函数 gettype()

程序代码	运行结果
<?php $a="这是一个字符串!"; echo gettype($a),'<p>'; $b=100; echo gettype($b),'<p>'; $c=15.12; echo gettype($c),'<p>'; $d=false; echo gettype($d),'<p>'; $e=array(10,20,30); echo gettype($e),'<p>'; ?>	http://localhost/shangji2/demo7.php string integer double boolean array

8. 转换成整型（表 11.16）

表 11.16　转换成整型

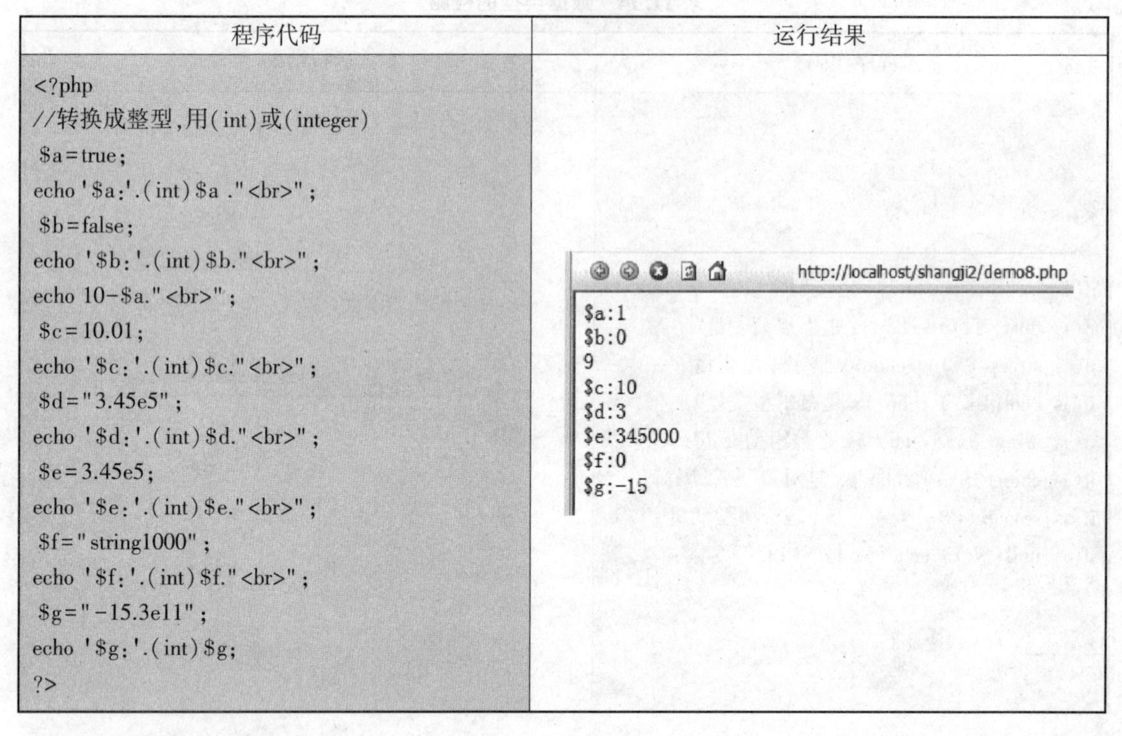

程序代码	运行结果
<?php //转换成整型,用(int)或(integer) $a=true; echo '$a:'.(int)$a ." "; $b=false; echo '$b:'.(int)$b." "; echo 10-$a." "; $c=10.01; echo '$c:'.(int)$c." "; $d="3.45e5"; echo '$d:'.(int)$d." "; $e=3.45e5; echo '$e:'.(int)$e." "; $f="string1000"; echo '$f:'.(int)$f." "; $g="-15.3e11"; echo '$g:'.(int)$g; ?>	http://localhost/shangji2/demo8.php $a:1 $b:0 9 $c:10 $d:3 $e:345000 $f:0 $g:-15

9. 转换成浮点型（表 11.17）

表 11.17　转换成浮点型

程序代码	运行结果
<?php //转换成浮点型,用(float)或(double)或(real) $a=true; echo '$a:'.(float)$a ." "; $b=false; echo '$b:'.(float)$b." "; $c=10; echo '$c:'.(float)$c." "; $e=3.45e5; echo '$e:'.(float)$e." "; $f="string1000"; echo '$f:'.(float)$f." "; $g="-15.3e5"; echo '$g:'.(float)$g." "; $h="-15.3a11"; echo '$h:'.(float)$h." "; $i="-153a11"; echo '$i:'.(float)$i; ?>	http://localhost/shangji2/demo9.php $a:1 $b:0 $c:10 $e:345000 $f:0 $g:-1530000 $h:-15.3 $i:-153

10. 转换成字符串型（表 11.18）

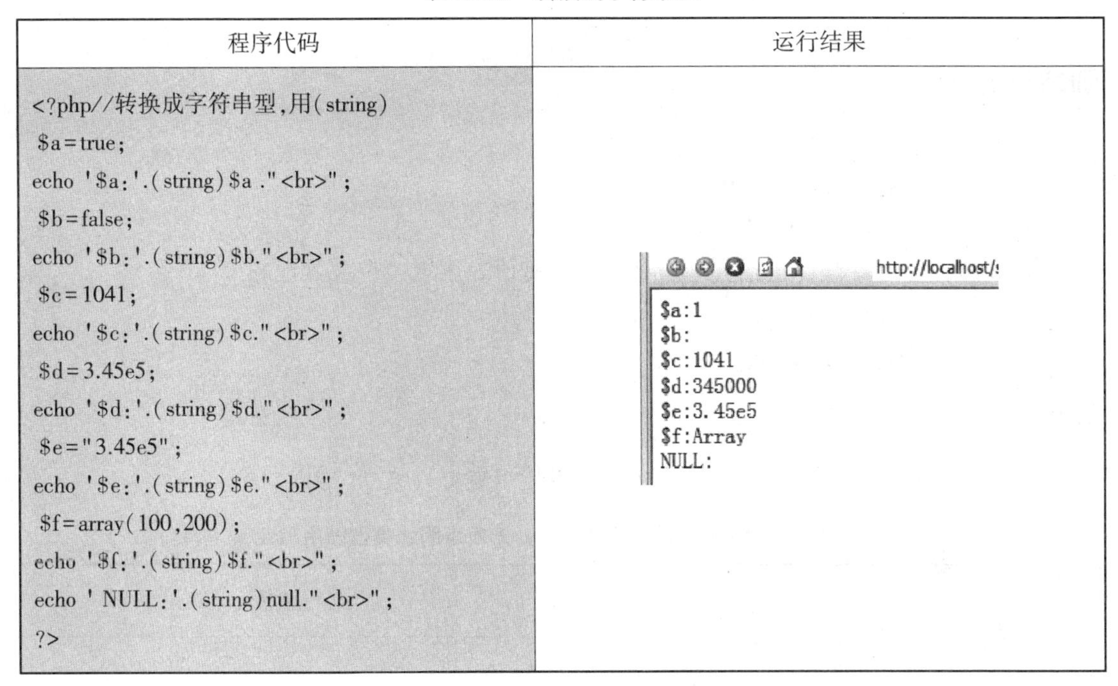

表 11.18　转换成字符串型

程序代码	运行结果
<?php//转换成字符串型,用(string) $a=true; echo '$a:'.(string)$a ." "; $b=false; echo '$b:'.(string)$b." "; $c=1041; echo '$c:'.(string)$c." "; $d=3.45e5; echo '$d:'.(string)$d." "; $e="3.45e5"; echo '$e:'.(string)$e." "; $f=array(100,200); echo '$f:'.(string)$f." "; echo ' NULL:'.(string)null." "; ?>	http://localhost/s $a:1 $b: $c:1041 $d:345000 $e:3.45e5 $f:Array NULL:

11. 转换成布尔型（表 11.19）

表 11.19　转换成布尔型

程序代码	<?php
	//转换成布尔型,用(bool)或(boolean)
	$a=0.0;
	if($a){echo '$a:true.';}else {echo '$a:false.';}
	$b=0;
	if((bool)$b){echo '$b:true.';}else {echo '$b:false.';}
	$c=10;
	if($c){echo '$c:true.';}else {echo '$c:false.';}
	$d=array();
	if((bool)$d){echo '$d:true.';}else {echo '$d:false.';}
	$e="";
	if((bool)$e){echo '$e:true.';}else {echo '$e:false.';}
	$f=null;
	if((bool)$f){echo '$f:true.';}else {echo '$f:false.';}
	?>

运行结果	http://localhost/shangji2/demo11.php $a:false. $b:false. $c:true. $d:false. $e:false. $f:false.

上机 3　学习变量、常量、运算符和表达式

训练目的

① 掌握变量的声明、赋值、替换、类型；
② 熟悉变量的作用域、使用；
③ 熟悉常量的作用域、使用；
④ 掌握各种运算符（包括算术、字符串、赋值、逻辑、位及其他）；
⑤ 掌握运算符的优先级；
⑥ 会使用 PHP 的表达式。

训练内容

1. PHP 变量无类型检查，无须声明，类型随用随变（表 11.20）

表 11.20　PHP 变量无类型检查，无须声明，类型随用随变

<table>
<tr><th>程序代码</th><th>运行结果</th></tr>
<tr><td><?php
// PHP 变量无类型检查
$what="Fred";
echo "\$what 的值=$what
";
if(is_string($what)) echo "\$what 是字符串型变量<hr>";

$what=35;
echo "\$what 的值=$what
";
if(is_int($what)) echo "\$what 是整型变量<hr>";

$what=array('Fred','35','wilma');
echo "\$what 的值为:
";
foreach($what as $e)
echo "$e
";
if(is_array($what)) echo "\$what 是数组型变量";
?></td><td>http://localhost/shangji3/demo1.php
$what的值=Fred
$what是字符串型变量
$what的值=35
$what是整型变量
$what的值为：
Fred
35
wilma
$what是数组型变量</td></tr>
</table>

2. 空变量的例子（表 11.21）

表 11.21 空变量的例子

程序代码	运行结果

`<?php`
`/* 一个没有设置值的变量,它的值是 NULL,表示它是一个空变量 */`
`$n1=null;`
`if($n1==NULL)`
`// 此句也可转换为: if(is_null($n1))`
`echo "\$n1 是空变量!";`
`?>`
	http://localhost/shangji3/demo2.php
	$n1是空变量!

3. 用 define() 函数定义常量（表 11.22）

表 11.22 用 define() 函数定义常量

程序代码	运行结果
`<?php` `// 定义方法 define("常量名","常量值")` `define("NICKNAME","sunny");` `echo "hello,".NICKNAME." ";` `?>`	http://localhost/shangji3/demo3.php hello, sunny

4. 数字在与字符串连接时，先自动变成字符串（表 11.23、表 11.24）

表 11.23 数字在与字符串连接时，先自动变成字符串（1）

程序代码	运行结果

`<?`
`// 数字在与字符串连接时,先自动变成字符串`
`$n=5;`
`$s="There are ".$n." ducks";`
`echo "\$s=$s";`
`?>`
	http://localhost/shangji3/
	$s=There are 5 ducks

表 11.24　数字在与字符串连接时，先自动变成字符串（2）

<table>
<tr><th>程序代码</th><th>运行结果</th></tr>
<tr><td><pre>
<?php
// 效果同上例
 $n=5;
 $s="There are $n ducks";
echo "\$s=$s";
?>
</pre></td><td>http://localhost/shangji3/
$s=There are 5 ducks</td></tr>
</table>

5. 赋值运算符（表 11.25）

表 11.25　赋值运算符

<table>
<tr><th>程序代码</th><th>运行结果</th></tr>
<tr><td><pre>
<?php
 $a=10;
 $b=3;
 $num1=$a+$b; /*将$a+$b 的结果赋值给
$num1,$num1 的值为 13*/
 $num2=($c=6)+4;/* $c 的值为 6,$num2 的
值为 10*/
echo "$num1\t"."$num2\t"."$c\t";
 $a+=6;   /*/ 等同于$a=$a+6,$a 的值
为 16*/
echo "$a\t";
 $b-=2;   /* 等同于$b=$b-2,$b 的值为
1*/
echo "$b\t";
 $a*=2;   /* 等同于$a=$a*2,$a 的值
为 32*/
echo "$a\t";
 $b/=0.5;   // 等同于$b=$b/0.5,$b 的值为 2
echo "$b\t";
 $string="连接";
 $string.="字符串";/* 等同于$string=$string
."字符串",string 的值为"连接字符串" */
echo "$string\t";?>
</pre></td><td>http://localhost/shangji3/demo5.php
13 10 6 16 1 32 2 连接字符串</td></tr>
</table>

6. 自增自减操作符（表 11.26）

表 11.26　自增自减操作符

程序代码	运行结果

<?php
// 理解$a++与++$a 的区别
$a=5;
echo ++$a;　// 输出 6
echo $a;　// 输出 6
$a=5;
echo $a++;　// 输出 5
echo $a;　// 输出 6
echo "
";
$x=2;
$y=3;
$z=++$x+$y;
echo "$z\t"."$x\t";// 此时$z=6,$x=3
$x=2;
$y=3;
$z=$y+$x++;
echo "$z\t"."$x\t";// 此时$z=5,$x=3
?>
	http://localhost/
	6656
	6 3 5 3

7. 类型转换操作符（表 11.27）

表 11.27　类型转换操作符

程序代码	运行结果

<?php
// 转换自身类型并保值
$a="5";
if(is_string($a))
echo "开始,\$a 是字符串型,值为:$a
";
$a=(int)$a;
if(is_int($a))
echo "转换类型并自赋值后,\$a 是整型,值为:$
a
";
?>
	http://localhost/shangji3/demo7.php
	开始,$a是字符串型，值为:5
	转换类型并自赋值后,$a是整型，值为:5

8. 表达式（表 11.28）

利用各种运算符计算半径为 10 的圆的面积，以及上底为 20、下底为 30、高为 10 的梯形的面积，如果圆的面积和梯形的面积都大于 50，则输出两个图形的面积。

表 11.28　表达式

程序代码	运行结果

<?php
define(' PI ',3.1415926);
 $c_area=PI * 10 * 10;
 $t_area=(20+30) * 10/2;
if($c_area>50&& $t_area>50)
{
echo"圆的面积为:$c_area
";
echo"梯形的面积为:$t_area
";
}
?>
	http://localhost/shangji3/demo8.php
	圆的面积为：314.15926
	梯形的面积为：250

上机 4　编写流程控制语句

训练目的

① 了解控制程序整体结构的方法；

② 掌握使用 if 语句实现分支；

③ 掌握使用 switch 语句实现分支；

④ 掌握使用 while、do while、for、break/continue 语句实现循环。

训练内容

1. 使用 if-else 结构（表 11.29）

表 11.29　使用 if-else 结构

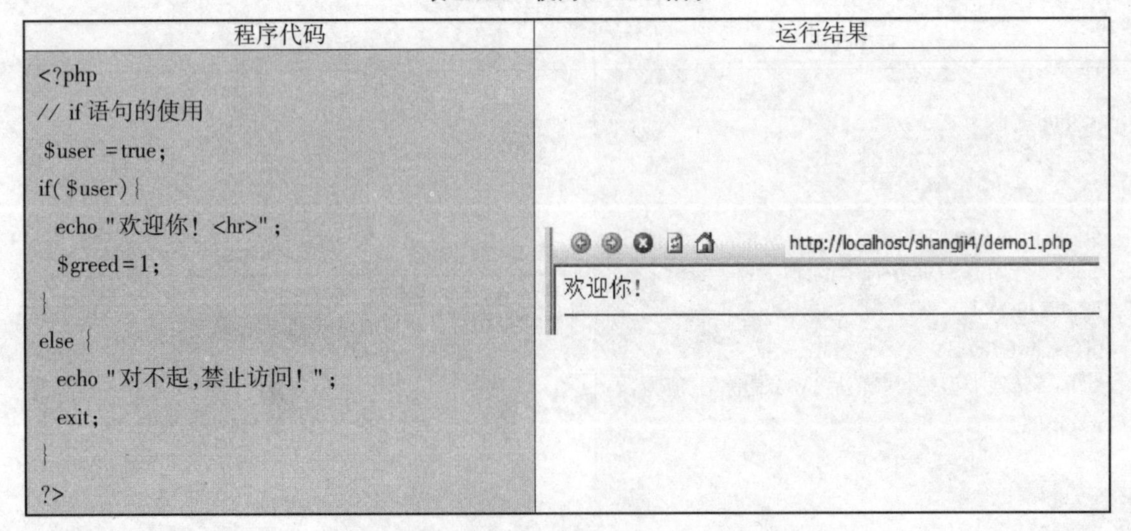

程序代码	运行结果

<?php
// if 语句的使用
 $user =true;
if($user) {
  echo "欢迎你！ <hr>";
  $greed=1;
}
else {
  echo "对不起,禁止访问！";
  exit;
}
?>
	http://localhost/shangji4/demo1.php
	欢迎你!

2. if 语句的使用：嵌入到 HTML 中（表单验证）（表 11.30）

表 11.30 if 语句的使用：嵌入到 HTML 中（表单验证）

程序代码	运行结果

<?php
// if语句的使用:嵌入到 HTML 中(表单验证)
$name="Sun Shoulong";
$user ="1";
if($user):
?>
<table border=1>
  <tr>
    <td>欢迎你:</td><td><?php
echo"$name"?></td>
  </tr>
</table>
<?php else:?>请重新登录!
<?php endif;/*此处的分号也可省略*/
?>
	http://localhost/shangji4/demo2.php
	欢迎你: Sun Shoulong

3. if 语句的链接（层进）（使用 if-else 结构）（表 11.31）

表 11.31 if 语句的链接（层进）（使用 if-else 结构）

程序代码	运行结果

<?php
// if语句的链接(层进)(使用 if-else 结构)
$fenshu=61;
echo "你的分数是:$fenshu,属于:";
if($fenshu>90)
  print("优秀");
else
  if($fenshu>80&& $fenshu<=90)
    print("良好");
  else
    if($fenshu>70&& $fenshu<=80)
      print("中等");
    else
      if($fenshu>60&& $fenshu<=70)
        print("刚及格");
      else
        if($fenshu<60)
          print("差");
?>
	http://localhost/shangji4/demo3.php
	你的分数是:61,属于:刚及格

4. if 语句的链接（层进）（使用 if-elseif 结构）（表 11.32）

表 11.32　if 语句的链接（层进）（使用 if-elseif 结构）

程序代码	运行结果

<?php
// if语句的链接(层进)(使用 if-elseif 结构)
echo "本程序阅读性比程序 5-3a 好,以下是运行结果:
";
$fenshu=61;
echo "你的分数是:$fenshu,属于:";
if($fenshu>90)
  print("优秀");
elseif($fenshu>80&& $fenshu<=90)
  print("良好");
elseif($fenshu>70&& $fenshu<=80)
  print("中等");
elseif($fenshu>60&& $fenshu<=70)
  print("刚及格");
elseif($fenshu<60)
  print("差");
?>
	http://localhost/shangji4/demo4.php
	本程序阅读性比程序5-3a好,以下是运行结果:
	你的分数是:61,属于:刚及格

5. switch 结构的用法（表 11.33）

表 11.33　switch 结构的用法

程序代码	运行结果

<?php
$fenshu=61;
$f=(int)($fenshu/10);
echo "你的分数是:$fenshu,属于:";
switch($f){
  case 9:　echo("优秀");break;
  case 8:　echo("良好");break;
  case 7:　echo("中等");break;
  case 6:　echo("刚及格");break;
  default:　echo("差");
}
?>
	http://localhost/shangji4/demo5.php
	你的分数是:61,属于:刚及格

6. while 语句（表 11.34）

表 11.34　while 语句

<table>
<tr><th>程序代码</th><th>运行结果</th></tr>
<tr><td><pre>
<?php
// while 循环,从 1 加到 10
 $total=0;
 $i=1;
while($i<=10)
{
   $total+=$i;
   $i++;
}
echo "使用传统 while{}结构,计算从 1 加到 10,
结果是:$total";
?>
</pre></td><td>http://localhost/shangji4/demo6.php
使用传统while{}结构,计算从1加到10,结果是:55</td></tr>
</table>

7. do-while 循环（表 11.35）

表 11.35　do-while 循环

<table>
<tr><th>程序代码</th><th>运行结果</th></tr>
<tr><td><pre>
<?php
// do-while 循环,从 1 加到 10
 $total=0;
 $i=1;
do{
   $total+=$i;
   $i++;
}while($i<=10);
echo "使用 do-while 结构,计算从 1 加到 10,结果
是:$total";
?>
</pre></td><td>http://localhost/shangji4/demo7.php
使用do-while结构,计算从1加到10,结果是:55</td></tr>
</table>

8. 利用 for 循环计算从 1 加到 10（表 11.36）

表 11.36　利用 for 循环计算从 1 加到 10

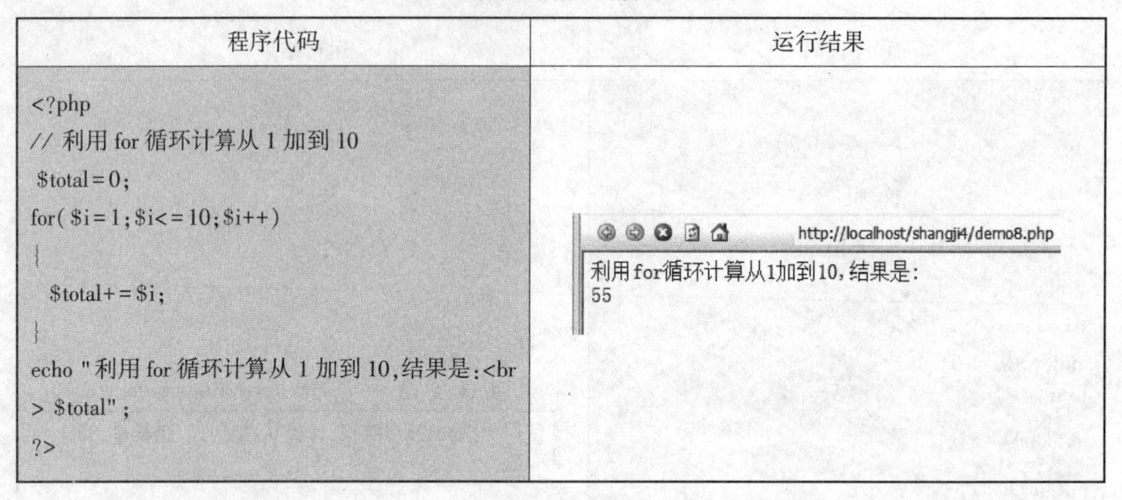

程序代码

```
<?php
// 利用 for 循环计算从 1 加到 10
 $total=0;
for( $i=1;$i<=10;$i++)
{
  $total+=$i;
}
echo "利用 for 循环计算从 1 加到 10,结果是:<br
> $total";
?>
```

运行结果

9. for 循环中多表达式的应用（表 11.37）

表 11.37　for 循环中多表达式的应用

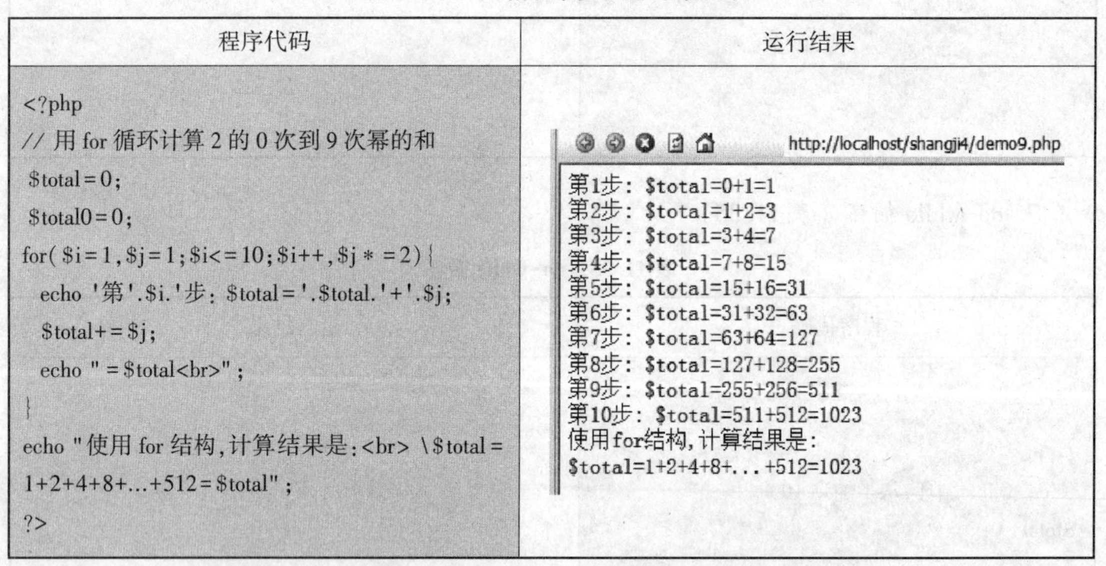

程序代码

```
<?php
// 用 for 循环计算 2 的 0 次到 9 次幂的和
 $total=0;
 $total0=0;
for( $i=1,$j=1;$i<=10;$i++,$j *=2){
  echo '第'.$i.'步: $total='.$total.'+'.$j;
  $total+=$j;
  echo "=$total<br>";
}
echo "使用 for 结构,计算结果是:<br> \$total=
1+2+4+8+...+512=$total";
?>
```

运行结果

10. for 循环的死循环的一个例子（因死机，效果图略）（表 11.38）

表 11.38　for 循环的死循环的一个例子（因死机，效果图略）

程序代码（结果是死循环）

```
<?
for(;;)// for 循环的死循环的一个例子
  echo "永不停歇,耗尽你的计算机的资源! <br>";
?>
```

11. break 语句的应用（表 11.39）

表 11.39　break 语句的应用

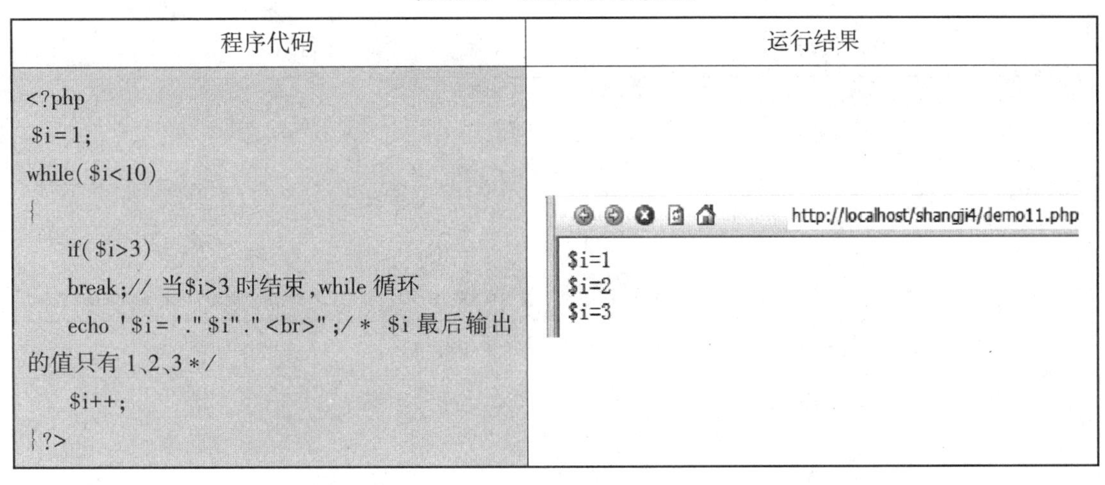

程序代码

```
<?php
$i=1;
while($i<10)
{
    if($i>3)
    break;// 当$i>3 时结束,while 循环
    echo '$i='."$i"."<br>";/* $i 最后输出的值只有 1、2、3 */
    $i++;
}?>
```

运行结果

12. 当循环语句嵌套使用时，break 控制符还可以在后面加一个可选的数字来决定跳出哪一层循环（表 11.40）

表 11.40　当循环语句嵌套使用时，break 控制符还可以在后面加一个可选的数字来决定跳出哪一层循环

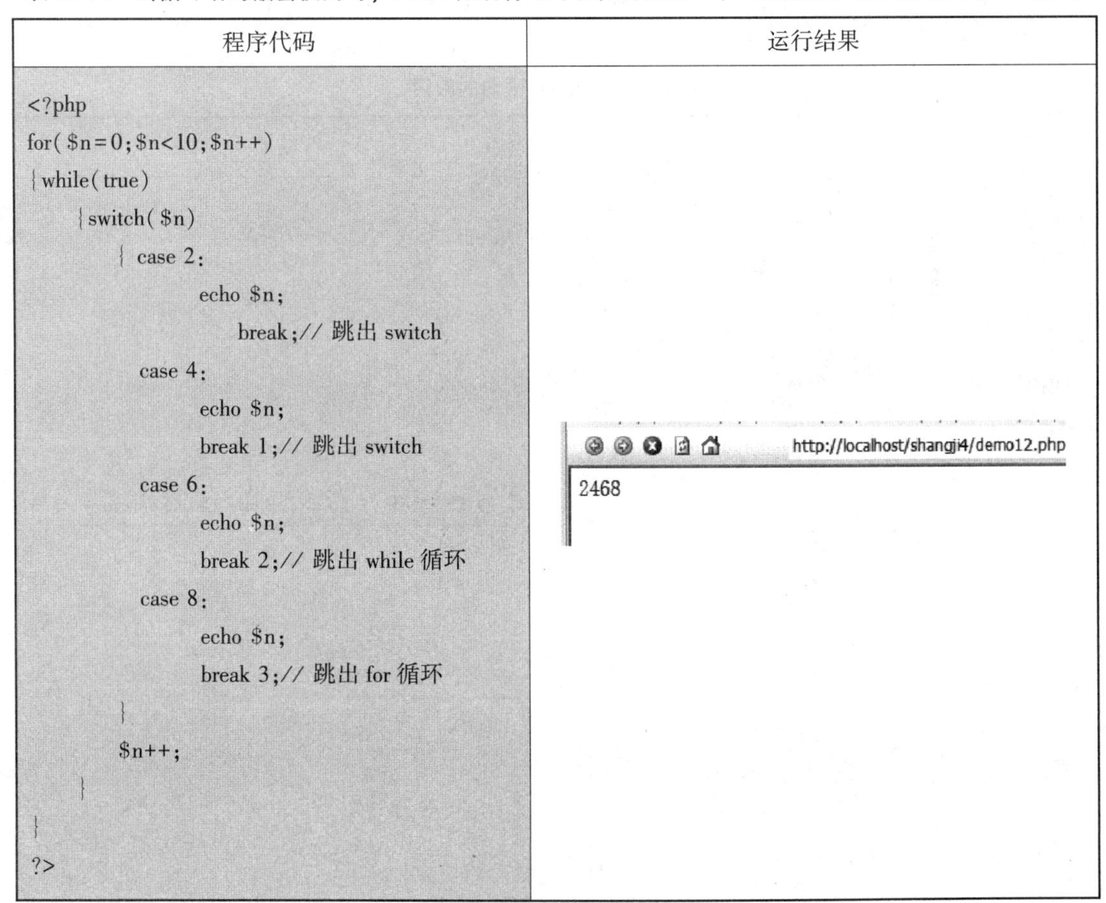

程序代码

```
<?php
for($n=0;$n<10;$n++)
{while(true)
    {switch($n)
        { case 2:
                echo $n;
                    break;// 跳出 switch
          case 4:
                echo $n;
                break 1;// 跳出 switch
          case 6:
                echo $n;
                break 2;// 跳出 while 循环
          case 8:
                echo $n;
                break 3;// 跳出 for 循环
        }
        $n++;
    }
}
?>
```

运行结果

13. continue 语句的应用（表 11.41）

表 11.41　continue 语句的应用

程序代码	运行结果

<?php
$m=5;
for($n=0;$n<10;$n++)
{
    if($n==$m)
        {
            continue;
        }
    echo $n;
}
?>
	http://localhost/shangji4/demo13.php
	012346789

14. return 语句的应用（表 11.42）

表 11.42　return 语句的应用

程序代码	运行结果

<?php
/* return 用于结束一个函数或文件，它将立即结束函数的执行，并将 return 所带的参数作为函数返回 */
$n=5;
for($i=0;$i<10;$i++)
{
    if($i>=$n)
    {
        return;
        echo "大于 5.";// 此处不输出任何内容
    }
    echo $i." ";// 输出 0 1 2 3 4
}
?>
	http://localhost/shangji4/demo14.php
	0 1 2 3 4

15. exit 语句的应用（表 11.43）

表 11.43 exit 语句的应用

程序代码	运行结果

<?php
// exit 也可结束脚本的运行，用法和 return 的类似
$a=5;
$b=6;
if($a<$b)
exit;
echo $a."小于".$b;
?>
	本程序无输出！

16. 使用包含文件（表 11.44）

表 11.44 使用包含文件

<table>
<tr><th>程序代码</th><th>运行结果</th></tr>
<tr><td><?php
/*使用包含文件，新建一个文件 conn.php，然后利用 include()或 require()函数将此文件包含进来，运行结果就好像是直接将 conn.php 的代码输到了文件里一样。*/
echo"我们热爱我们伟大的祖国母亲！<p>";
include "includeinc.php";
?></td><td rowspan="3">我们热爱我们伟大的祖国母亲！

加油，中国！</td></tr>
<tr><td>PHP 程序 Conn.php</td></tr>
<tr><td><?php
echo"加油，中国！"
?></td></tr>
</table>

上机 5　使用 PHP 函数

训练目的

① 了解函数的定义和调用；
② 掌握参数传值；
③ 掌握函数返回值；
④ 掌握函数的使用方法。

训练内容

1. 函数的定义及调用（表 11.45）

表 11.45　函数的定义及调用

程序代码	运行结果

<?php
// 有参数的函数调用
function big($a, $b)
{
    if ($a>$b)
    echo $a;
    else
    echo $b;
}
 	
$x = 3;
$y = 5;
big($x, $y);
?>
	http://localhost/shangji5/demo1.php
	5

2. 利用 return 来返回两数中较大的数并输出（表 11.46）

表 11.46　利用 return 来返回两数中较大的数并输出

<table>
<tr><th>程序代码</th><th>运行结果</th></tr>
<tr><td><pre><?php
// return 后面跟的数值就是该函数返回后的值
function big($a, $b)
{
    if ($a>$b)
    return $a;
    else
    return $b;
}
 $x=3;
 $y=5;
echo big($x, $y) ;
?></pre></td><td>http://localhost/shangji5/demo2.php
5</td></tr>
</table>

3. 从局部访问全局变量：使用 global 关键字声明（表 11.47）

表 11.47　从局部访问全局变量：使用 global 关键字声明

<table>
<tr><th>程序代码</th><th>运行结果</th></tr>
<tr><td><pre><?php
// 在函数内访问全局变量:使用 global 关键字声明
function update_counter( ) {
  global $counter;/ * 告诉 PHP, $counter 是全局中哪个$counter * /
  $counter++;
}
 $counter=10;
update_counter( ) ;
echo $counter;
?></pre></td><td>http://localhost/shangji5/demo3.php
11</td></tr>
</table>

4. 利用函数交换两变量的值（表 11.48）

表 11.48　利用函数交换两变量的值

<table>
<tr><th>程序代码</th><th>运行结果</th></tr>
<tr><td><pre>
<?php
// 交换两个变量的值
function swap($a, $b)
{
 $t = $a;
 $a = $b;
 $b = $t;
echo '$a:'.$a."
";
echo '$b:'.$b;
}
 $x = 3;
 $y = 5;
swap($x, $y);
?>
</pre></td><td>http://localhost/shangji5/demo4.php
$a:5
$b:3</td></tr>
</table>

5. 求两数的最大公约数（表 11.49）

表 11.49　求两数的最大公约数

<table>
<tr><th>程序代码</th><th>运行结果</th></tr>
<tr><td><pre>
<?php
// 求两数的最大公约数
function gcd($a, $b)
{
    while($b<>0)
    {
    $r = $a% $b;
    $a = $b;
    $b = $r;
    }
    return $a;
}

echo gcd(12,18);
?>
</pre></td><td>http://localhost/shangji5/demo5.php
6</td></tr>
</table>

上机 6　设计 PHP 表单与交互

训练目的

① 掌握表单数据的提交方法；

② 掌握如何接受表单数据。

训练内容

1. 利用 GET 方法处理表单数据（表 11.50）

表 11.50　利用 GET 方法处理表单数据

程序代码 1	运行结果

```
<form id="form1" name="form1" method="get"
action="demo2.php">
<! --利用 get 方法提交数据,method 一定要为
"get",而 action 的值是提交到你的目标网页的网
址-->
  <p>姓名:
    <input type="text" name="xm"/>
  <p>密码:
    <input type="password" name="mm" />
  <p>性别:
    <input type="radio" name="xb" value="
男"/>男
    <input type="radio" name="xb" value="
女"/>女
  <p> 专业:
    <select name="zy">
      <option>软件技术</option>
      <option>计算机信息管理</option>
      <option>网络技术</option>
      <option>计算机应用</option>
    </select>
  <p>备注:<textarea name="bz"></textarea>
  <p><input type="submit" name="Submit" val-
ue="提交" />
</form>
```

运行结果：

http://localhost/shangji6/demo1.php

姓名：

密码：

性别：○男 ○女

专业：软件技术

备注：

提交

续表

程序代码 2	运行结果
<?php / * 利用 get 接收数据时，要采用$_GET[ ]方法进行 * / $xm = $_GET[' xm ']; $mm = $_GET[' mm ']; $xb = $_GET[' xb ']; $zy = $_GET[' zy ']; $bz = $_GET[' bz ']; echo" 姓名：$xm " ; echo" 密码：$mm " ; echo" 性别：$xb " ; echo" 专业：$zy " ; echo" 备注：$bz " ; ?>	http://localhost/shangji6/demo2.php 姓名：郑广成 密码：123 性别：男 专业：软件技术 备注：你好

2. 利用 POST 方法处理表单数据（表 11.51）

表 11.51　利用 POST 方法处理表单数据

程序代码 1	运行结果
<form id = " form1" name = " form1" method = " post" action = " demo4.php" > <! --利用 post 方法提交数据，method 一定要为 " post"，而 action 的值是提交到你的目标网页的网址--> <p>姓名： <input type = " text" name = " xm" /> <p>密码： <input type = " password" name = " mm" /> <p>性别： <input type = " radio" name = " xb" value = " 男" />男 <input type = " radio" name = " xb" value = " 女" />女 <p> 专业： <select name = " zy" > <option>软件技术</option> <option>计算机信息管理</option> <option>网络技术</option> <option>计算机应用</option> </select> <p>备注：<textarea name = " bz" ></textarea> <p><input type = " submit" name = " Submit" value = " 提交" /> </form>	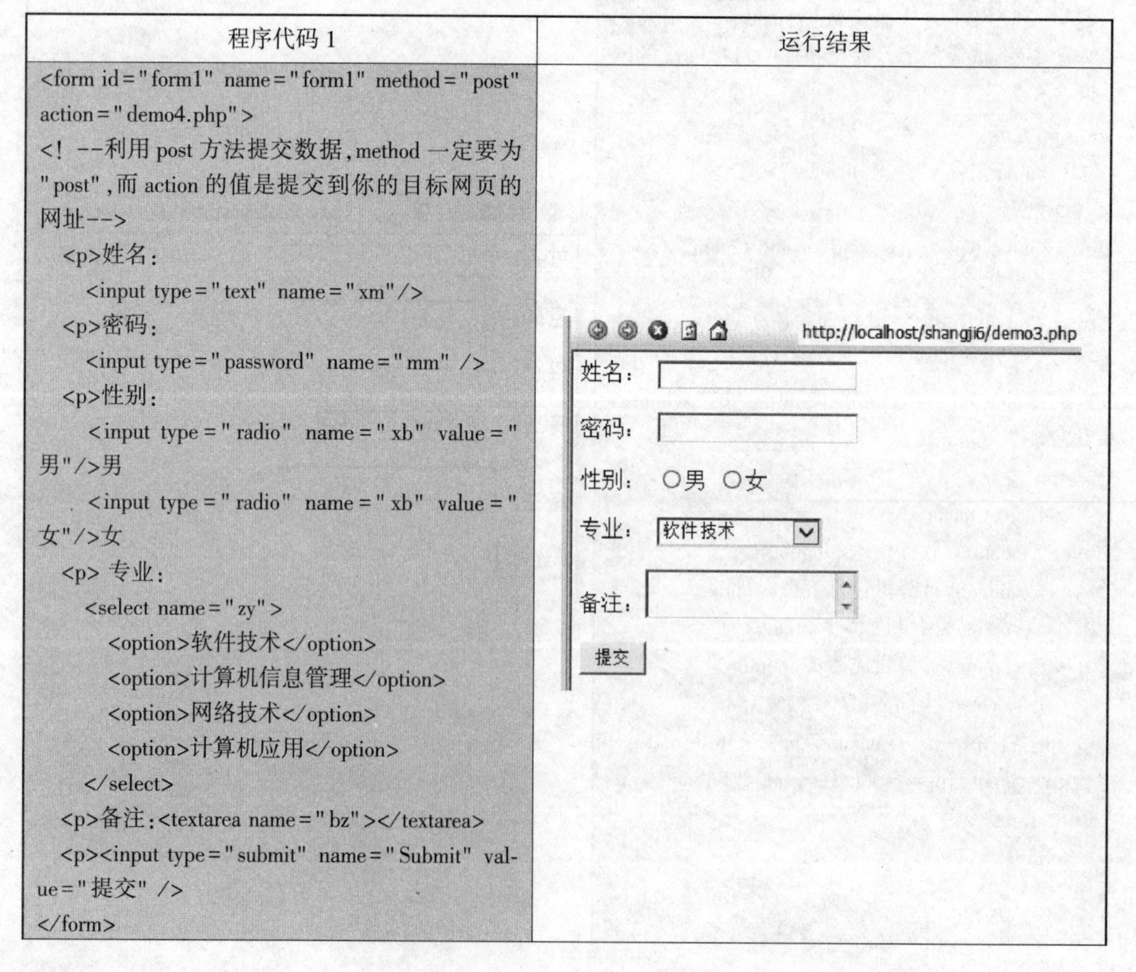 http://localhost/shangji6/demo3.php 姓名： 密码： 性别： ○男 ○女 专业： 软件技术 备注： 提交

续表

程序代码 2	运行结果

```
<?php
 $xm=$_POST['xm'];
 $mm=$_POST['mm'];
 $xb=$_POST['xb'];
 $zy=$_POST['zy'];
 $bz=$_POST['bz'];
echo"姓名:$xm<br>";
echo"密码:$mm<br>";
echo"性别:$xb<br>";
echo"专业:$zy<br>";
echo"备注:$bz<br>";
?>
```


3. 制作简单计算器（表 11.52）

表 11.52　制作简单计算器

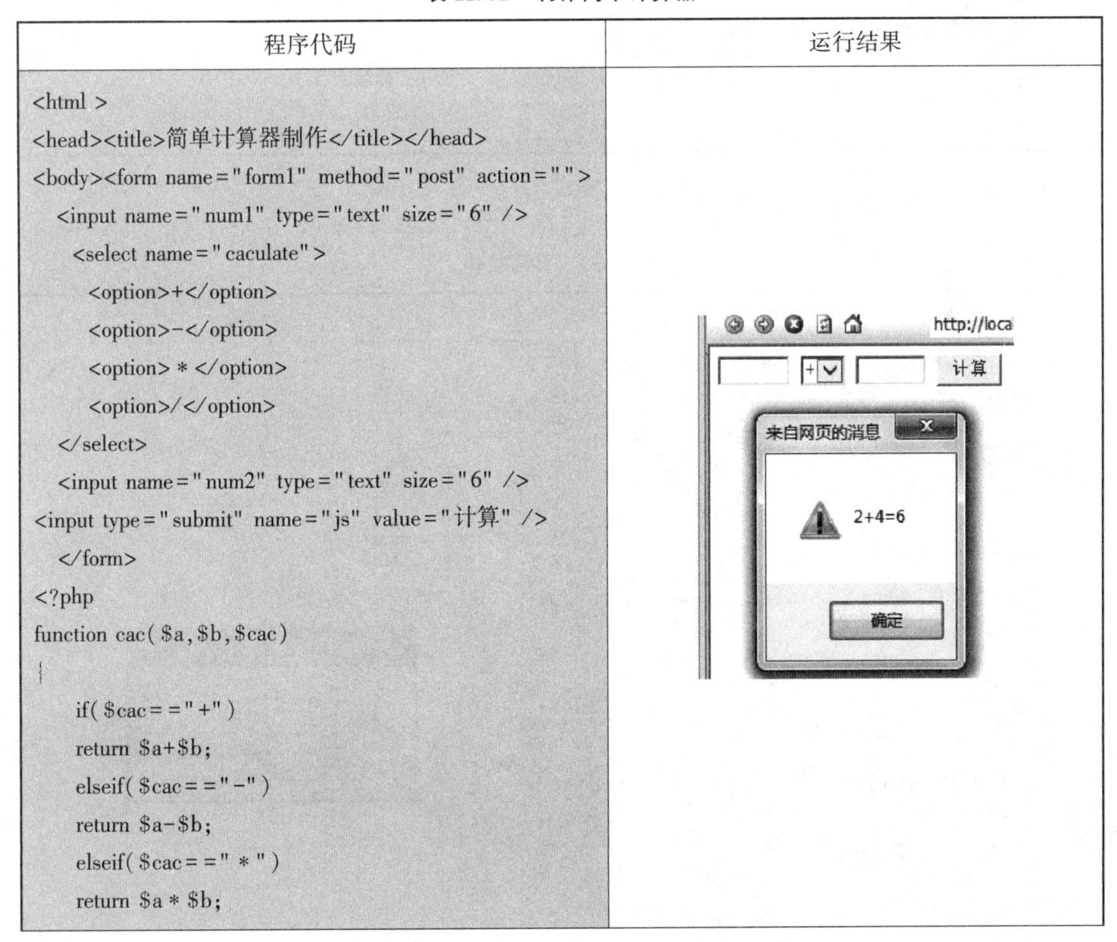

程序代码	运行结果

```
<html >
<head><title>简单计算器制作</title></head>
<body><form name="form1" method="post" action="">
  <input name="num1" type="text" size="6" />
    <select name="caculate">
      <option>+</option>
      <option>-</option>
      <option> * </option>
      <option>/</option>
  </select>
  <input name="num2" type="text" size="6" />
<input type="submit" name="js" value="计算" />
  </form>
<?php
function cac($a,$b,$cac)
{
    if($cac=="+")
    return $a+$b;
    elseif($cac=="-")
    return $a-$b;
    elseif($cac==" * ")
    return $a * $b;
```

续表

程序代码	运行结果

```
    elseif($cac=="/")
        {
        if($b==0)
        echo "除数不能为 0!";
        else
        return $a/$b;
        }
}
if(isset($_POST['js']))
{
    $x=$_POST['num1'];
    $y=$_POST['num2'];
    $cacu=$_POST['caculate'];
    $result=cac($x,$y,$cacu);
   echo "<script>alert('$x $cacu $y=$result ')</script>";
}
?>
</body>
</html>
```

4. 页面跳转（表 11.53）

表 11.53 页面跳转

程序代码	运行结果

```
<form  action="" method="post" name="form1">
   <p>姓名:
      <input type="text" name="xm" />
</p>
   <p>
     <label>
     <input type="submit" name="tj" value="提交" />
     </label>
</p>
</form>
<?php
if(isset($_POST["tj"]))
{
    $xm=@ $_POST["xm"];
    if ($xm==null)
```

运行结果：

姓名：

提交

提交后的显示结果：

Message from webpage

用户名不能为空!

确定

续表

程序代码	运行结果

{
echo" <script> alert ('用户名不能为空! ') ; </script>" ;
}
else
header(" location:../stu_project/mainbody.html") ;
// 页面跳转函数 header(" location:URL")
}
?>	

上机 7　数组的处理

训练目的

① 了解数组的概念;
② 掌握定义、创建数组的方法;
③ 掌握获取、输出数组元素的方法;
④ 掌握遍历数组元素的方法;
⑤ 掌握改变数组大小的方法;
⑥ 掌握数组的合并、反转、排序数组元素的方法。

训练内容

1. 显式创建数组 (表 11.54)

表 11.54　显式创建数组

程序代码	运行结果

<?php
$ exampleArray = array (0 = >" item1 " , 1 = >" item2" ,2=>" item3") ;/ * 创建一个 exampleArray 的一维数组 * /
echo $exampleArray[0]." ";// 输出 item1
echo $exampleArray[1]." ";// 输出 item2
echo $exampleArray[2]." ";// 输出 item3
?>
	地址(D) http://l 转到 链接 »
	item1 item2 item3
	本地 Intranet

2. 非显式创建数组（表 11.55）

表 11.55　非显式创建数组

程序代码

```
<?php
 $exampleArray = array(0 = >" item1" ,1 = >" item2" ) ;
echo $exampleArray[0]." " ;// 输出 item1
echo ( $exampleArray[1])."<br> " ;// 输出 item2
 $exampleArray[2] = "item3" ;// 采用方括号的方式向数组 exampleArray 添加 item3
print_r ( $exampleArray) ;// 显示整个数组
echo "<br>" ;
 $exampleArray[ ] = "item4" ;// 向数组 exampleArray 添加元素 item4,自动产生索引值 3
print_r( $exampleArray) ;// 显示整个数组
echo "<br>" ;
 $exampleArray2[ ] = "item5" ;// 向数组添加 item5,产生的索引值为 0
print_r( $exampleArray2) ;// 显示整个数组
?>
```

运行结果

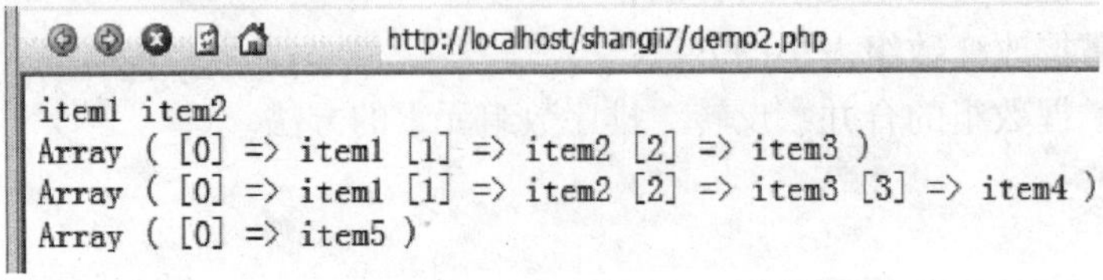

```
http://localhost/shangji7/demo2.php
item1 item2
Array ( [0] => item1 [1] => item2 [2] => item3 )
Array ( [0] => item1 [1] => item2 [2] => item3 [3] => item4 )
Array ( [0] => item5 )
```

3. 创建多维数组（表 11.56）

表 11.56　创建多维数组

程序代码

```
<?php
 $Array = array( "color" = >array( "红" , "蓝" , "白" ) ,
"number" = >array( "1" , "2" , "3" , "4" , "5" , "6" )
) ;
echo $Array[ "color" ][2]."<br>" ;
print_r( $Array) ;
?>
```

运行结果

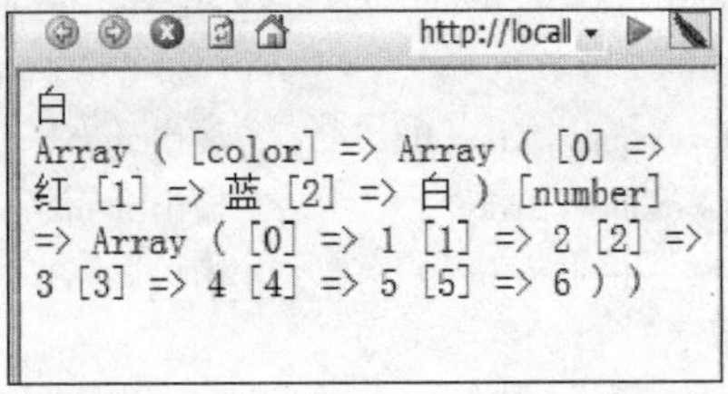

```
http://local
白
Array ( [color] => Array ( [0] =>
红 [1] => 蓝 [2] => 白 ) [number]
=> Array ( [0] => 1 [1] => 2 [2] =>
3 [3] => 4 [4] => 5 [5] => 6 ) )
```

4. 数组的遍历（表 11.57）

表 11.57　数组的遍历

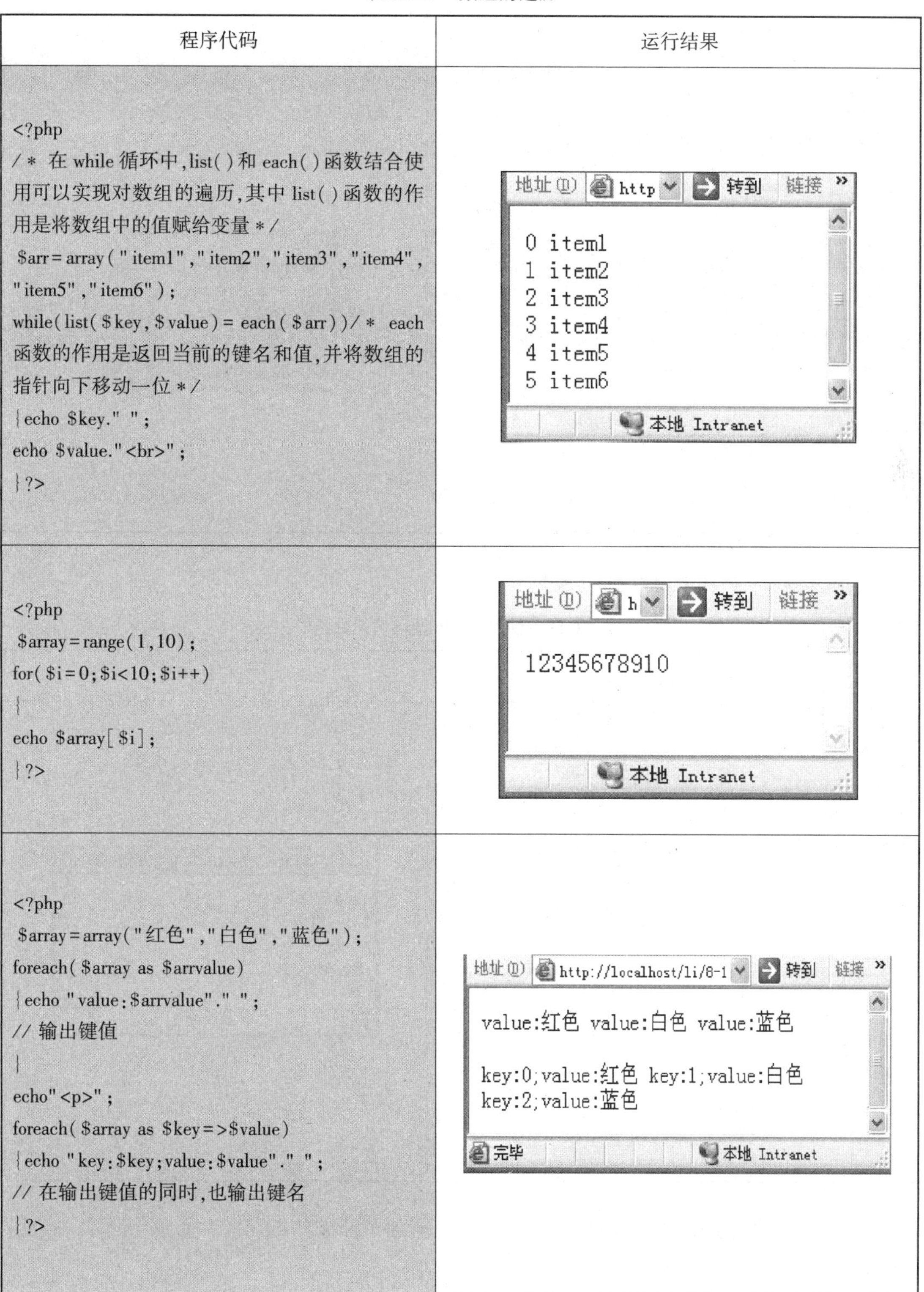

程序代码	运行结果
<?php /＊ 在 while 循环中,list( )和 each( )函数结合使用可以实现对数组的遍历,其中 list( )函数的作用是将数组中的值赋给变量＊/ $arr = array ("item1" , " item2" , " item3" , "item4" , " item5" , "item6") ; while(list($key, $value) = each($arr))/＊ each 函数的作用是返回当前的键名和值,并将数组的指针向下移动一位＊/ {echo $key." "; echo $value." "; }?>	地址(D) http 转到 链接 0 item1 1 item2 2 item3 3 item4 4 item5 5 item6 本地 Intranet

<?php
$array = range(1,10);
for($i = 0;$i<10;$i++)
{
echo $array[$i];
}?>
	地址(D) h 转到 链接
	12345678910
	本地 Intranet

<?php
$array = array("红色","白色","蓝色");
foreach($array as $arrvalue)
{echo "value: $arrvalue"." ";
// 输出键值
}
echo"<p>";
foreach($array as $key=>$value)
{echo "key: $key; value: $value"." ";
// 在输出键值的同时,也输出键名
}?>
	地址(D) http://localhost/li/8-1 转到 链接
	value:红色 value:白色 value:蓝色
	key:0;value:红色 key:1;value:白色
	key:2;value:蓝色
	完毕 本地 Intranet

5. 使用 foreach 结构遍历一个二维数组（表 11.58）

表 11.58　使用 foreach 结构遍历一个二维数组

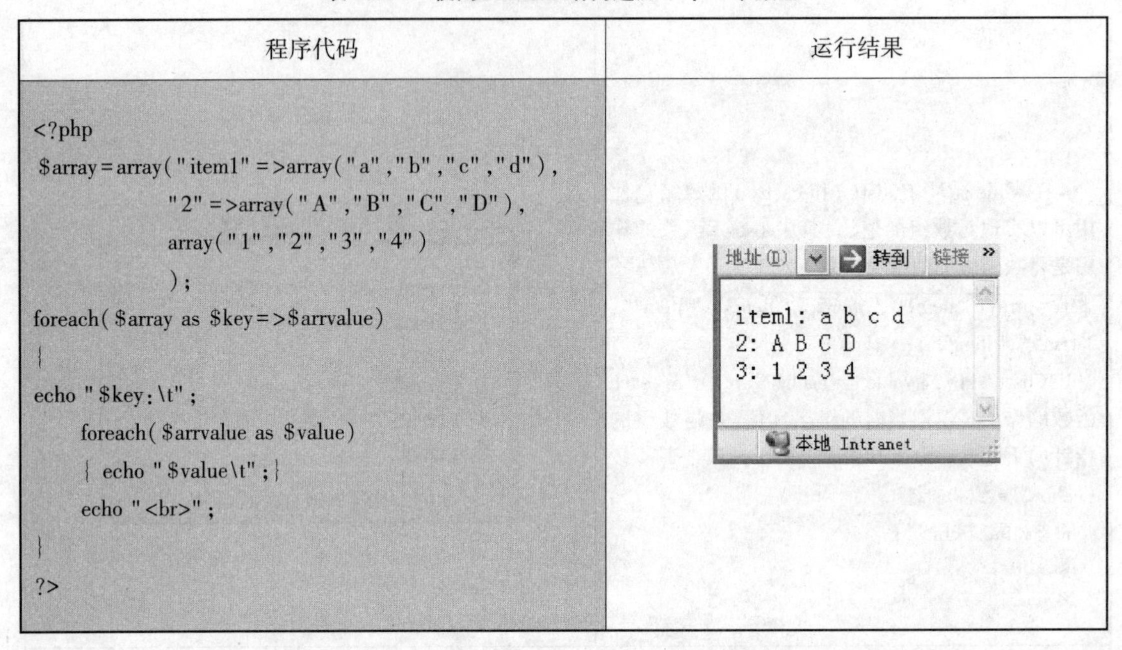

程序代码	运行结果

```
<?php
 $array=array("item1"=>array("a","b","c","d"),
              "2"=>array("A","B","C","D"),
              array("1","2","3","4")
              );
foreach($array as $key=>$arrvalue)
{
echo "$key:\t";
    foreach($arrvalue as $value)
    { echo "$value\t";}
    echo "<br>";
}
?>
```


6. 使用 while 循环访问数组（表 11.59）

表 11.59　使用 while 循环访问数组

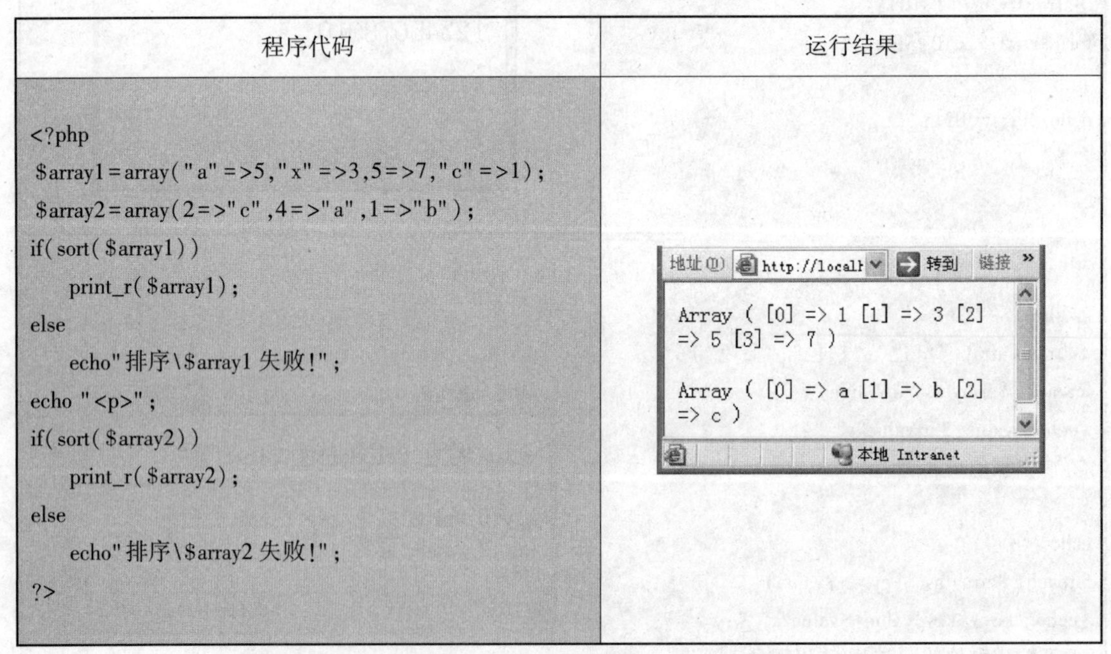

程序代码	运行结果

```
<?php
 $array1=array("a"=>5,"x"=>3,5=>7,"c"=>1);
 $array2=array(2=>"c",4=>"a",1=>"b");
if(sort($array1))
    print_r($array1);
else
    echo"排序\$array1 失败!";
echo "<p>";
if(sort($array2))
    print_r($array2);
else
    echo"排序\$array2 失败!";
?>
```


注意：sort() 函数不仅对数组进行排序，还删除了原来的键名，并重新分配自动索引的键名。

7. 多维数组排序（表 11.60）

表 11.60　多维数组排序

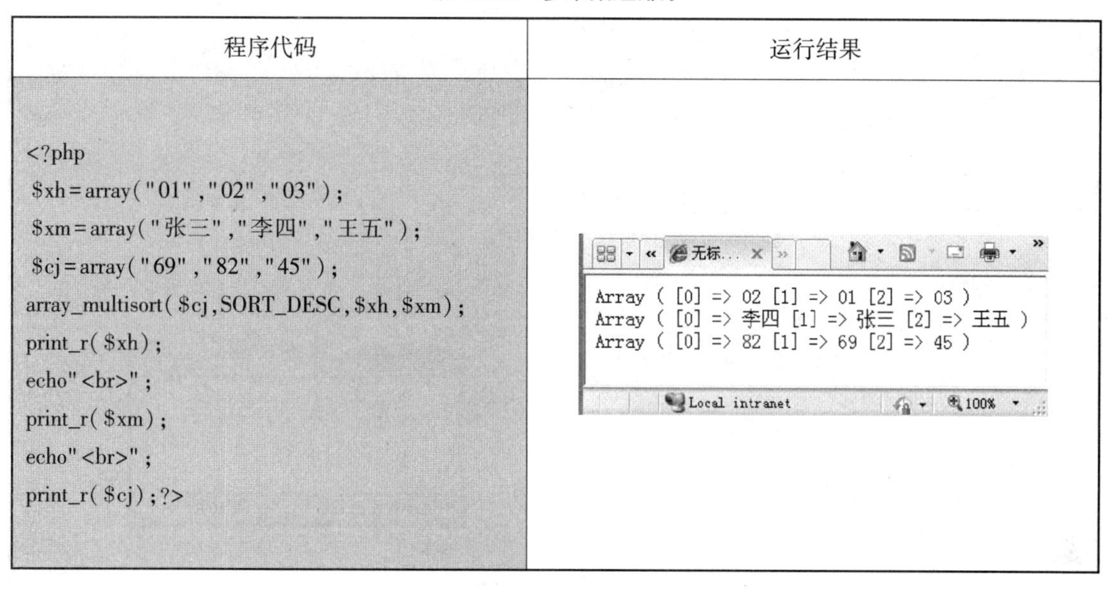

程序代码	运行结果

<?php
$xh=array("01","02","03");
$xm=array("张三","李四","王五");
$cj=array("69","82","45");
array_multisort($cj,SORT_DESC,$xh,$xm);
print_r($xh);
echo"
";
print_r($xm);
echo"
";
print_r($cj);?>
	Array ([0] => 02 [1] => 01 [2] => 03)
	Array ([0] => 李四 [1] => 张三 [2] => 王五)
	Array ([0] => 82 [1] => 69 [2] => 45)

8. 数组的查找（表 11.61）

表 11.61　数组的查找

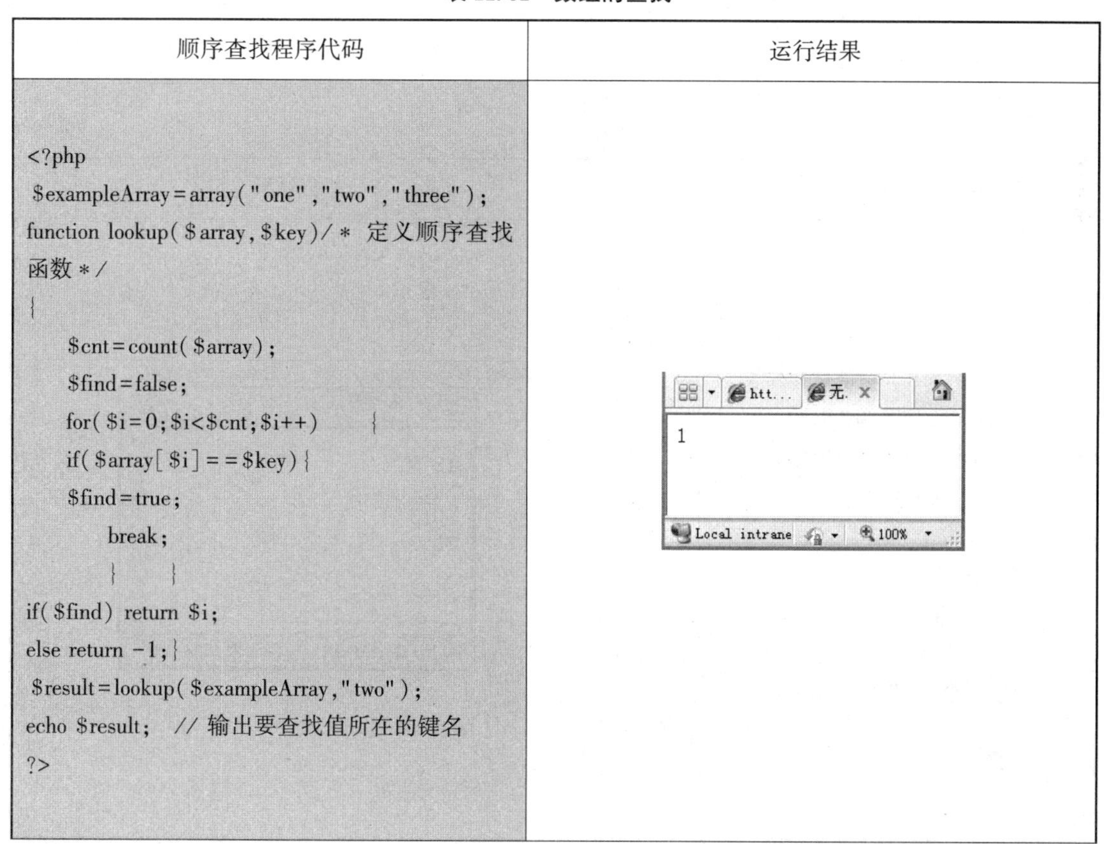

顺序查找程序代码	运行结果

<?php
$exampleArray=array("one","two","three");
function lookup($array,$key)/* 定义顺序查找函数 */
{
$cnt=count($array);
$find=false;
for($i=0;$i<$cnt;$i++) {
if($array[$i]==$key){
$find=true;
break;
} }
if($find) return $i;
else return -1;}
$result=lookup($exampleArray,"two");
echo $result; // 输出要查找值所在的键名
?>
	1

续表

二分法查找程序代码	运行结果

```php
<?php
 $exampleArray=array("one","two","three");
function lookup($array,$key)// 定义顺序查找
{   $cnt=count($array);
    $find=false;
    for($i=0;$i<$cnt;$i++)
    {
    if($array[$i]==$key)
        {
        $find=true;
        break;
        }
if($find) return $i;
else return -1;
} $result=lookup($exampleArray,"two");
echo $result;  // 输出要查找值所在的键名
?>
```

```
1
```

array_ search() 查找程序代码	运行结果

```php
<?php
// 利用 array_search()进行查找
 $arr=array(15,"a",30,60,30,"b","C");
echo"15:".array_search(15,$arr)."<br>";
echo"30:".array_search("30",$arr,true)."<br
>";
echo"60:".array_search("60",$arr)."<br>";
echo"30:".array_search(30,$arr)."<br>";
echo"c:".array_search("c",$arr)."<br>";
echo"C:".array_search("C",$arr)."<br>";
?>
```

```
15:0
30:
60:3
30:2
c:
C:6
```

9. 数组的拆分（表 11.62）

表 11.62 数组的拆分

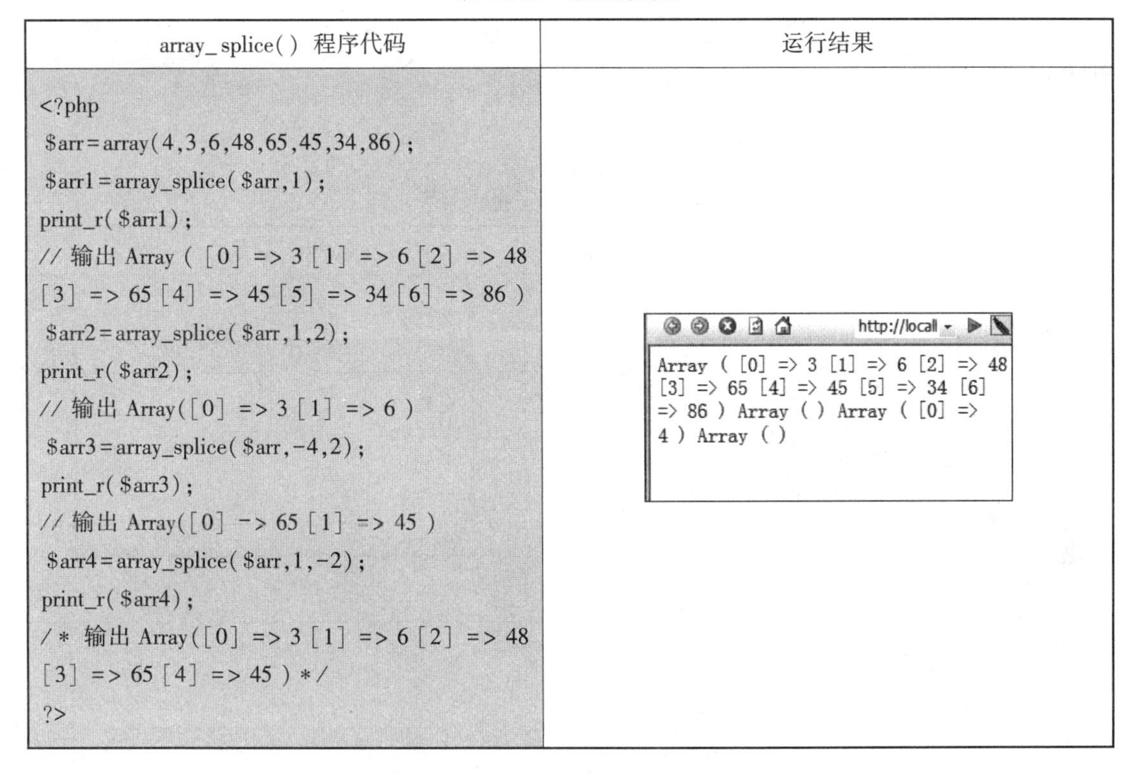

array_ splice() 程序代码	运行结果

```
<?php
 $arr=array(4,3,6,48,65,45,34,86);
 $arr1=array_splice($arr,1);
print_r($arr1);
// 输出 Array ( [0] => 3 [1] => 6 [2] => 48
[3] => 65 [4] => 45 [5] => 34 [6] => 86 )
 $arr2=array_splice($arr,1,2);
print_r($arr2);
// 输出 Array([0] => 3 [1] => 6 )
 $arr3=array_splice($arr,-4,2);
print_r($arr3);
// 输出 Array([0] -> 65 [1] => 45 )
 $arr4=array_splice($arr,1,-2);
print_r($arr4);
/* 输出 Array([0] => 3 [1] => 6 [2] => 48
[3] => 65 [4] => 45 ) */
?>
```

运行结果：

```
Array ( [0] => 3 [1] => 6 [2] => 48
[3] => 65 [4] => 45 [5] => 34 [6]
=> 86 ) Array ( ) Array ( [0] =>
4 ) Array ( )
```

10. 数组的合并（表 11.63）

表 11.63 数组的合并

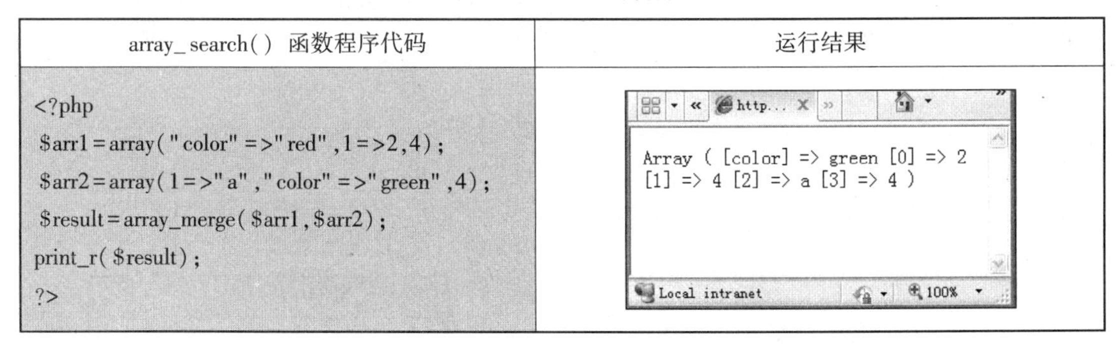

array_ search() 函数程序代码	运行结果

```
<?php
 $arr1=array("color"=>"red",1=>2,4);
 $arr2=array(1=>"a","color"=>"green",4);
 $result=array_merge($arr1,$arr2);
print_r($result);
?>
```

运行结果：

```
Array ( [color] => green [0] => 2
[1] => 4 [2] => a [3] => 4 )
```

上机 8 使用正则表达式、字符串

训练目的

① 掌握常用的字符串函数；掌握搜索和替换、分隔字符串的使用；

② 理解正则表达式的概念；

③ 掌握一般匹配、特殊匹配；

④ 掌握元字符的用法；

⑤ 掌握正则表达式函数。

训练内容

1. 常用的字符串函数（表 11.64）

表 11.64　常用的字符串函数

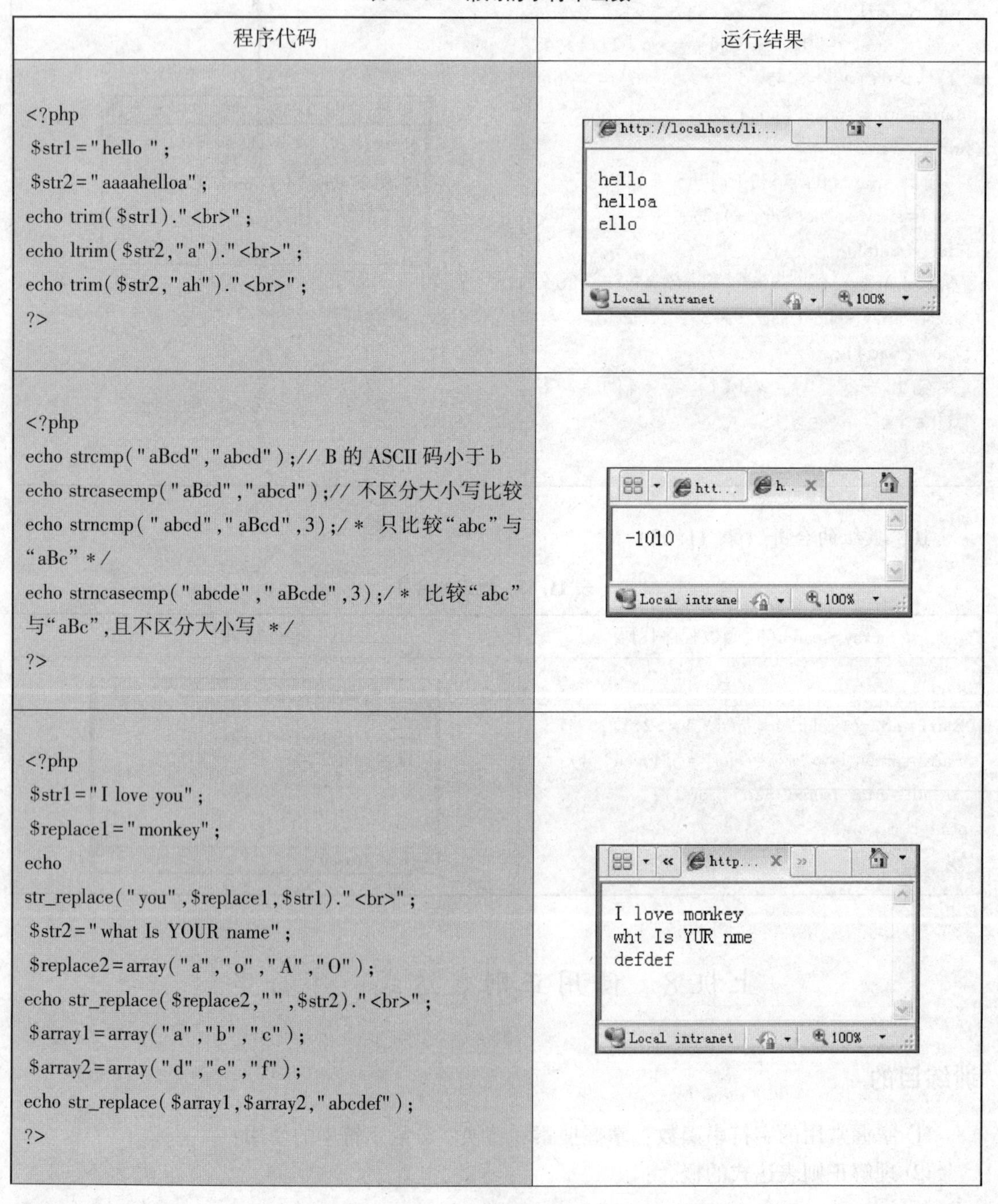

程序代码	运行结果
<?php $str1 = "hello "; $str2 = "aaaahelloa"; echo trim($str1)." "; echo ltrim($str2,"a")." "; echo trim($str2,"ah")." "; ?>	http://localhost/li... hello helloa ello Local intranet 100%

<?php
echo strcmp("aBcd","abcd");// B 的 ASCII 码小于 b
echo strcasecmp("aBcd","abcd");// 不区分大小写比较
echo strncmp("abcd","aBcd",3);/* 只比较"abc"与"aBc" */
echo strncasecmp("abcde","aBcde",3);/* 比较"abc"与"aBc",且不区分大小写 */
?>
	htt... h..
	-1010
	Local intrane 100%

<?php $str1 = "I love you"; $replace1 = "monkey"; echo str_replace("you",$replace1,$str1)." "; $str2 = "what Is YOUR name"; $replace2 = array("a","o","A","O"); echo str_replace($replace2,"",$str2)." "; $array1 = array("a","b","c"); $array2 = array("d","e","f"); echo str_replace($array1,$array2,"abcdef"); ?>	http... I love monkey wht Is YUR nme defdef Local intranet 100%

续表

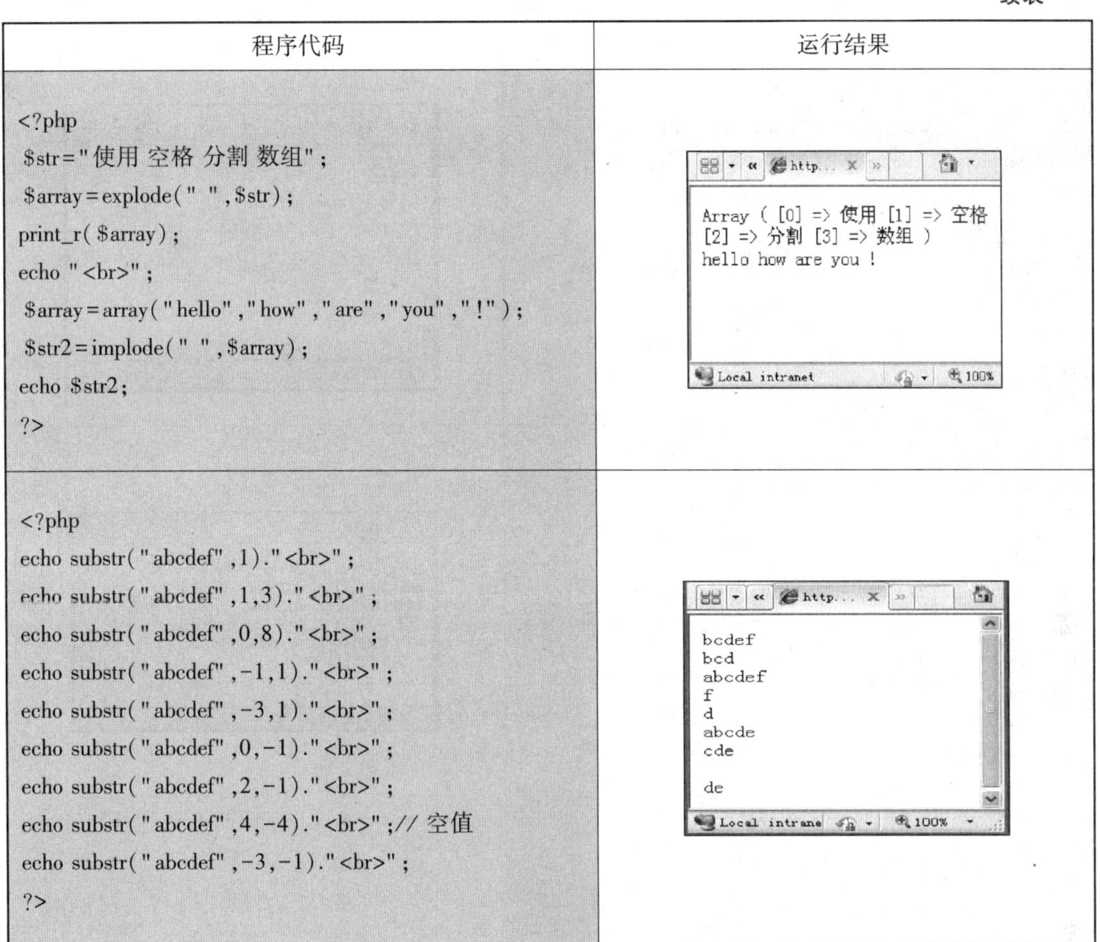

<table>
<tr><th>程序代码</th><th>运行结果</th></tr>
<tr><td><?php
$str="使用 空格 分割 数组";
$array=explode(" ",$str);
print_r($array);
echo "<br>";
$array=array("hello","how","are","you","!");
$str2=implode(" ",$array);
echo $str2;
?></td><td>Array ([0] => 使用 [1] => 空格 [2] => 分割 [3] => 数组)
hello how are you !</td></tr>
<tr><td><?php
echo substr("abcdef",1)."
";
echo substr("abcdef",1,3)."
";
echo substr("abcdef",0,8)."
";
echo substr("abcdef",-1,1)."
";
echo substr("abcdef",-3,1)."
";
echo substr("abcdef",0,-1)."
";
echo substr("abcdef",2,-1)."
";
echo substr("abcdef",4,-4)."
";// 空值
echo substr("abcdef",-3,-1)."
";
?></td><td>bcdef
bcd
abcdef
f
d
abcde
cde

de</td></tr>
</table>

2. 正则表达式（表 11.65）

表 11.65　正则表达式

<table>
<tr><th>程序代码</th><th>运行结果</th></tr>
<tr><td><?php
$date="1998-10-09";
$len=preg_match('/^((19|20)\d{2})\-(0?\d|1[012])\-(0?\d|[12]\d|3[01])$/',$date,$regs);
echo"$regs[0]"."
";
echo "$regs[1]"."
";
echo "$regs[2]"."
";
echo "$regs[3]"."
";
echo $len."
";
?></td><td>1998-10-09
1998
19
10
1</td></tr>
</table>

续表

程序代码	运行结果

<?php
$str="http://www.php.net/index.html";
// $pattern="/^(http:\/\/)?([^\/]+)/i";
$pattern="/^(http:\/\/)?([a-zA-Z_\-\.]+)/i";
// 上面两种方法验证均可
$cnt_1=preg_match ($pattern,$str,$subpatarr_1);
print_r($subpatarr_1);
echo "
";
echo $cnt_1;
?>
	Array ([0] => http://www.php.net [1] => http:// [2] => www.php.net)
	1

<?php
$ str = " Call 0574 - 5211314 or 021 - 58215821 or 94219421";
$pattern="/(0\d{2,3}-)?(\d{7,8})/";
$cnt_1=preg_match_all($pattern,$str,$subpatarr_1);
// 注意 preg_match () 与 preg_match_all()的区别
print_r($subpatarr_1);
echo "
";
echo $cnt_1;
echo "
";
?>
	Array ([0] => Array ([0] => 0574-5211314 [1] => 021-58215821 [2] => 94219421) [1] => Array ([0] => 0574- [1] => 021- [2] =>) [2] => Array ([0] => 5211314 [1] => 58215821 [2] => 94219421))
	3

<?php
$str="hello world";
echo preg_replace('/[aeo]/','x',$str)."
";
// echo $str;
$res='<a href="11-1.php">hello</a>';
echo preg_replace('/hello/',$res,$str)."
";
/* 利用数组进行替换如果不排序则会不按预想的顺序进行替换 */
$string="新浪,网易,腾讯,雅虎";
$p1[0]="/新浪/";
$p1[1]="/网易/";
$p1[2]="/腾讯/";
$p1[3]="/雅虎/";
$rep1[3]="Yahoo";
$rep1[2]="Tencent";
$rep1[1]="163";
$rep1[0]="Sina";
echo preg_replace($p1,$rep1,$string)."
";
ksort($p1);
ksort($rep1);
echo preg_replace($p1,$rep1,$string)."
";
?>
	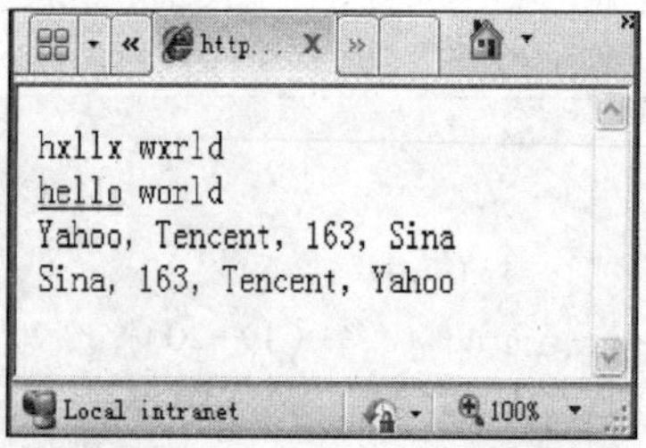 hxllx wxrld
	hello world
	Yahoo, Tencent, 163, Sina
	Sina, 163, Tencent, Yahoo

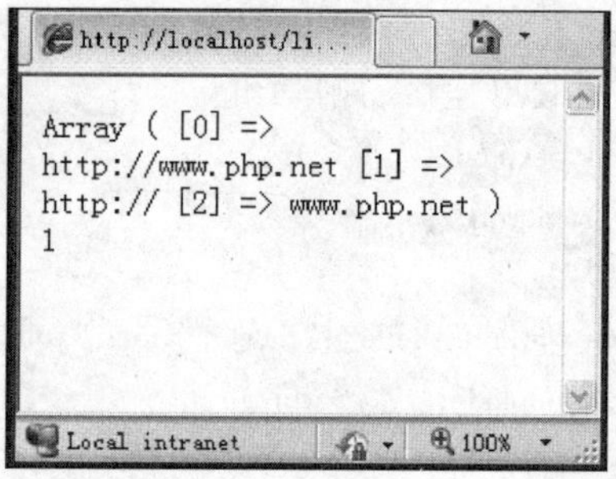

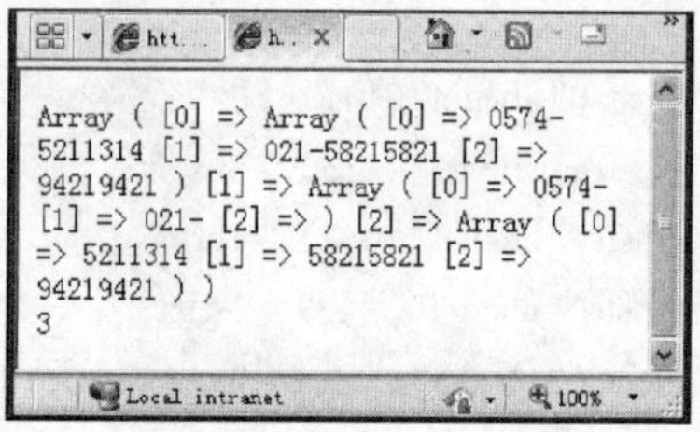

续表

程序代码

```
<?php
 $str="what|is.your,name ?";
 $arr=preg_split('/[|., ]/',$str);
print_r($arr);
echo"<br>";
 $str2="PHP hypertext language programming";
 $arr2=preg_split('/ /',$str2,3);
print_r($arr2);
?>
```

运行结果

```
Array ( [0] => what [1] => is [2] => your [3] => name [4] => ? )
Array ( [0] => PHP [1] => hypertext [2] => language programming )
```

上机 9　程序会话处理

训练目的

① 掌握设置和应用 cookie 的方法；

② 掌握设置和应用 session 的方法。

训练内容

1. session 的用法（表 11.66）

表 11.66　session 的用法

程序代码

```
<form method="post" action="">
  <p>
  用户名:
    <input type="text" name="user" >*要求为 6~12 个字符
  </p>
  <p>
    密码:
      <input type="text" name="pwd" >*要求为 6~16 个数字
  </p>
```

续表

程序代码

```
  <p>
     <input type="submit" name="tj" value="提交">
        </p>
</form>
<?php
if(isset($_POST["tj"]))
{
session_start(); // 初始化会话
 $user=$_POST["user"];
 $pwd=$_POST["pwd"];
 $checkid=preg_match('/^\w{6,12}$/',$user);// 检查是否为6~12个字符
 $checkpwd=preg_match('/^\d{6,16}$/',$pwd); // 检查是否为6~16个数字
    if(!$checkid)
         echo "<script>alert('用户名格式错误!')</script>";
    elseif(!$checkpwd)
         echo "<script>alert('密码格式错误!')</script>";
    else
    {
    $_SESSION["user"]=$user;  // 给会话赋值
    header('location:10-1b.php');
    }}
?>
```

运行结果

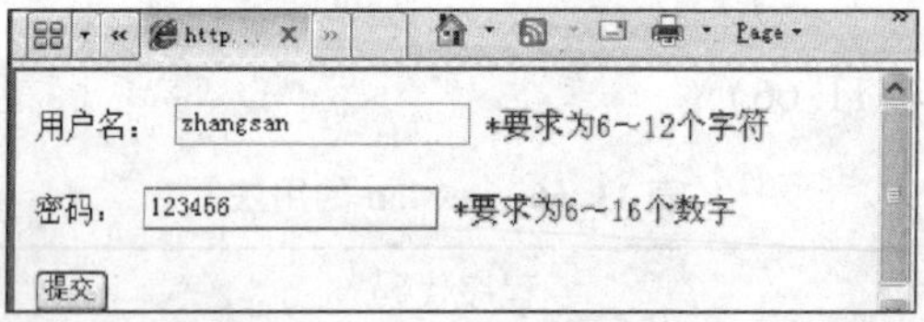

用户名：zhangsan *要求为6~12个字符

密码：123456 *要求为6~16个数字

提交

程序代码	运行结果

`<?php`
`session_start();// 初始化会话`
`echo $_SESSION["user"];// 输出会话变量`
`echo "欢迎光临本网站!";`
`unset($_SESSION["user"]);// 销毁会话变量`
`?>`
	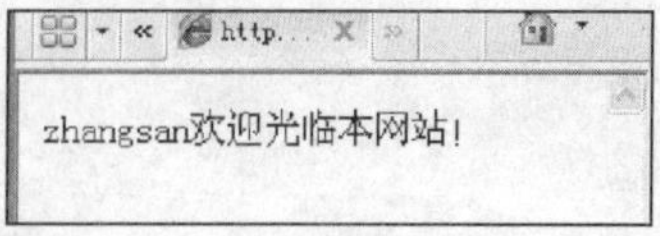 zhangsan欢迎光临本网站!

2. Cookie（表 11.67）

表 11.67 Cookie

程序代码

```
<form method="post" action="">
  <p>
  用户名：
    <input type="text" name="user" >
  </p>
  <p>
    密码：
      <input type="text" name="pwd" >
  </p>
  Cookie 保存时间：
  <select name="time">
      <option value="0">浏览器进程</option>
      <option value-"1">保存 10 秒</option>
      <option value="2">保存 1 分钟</option>
      <option value="3">保存 1 天</option>
      <option value="4">保存 1 星期</option>
      <option value="5">不保存</option>
    </select>
  <p>
    <input type="submit" name="tj" value="提交">
      </p>
</form>
<?php
if(isset($_POST["tj"]))
{
$user=$_POST["user"];
$pwd=$_POST["pwd"];
$time=$_POST["time"];
$checkid=preg_match('/^\w{6,12}$/',$user);                    //检查是否为 6~12 个字符
$checkpwd=preg_match('/^\d{6,16}$/',$pwd);        //检查是否为 6~16 个数字
    if(!$checkid)
        echo "<script>alert('用户名格式错误！')</script>";
    elseif(!$checkpwd)
        echo "<script>alert('密码格式错误！')</script>";
    else
    {     switch($time)
          {
```

续表

程序代码

```
    case 0:
    setcookie("user",$user);
    break;
    case 1:
    setcookie("user",$user,time()+10);
    break;
    case 2:
    setcookie("user",$user,time()+60);
    break;
    case 3:
    setcookie("user",$user,time()+60*60*24);
    break;
    default:
    setcookie("user",$user,time()-1);
    }
    header('location:10-2b.php');
}}?>
```

运行结果

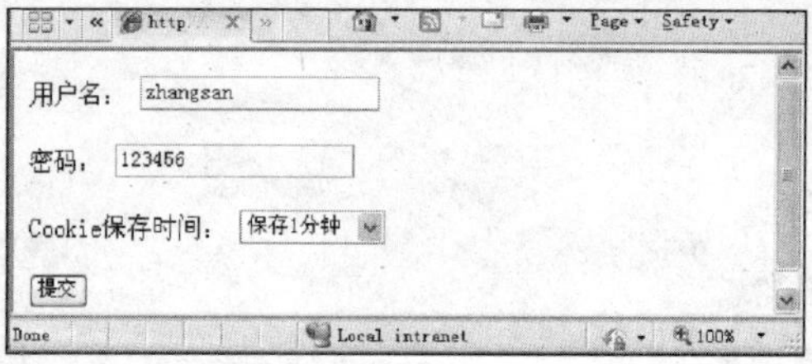

用户名: zhangsan

密码: 123456

Cookie保存时间: 保存1分钟

提交

程序代码	运行结果
(见下方代码)	zhangsan欢迎光临! 安全退出

```
<?php
if(isset($_COOKIE["user"]))
{echo $_COOKIE["user"];
echo "欢迎光临!";
echo "<a href='10-2c.php'>安全退出</a>";
}else
{echo "您还未登录,请<a href='10-2a.php'>登录! </a>";
}
?>
```

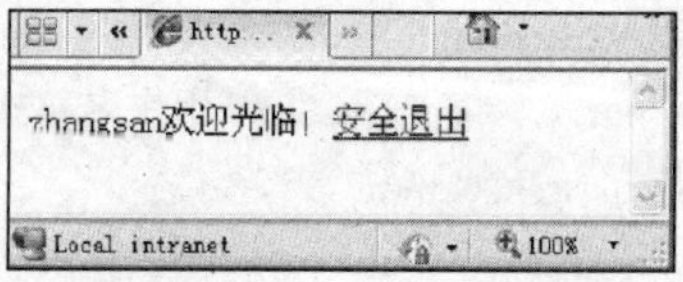

续表

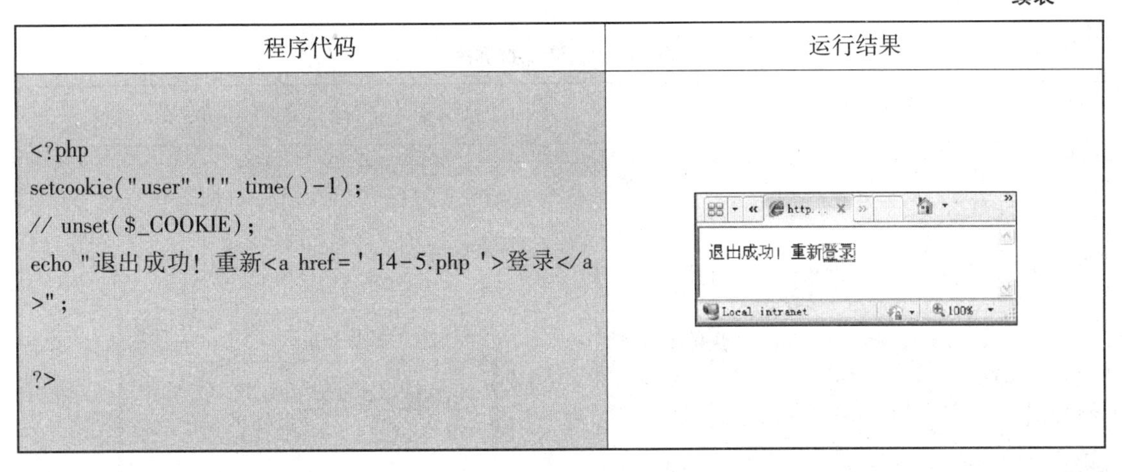

程序代码	运行结果

`<?php`
`setcookie("user","",time()-1);`
`// unset($_COOKIE);`
`echo "退出成功！重新<a href='14-5.php'>登录</a>";`
`?>`
	退出成功！重新登录

上机 10 PHP+MySQL 操作

训练目的

① 掌握在 PHP 中连接数据库的方法；
② 掌握常用的 MYSQL 数据库函数的用法；
③ 熟练基本 SQL 语句的使用。

训练内容

1. 连接 MySQL 服务器（表 11.68）

表 11.68 连接 MySQL 服务器

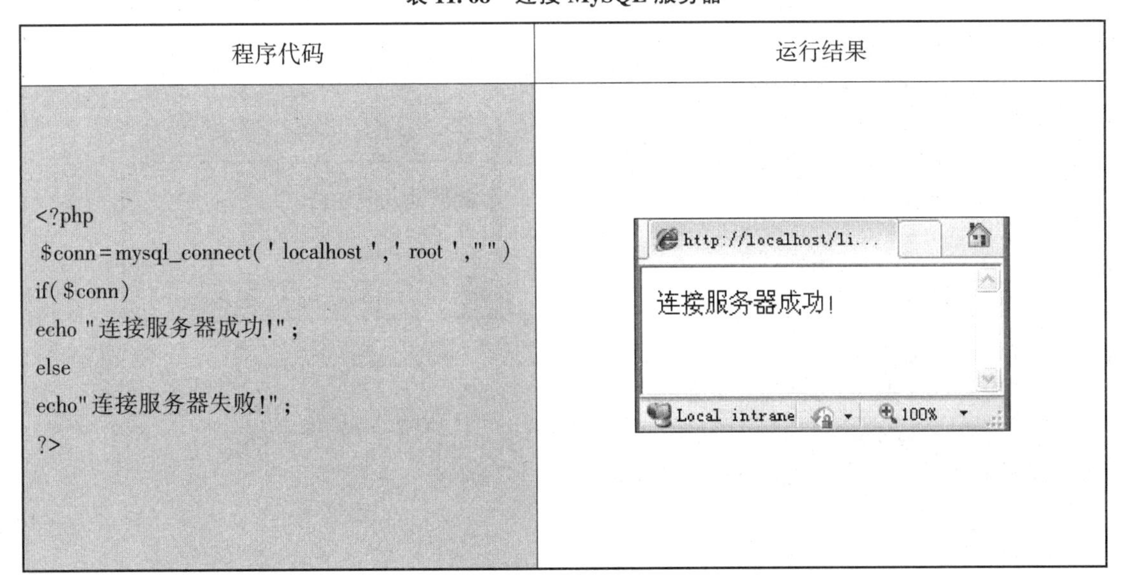

程序代码	运行结果

`<?php`
`$conn=mysql_connect('localhost','root',"")`
`if($conn)`
`echo "连接服务器成功!";`
`else`
`echo"连接服务器失败!";`
`?>`
	连接服务器成功！

2. 选择数据库（表 11.69）

表 11.69　选择数据库

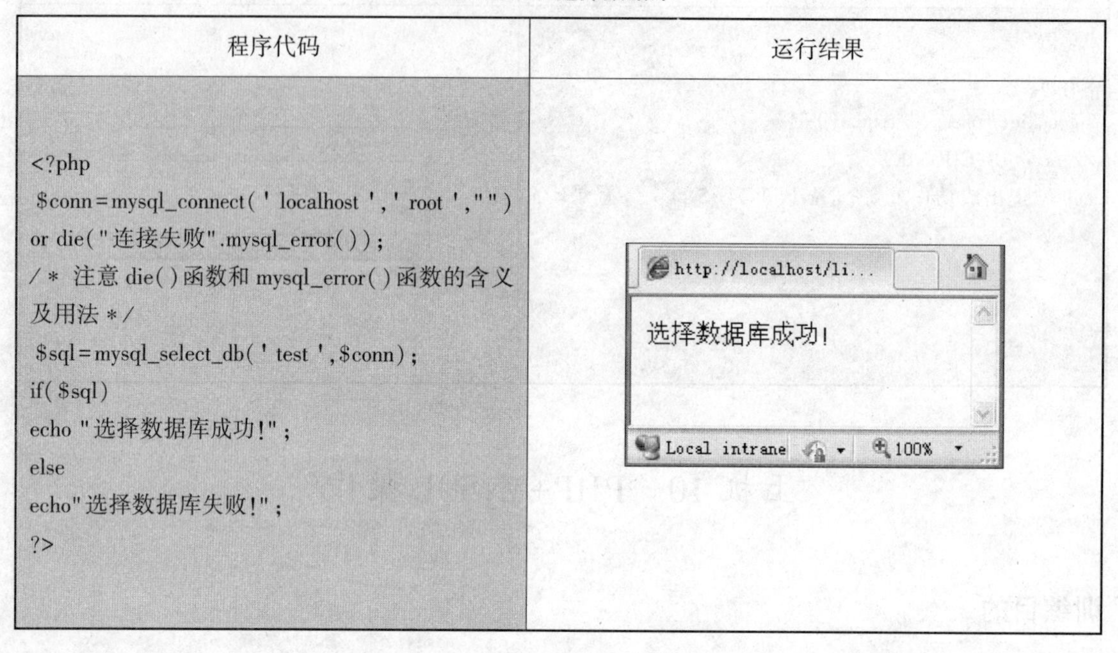

程序代码	运行结果

<?php
$conn=mysql_connect('localhost','root',"")
or die("连接失败".mysql_error());
/* 注意 die()函数和 mysql_error()函数的含义及用法 */
$sql=mysql_select_db('test',$conn);
if($sql)
echo "选择数据库成功!";
else
echo"选择数据库失败!";
?>
	http://localhost/li...
	选择数据库成功!
	Local intrane　100%

3. PHP 执行 SQL 语句（表 11.70）

表 11.70　PHP 执行 SQL 语句

程序代码	运行结果

<?php
$conn=mysql_connect('localhost','root',"")
or die("连接失败");
mysql_select_db('test',$conn) or die('选择数据库失败');
mysql_query('set names gb2312');
// 注意'set names gb2312'的意义
$sql="insert into xsb values('108','李丽','女','10 信管 2')";
$result=mysql_query($sql);
if($result)
echo "数据插入成功!";
else
echo"数据插入失败!";?>
	htt...　h..
	数据插入成功!
	Local intrane　100%

4. 显示数据库处理结果（表 11.71）

表 11.71　显示数据库处理结果

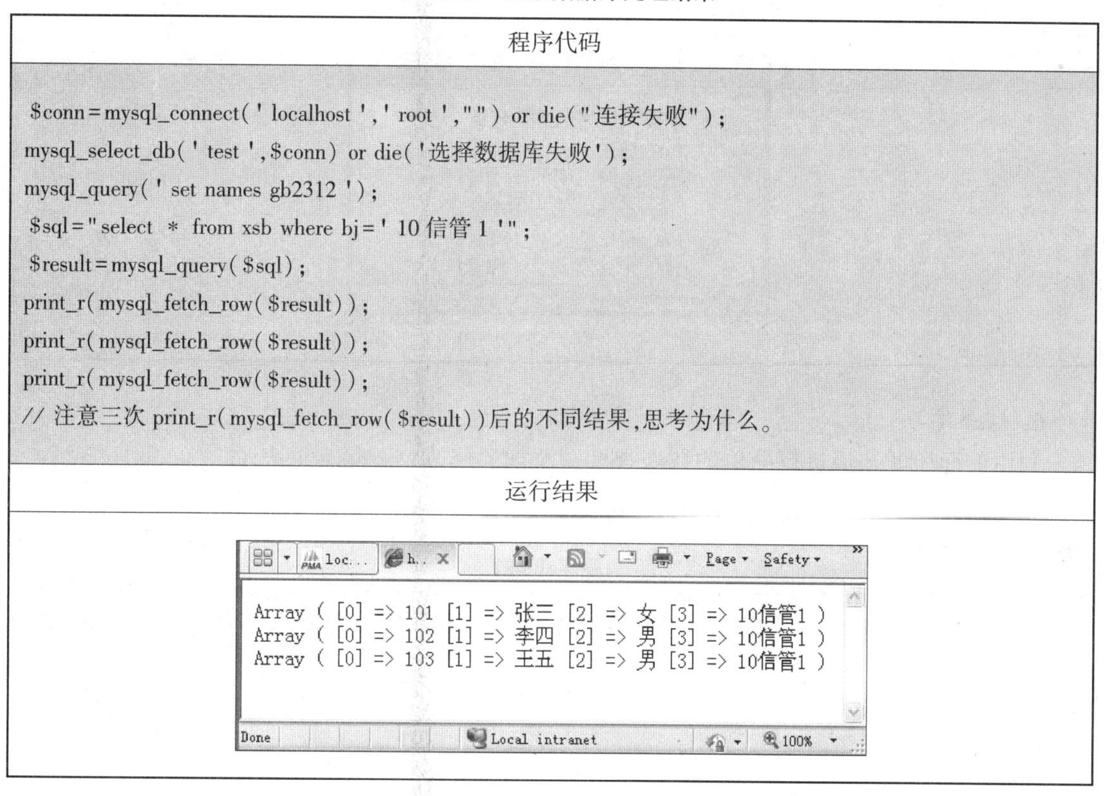

程序代码

```
$conn=mysql_connect('localhost','root',"") or die("连接失败");
mysql_select_db('test',$conn) or die('选择数据库失败');
mysql_query('set names gb2312');
$sql="select * from xsb where bj='10 信管 1'";
$result=mysql_query($sql);
print_r(mysql_fetch_row($result));
print_r(mysql_fetch_row($result));
print_r(mysql_fetch_row($result));
// 注意三次 print_r(mysql_fetch_row($result))后的不同结果,思考为什么。
```

运行结果

5. 利用表格将所选择的数据显示出来（表 11.72）

表 11.72　利用表格将所选择的数据显示出来

程序代码

```
<?php
$conn=mysql_connect('localhost','root',"") or die("连接失败");
mysql_select_db('test',$conn) or die('选择数据库失败');
mysql_query('set names gb2312');
$sql="select * from xsb where bj='10 信管 1'";
// $sql="insert into xsb values('108','李丽','女','10 信管 2')";
$result=mysql_query($sql);
echo"<table border=1 align=center>";
echo"<tr><th>学号</th><th>姓名</th><th>性别</th><th>班级</th></tr>";
while($row=mysql_fetch_assoc($result))          // 注意 mysql_fetch_assoc()与 mysql_fetch_row()的区别
{echo"<tr><td>$row[xh]</td><td>$row[xm]</td><td>$row[xb]</td><td>$row[bj]</td></tr>";
}echo"</table>";
?>
```

续表

运行结果

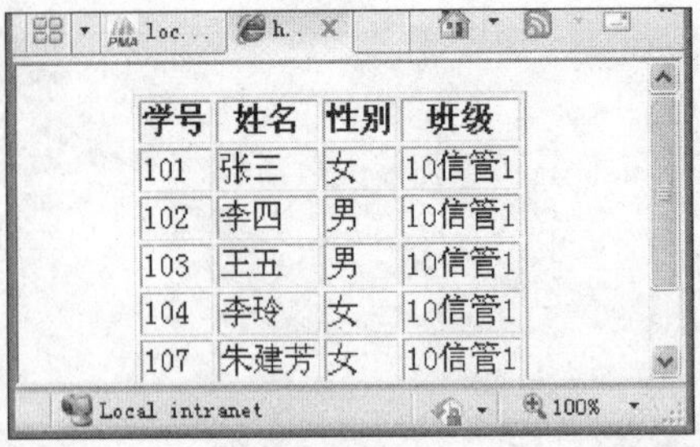

学号	姓名	性别	班级
101	张三	女	10信管1
102	李四	男	10信管1
103	王五	男	10信管1
104	李玲	女	10信管1
107	朱建芳	女	10信管1

6. 综合练习

利用前面所学知识进行简单的数据查询、添加、修改、删除，见表 11.73。

表 11.73　简单的数据查询、添加、修改、删除

程序代码

```
<!DOCTYPE html PUBLIC "-//W3C//DTD XHTML 1.0 Transitional//EN" "http://www.w3.org/TR/xhtml1/DTD/xhtml1-transitional.dtd">
<html xmlns="http://www.w3.org/1999/xhtml">
<head>
<meta http-equiv="Content-Type" content="text/html; charset=gb2312" />
<title>无标题文档</title>
<style type="text/css">
<!--
.STYLE1 {
    font-family: "黑体";
    font-size: 24px;
    color: #99FF00;
}
.STYLE2 {color: #FF0000}
-->
</style>
</head>
<body>
<p align="center" class="STYLE1">学生信息</p>
<form id="form1" name="form1" method="post" action="">
  <div align="center">
    <span class="STYLE2">请输入学号:</span>
    <input type="text" name="xhcx" />
      <span class="STYLE1">
```

续表

程序代码

<pre>   <input type="submit" name="cx" value="查询" />
      </span>
    </div>
    <hr />
    </form>
    <?php
 $conn=mysql_connect('localhost','root',"") or die("连接失败");
mysql_select_db('test',$conn) or die('选择数据库失败');
mysql_query('set names gb2312');
if(isset($_POST['cx']))
{
 $xhcx=$_POST['xhcx'];
// 查询课程信息
 $sql2="select * from xsb where xh='$xhcx'";
 $result2=mysql_query($sql2);
// list($cxh,$cxm,$cxb,$cbj)=mysql_fetch_row($result2);
 $row=mysql_fetch_assoc($result2);
if(! $row)
echo "<script>alert('没有该课程信息! ')</script>";
}
    ?>
    <form action="" method="post">
    <table border="1" align="center">
      <tr>
        <td width="56"><div align="right">学号:</div></td>
        <td width="168"><label>
          <input type="text" name="xh" value="<?php echo @ $row['xh']?>"/>
          <input type="hidden" name="h_xh" value="<?php echo @ $row['xh']?>"/>
        </label></td>
      </tr>
      <tr>
        <td><div align="right">姓名:</div></td>
        <td><label>
          <input type="text" name="xm" value="<?php echo @ $row['xm']?>"/>
        </label></td>
      </tr>
      <tr>
        <td><div align="right">性别:</div></td>
        <td><label></pre>

续表

程序代码

```
          <input type="text" name="xb" value="<?php echo @ $row['xb']?>"/>
        </label></td>
      </tr>
      <tr>
        <td><div align="right">班级:</div></td>
        <td><input type="text" name="bj" value="<?php echo @ $row['bj']?>"/></td>
      </tr>
      <tr>
        <td colspan="2"><label>
                <div align="center">
              <input type="submit" name="tj" value="添加" />
              <input type="submit" name="xg" value="修改" />
            <input type="submit" name="sc" value="删除" />
            </div>
        </label></td>
      </tr>
    </table>
</form>
<p> </p>
<p> </p>
</body>
</html>
<?php
$xh=@ $_POST['xh'];
$h_xh=@ $_POST['h_xh'];
$xm=@ $_POST['xm'];
$xb=@ $_POST['xb'];
$bj=@ $_POST['bj'];
function check($xh,$xm)
{
$checkxh=preg_match('/^[0-9]{3}$/',$xh);
if(!$checkxh)
echo"<script>alert('您的学号格式不正确!');location='15-6.php';</script>";
if(!$xm)
echo"<script>alert('姓名不能为空!');location='15-6.php'</script>";
}
//添加数据
if(isset($_POST['tj']))
{
```

续表

程序代码

check($xh,$xm);
　　$sql1="select * from xsb where xh='$xh '";
　　$result=mysql_query($sql1);
　　$row1=mysql_fetch_assoc($result);
　　if($row1)
　　{
　　echo"<script>alert('此学号已经存在！');window.location=' aa.php ';</script>";
　　}
　　else
　　{
　　$sql="insert into xsb values('$xh ','$xm ','$xb ','$bj ')";
　　$result=mysql_query($sql);
　　if($result)
　　echo "<script>alert('数据插入成功！')</script>";
　　else
　　echo "<script>alert('数据插入失败！')</script>";
　　}
}
// 修改数据
if(isset($_POST[' xg ']))
{
check($xh,$xm);
if($xh! =$h_xh)
{
echo"<script>alert('学号不能任意修改！')</script>";
}
else
　　{
　　$sql2="update xsb set xm='$xm ',xb='$xb ',bj='$bj ' where xh='$xh '";
　　$result2=mysql_query($sql2);
　　if($result2)
　　echo "<script>alert('数据修改成功！')</script>";
　　else
　　echo "<script>alert('数据修改失败！')<script>";
　　}
}
// 删除数据
if(isset($_POST[' sc ']))
{

续表

程序代码

```
    if( !$xh)
    {
    echo"<script>alert('学号不能为空！')</script>";
    }
    else
    {
    $s_sql=mysql_query("select  * from xsb where xh='$xh '");
    $s_row=mysql_fetch_row($s_sql);
        if( !$s_row)
        {
        echo "<script>alert('此学号不存在不能删除！')</script>";
        }
        else
        {
        $sql3="delete from xsb where xh='$xh '";
        $result3=mysql_query($sql3);
        if($result3)
        echo "<script>alert('数据删除成功！')</script>";
        else
        echo "<script>alert('数据删除失败！')<script>";
        }
    }
}
?>
```

运行结果

学生信息

请输入学号： 查询

学号：	101
姓名：	张三
性别：	女
班级：	10信管1

添加 修改 删除

7. 进站人数统计（表 11.74）

表 11.74　进站人数统计

<table>
<tr><th>程序代码</th></tr>
<tr><td>

```
<?php
$conn=mysql_connect("localhost","root","")or die("登录 MySQL 失败...");
$link=mysql_select_db("test",$conn)or die("选择数据库错误...");
mysql_query('set names gb2312');

$ip=$_SERVER["REMOTE_ADDR"];
$result2=mysql_query("select * from ipcount where ip='$ip'");
$row=mysql_fetch_assoc($result2);
if(! $row)
{
$sql = "insert into ipcount (serial,ip,datex) values ('','$ip',now()) ";
mysql_query($sql);
}

$result = mysql_query("select count( * ) from ipcount");
list($rs) = mysql_fetch_row($result);
if (! $rs)
{    $rs= 0;  }
echo "进站人数:".$rs;
?>
```

</td></tr>
<tr><th>运行结果</th></tr>
<tr><td>

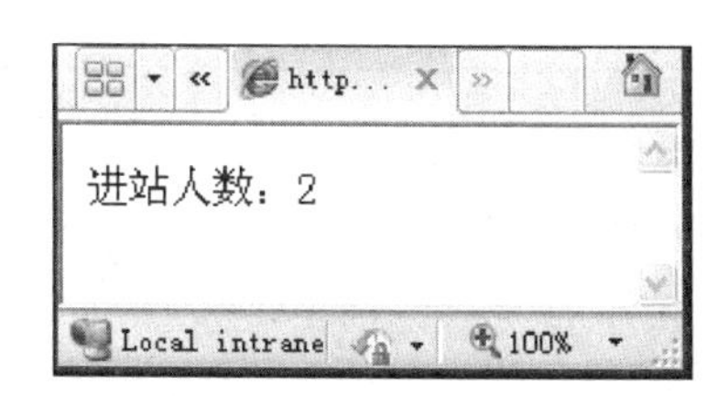

</td></tr>
</table>

8. 在线人数统计（表 11.75）

表 11.75　在线人数统计

程序代码

```
<?php
 $conn=mysql_connect("localhost","root","")or die("登录 MySQL 失败...");
 $link=mysql_select_db("test",$conn)or die("选择数据库错误...");
mysql_query('set names gb2312');

 $ip=$_SERVER["REMOTE_ADDR"];
 $sql="delete from ipcount where (unix_timestamp(now())-unix_timestamp(datex))>60";// 删除超过 1 分钟的记录
 $result1=mysql_query($sql);
 $result2=mysql_query("select * from ipcount where ip='$ip'");
 $row2=mysql_fetch_row($result2);
if($row2)
{
mysql_query("update ipcount set datex=now() where ip='$ip'");
}
else
{
mysql_query("insert ipcount values('','$ip',now())");
}
// 计算在线人数
 $result3= mysql_query("select count(*) from ipcount");
if (! list($rs)= mysql_fetch_row($result3))
{    $rs= 0;    }
echo "在线人数:";
 $rs = sprintf("%04d",$rs);
echo $rs;
?>
```

运行结果

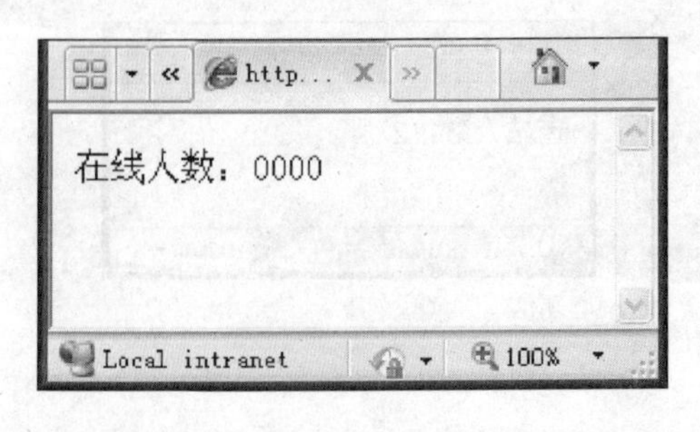

9. 分页技术（表 11.76）

表 11.76 分页技术

程序代码

<?php
$conn=mysql_connect('localhost','root',"") or die("连接失败");
mysql_select_db('test',$conn) or die('选择数据库失败');
mysql_query('set names gb2312');
$sql=mysql_query("select * from xsb ");
$row=mysql_fetch_assoc($sql);
$total=mysql_num_rows($sql);
if($total==0)
{
echo "无学生记录!";
}
else
{
$pagesize=5; // 每页显示 5 条记录
if($total%$pagesize)
{
$pagecount=intval($total/$pagesize)+1; // 设置总页数
}
else
{
$pagecount=intval($total/$pagesize);
}
}
if(@! $_GET['page']) { // 如果$_GET[page]的值为空,则默认显示的页为第一页。
$page=1; }
else { // 否则,使当前页码为获取的$page 的值。
$page=$_GET['page'];
}
$a=($page-1) * $pagesize;
$sql1="select * from xsb limit $a ,$pagesize";
$result1=mysql_query($sql1);
echo"<table border=1>";
echo"<tr><th>学号</th><th>姓名</th><th>性别</th><th>班级</th></tr>";
while($row1=mysql_fetch_assoc($result1))
{echo"<tr><td>$row1[xh]</td><td>$row1[xm]</th><td>$row1[xb]</td><td>$row1[bj]</td></tr>";}
echo"</table>";
echo"第".$page."页/共".$pagecount."页   ";

续表

程序代码

```
if( $page>=2)
{           // 如果当前页码大于 2,则显示首页及上一页链接。
  echo" <a href=' fenye.php '>首页</a> ";
  $pre=$page-1;
  echo"<a href=' fenye.php?page=$pre '>上一页</a> ";
  echo"页码:";
  }
  if( $pagecount<=4)
{     // 如果总页数小于或等于 4,则显示所有页的连接
    for( $i=1;$i<=$pagecount;$i++)
     {
  echo"<a href=' fenye.php?page=$i '>$i</a> ";
     }
} Else
{             // 如果总页数大于 4,则只显示前 4 页链接,并显示尾页和下一页链接
  for( $i=1;$i<=4;$i++)
  {
echo"<a href=' fenye.php?page=$i '>$i</a>";
}}
if( $page==$pagecount){ $next=$page;} else{ $next=$page+1;}
echo"<a href=' fenye.php?page=$next '>下一页</a> ";
echo"<a href=' fenye.php?page=$pagecount '>尾页</a>";
?>
```

运行结果

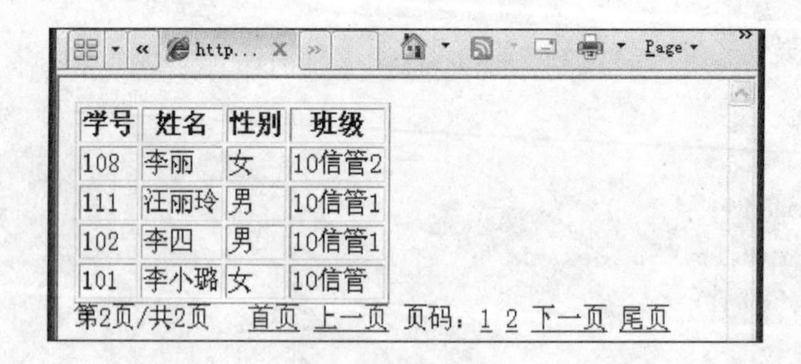

学号	姓名	性别	班级
108	李丽	女	10信管2
111	汪丽玲	男	10信管1
102	李四	男	10信管1
101	李小璐	女	10信管

第2页/共2页 首页 上一页 页码：1 2 下一页 尾页

单元 12

PHP+MySQL 综合项目开发实训

实训目的

- 系统掌握 PHP 基本技术和方法
- 综合应用 MySQL 数据库技术
- 熟悉基于数据库的编程技术
- 学会系统分析和功能设计
- 根据功能编写程序代码
- 实现分页技术的应用
- 熟悉面向对象的技术应用

实训项目

- 文稿管理系统

12.1　系统功能设计

文稿管理系统主要实现对公告、新闻、办公、财务四类信息的处理，包括发布文稿、修改文稿、删除文稿，实现对文稿的常规操作，如图 12.1 所示。

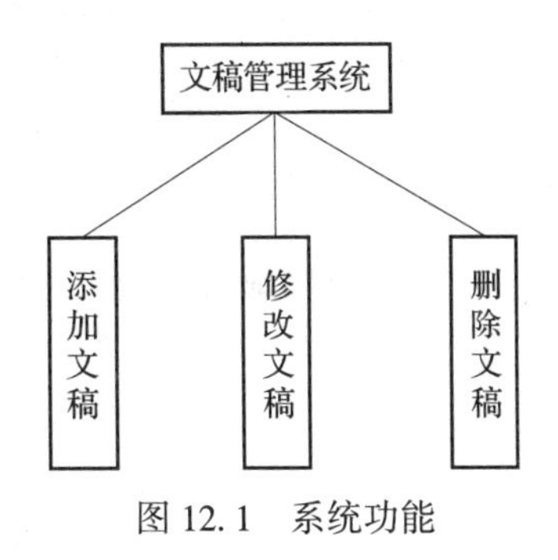

图 12.1　系统功能

12.2　系统文件结构

系统文件结构如图 12.2 所示。

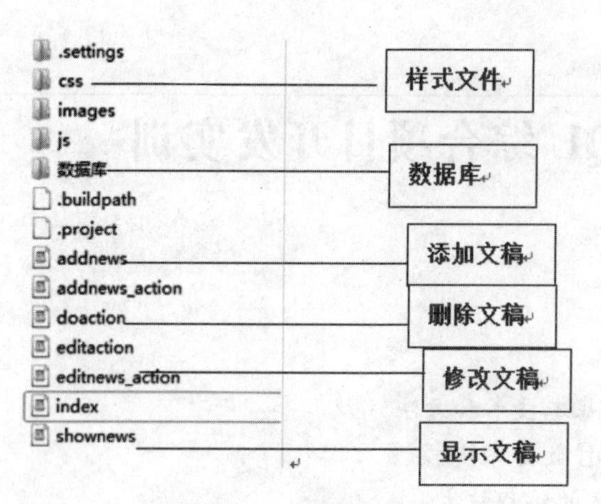

图 12.2　系统文件结构

12.3　数据库设计

在 phpAdmin 中新建一个数据库 artical，并依次新建如图 12.3 和图 12.4 所示的数据表。

服务器: mysql wampserver » 数据库: artical » 表: tb_article “文章表”

浏览 | 结构 | SQL | 搜索 | 插入 | 导出 | 导入 | 权限 | 操作 | 触发器

#	名字	类型	排序规则	属性	空	默认	额外	操作
1	art_Id	int(8)		UNSIGNED	否	无	AUTO_INCREMENT	修改 删除 主键 唯一 索引 空间 全文搜索 更多
2	art_Title	varchar(200)	utf8_general_ci		否	无		修改 删除 主键 唯一 索引 空间 全文搜索 更多
3	art_Contents	text	utf8_general_ci		否	无		修改 删除 主键 唯一 索引 空间 全文搜索 更多
4	art_Time	varchar(40)	utf8_general_ci		否	无		修改 删除 主键 唯一 索引 空间 全文搜索 更多
5	art_Owner	varchar(20)	utf8_general_ci		否	无		修改 删除 主键 唯一 索引 空间 全文搜索 更多
6	art_ClickNums	int(8)		UNSIGNED	否	0		修改 删除 主键 唯一 索引 空间 全文搜索 更多
7	art_TopType	char(1)	utf8_general_ci		否	F		修改 删除 主键 唯一 索引 空间 全文搜索 更多
8	arttype_Id	int(8)		UNSIGNED	否	无		修改 删除 主键 唯一 索引 空间 全文搜索 更多
9	arttype_Name	varchar(30)	utf8_general_ci		否	无		修改 删除 主键 唯一 索引 空间 全文搜索 更多

全选　选中项:　浏览　修改　删除　主键　唯一　索引　空间　全文搜索

图 12.3　tb_article 文稿表

服务器: mysql wampserver » 数据库: artical » 表: tb_articletype “文章类别表”

浏览 | 结构 | SQL | 搜索 | 插入 | 导出 | 导入 | 权限 | 操作 | 触发器

#	名字	类型	排序规则	属性	空	默认	额外	操作
1	arttype_Id	int(8)		UNSIGNED	否	无	AUTO_INCREMENT	修改 删除 主键 唯一 索引 空间 全文搜索 更多
2	arttype_Name	varchar(30)	utf8_general_ci		否	无		修改 删除 主键 唯一 索引 空间 全文搜索 更多

图 12.4　tb_articletype 文稿类型表

12.4　设计样式文件

设计三个样式文件 check.css、index.css、jquery.css，以备子界面、主界面套用格式。具体如下：

1. check.css

```
.contact  * :focus{outline :none;}
        .contact{
            width:980px;
            height:auto;
            background:#f6f6f6;
            margin:0px auto;
            padding:0px;
        }
        .contact form{
            margin:0px;
            padding:0px;
        }
            .contact ul {
            width:100%;
            margin:0px;
            padding:0px;
            list-style:none;
        }
        .contact ul li{
            border-bottom:1px solid #dfdfdf;
            padding:10px 0px;
        }
        .contact ul li label {
            width:70px;
            display:inline-block;
            float:left;
            padding-top:10px;
            padding-left:80px;
        }
        .contact ul li input[type=text],.contact ul li input[type=password]{
            width:350px;
            height:25px;
            border :1px solid #aaa;
            padding:3px 8px;
            border-radius:5px;
        }
        .contact ul li input:focus{
```

```
border-color:#c00;

}
.contact ul li input[type=text]{
    transition:padding .25s;
    -o-transition:padding  .25s;
    -moz-transition:padding  .25s;
    -webkit-transition:padding  .25s;
}
.contact ul li input[type=password]{
    transition:padding  .25s;
    -o-transition:padding  .25s;
    -moz-transition:padding  .25s;
        -webkit-transition:padding  .25s;
}
.contact ul li input:focus{
    padding-right:50px;
}
.btn{
    position:relative;
    left:40%;
}
.tips{
    color:rgba(0,0,0,0.5);
    padding-left:10px;
}
.tips_true,.tips_false{
    padding-left:10px;
}
.tips_true{
    color:green;
}
.tips_false{
    color:red;
}
#newsowner{
    width:80px;
}
```

2. index.css

```
body{
    font-size:12px;
    font-family:"宋体",Arial;
    margin:0px;
    padding:0px;
    background-color:#eee;
}
#container{
    width:1000px;
    margin:0px auto;
}
.head{
    margin:10PX 0;
    padding:0PX;
    border:1px solid #ddd;
    height:80px;
    line-height:80px;
    font-family:"微软雅黑";
    font-size:30px;
    text-align:center;
    background-color:#fff;
}
.main{
    margin:0px;
    padding:10px;
    border:1px solid #ddd;
    background-color:#fff;
}
.main_top{
    height:30px;
    line-height:30px;
    border-bottom:1px dashed #ccc;
}
.main_btm{
    padding:10px 0px 0px 0px;
}
.footer{
```

```
        margin:10px 0px 0px 0px;
        padding:10px;
        border:1px solid #ddd;
        background-color:#fff;
        height:30px;
        line-height:30px;
}
.footer_left{
        float:left;
        display:block;
        width:78px;
}
.footer_right{
        float:left;
        display:block;
        margin-left:10px;
        width:890px;
        text-align:center;
}
a{
        text-decoration:none;
        color:#333;
}
a:hover{
        text-decoration:underline;
        color:#3399FF;
}
.main_top a{
        color:#fff;
        padding:5px 8px;
        background-color:#3399FF;
}
.main_top a:hover{
        text-decoration:underline;
}
.addnewstable,.addnewstable tr,.addnewstable tr td{
        border:1px solid #ddd;
        border-collapse:collapse;
```

```
}
.addnewstable tr td{
    height:30px;
    line-height:30px;
}
.firsttd{
    text-align:right;
    padding-right:10px;
}
.secondtd{
    text-align:left;
    padding-left:5px;
}
.threetd{
    text-align:left;
    padding-left:10px;
    color:#aaa;
}
.textinput{
    border:1px solid #333;
    height:20px;
    line-height:20px;
    padding-left:5px;
    color:#666;
}
.texteare{
    border:1px solid #333;
    padding-left:5px;
    color:#666;
    width:600px;
    height:250px;
}
.inputwidth400{
    width:400px;
}
.inputwidth300{
    width:300px;
}
```

```
.inputwidth200{
    width:200px;
}
.inputwidth100{
    width:100px;
}
.inputwidth80{
    width:80px;
}
.inputwidth50{
    width:50px;
}
.btn{
    border:0;
    background-color:#3399FF;
    color:#fff;
    padding:5px 10px;
    margin:5px 0px;
    font-weight:bold;
}
.listtable tr{
    height:30px;
    line-height:30px;
}
.listtable tr td{
    text-align:center;
    color:#000;
}
.onetd{
    width:40%;
    text-align:left;
}
.twotd{
    width:10%;
}
.threetd{
    width:20%;
}
```

```
.fourtd{
    width:15%;
}
.fivetd{
    width:15%;
}
.headtr{
    font-weight:bold;
}
.titlediv{
    font-size:20px;
    font-weight:bold;
    text-align:center;
    color:#000;
    height:40px;
    line-height:40px;
}
.ownerdiv{
    color:#666;
    font-size:12px;
    text-align:center;
    padding:5px 0;
    border-bottom:1px dashed #999;
    margin-bottom:10px;
}
.contentsdiv{

    padding:0px 10px 10px 10px;
}
```

3. jquery.css

```
label{
    font-size:12px;
    text-transform:uppercase;
    font-weight:bold;
    color:#000;
    height:30px;
    line-height:30px;
    margin-right:5px;
    z-index:999;
```

```
}
label.required:before {
    vertical-align:middle;
    color:red;
}
label.ok {
    display:block;
    width:16px;
    height:16px;
    line-height:16px;
    background:url("../images/valid.gif") no-repeat left center;
    padding:0px;
}
label.error {
    color:#d00;
    text-transform:none;
    margin-left:6px;
}
label.choice {
    vertical-align:middle;
    font-weight:normal;
    text-transform:none;
}
```

12.5 主界面设计

新建一个 index.php 文件，如图 12.5 所示。

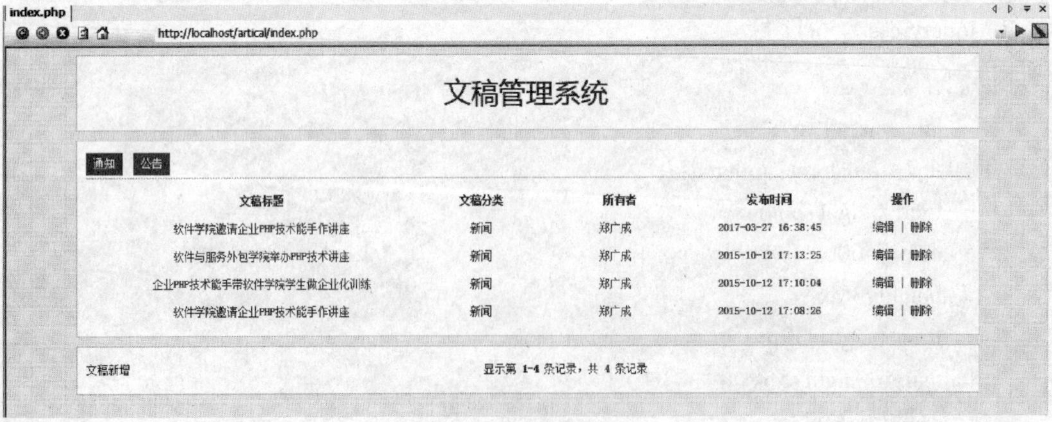

index.php
http://localhost/artical/index.php

文稿管理系统

通知 公告

文稿标题	文稿分类	所有者	发布时间	操作
软件学院邀请企业PHP技术能手作讲座	新闻	郑广成	2017-03-27 16:38:45	编辑 | 删除
软件与服务外包学院举办PHP技术讲座	新闻	郑广成	2015-10-12 17:13:25	编辑 | 删除
企业PHP技术能手带软件学院学生做企业化训练	新闻	郑广成	2015-10-12 17:10:04	编辑 | 删除
软件学院邀请企业PHP技术能手作讲座	新闻	郑广成	2015-10-12 17:08:26	编辑 | 删除

文稿新增 显示第 1-4 条记录，共 4 条记录

图 12.5　index.php 界面

关键代码：

```
<?php
// 1.链接数据库
$conn=@ mysql_pconnect("localhost","root","") or die(@ mysql_error());
// 2.选择数据库
@ mysql_select_db("artical",$conn) or die("对不起,数据库选择失败!");
// 消除数据库出入库的乱码
@ mysql_query("SET NAMES utf8");
/* ----------------------分页代码开始------------------------ */
$page=isset($_GET['page'])? intval($_GET['page']):1;
// 这句就是获取 page=18 中的 page 的值,假如不存在 page,那么页数就是 1。
$num=10;  // 每页显示 10 条数据
/*
 首先要知道数据库中到底有多少数据,才能判断具体要分多少页,具体的公式就是
总数据库除以每页显示的条数,有余进一。
也就是说,10/3=3.3333=4,有余数就要进一。
 */
$result=@ mysql_query("select * from 'tb_article'");
$total=@ mysql_num_rows($result);// 查询任何数据
$url=$_SERVER['PHP_SELF'];// 获取本页 URL
// 页码计算
$pagenum=ceil($total/$num);
// 获得总页数,也是最后一页
$page=min($pagenum,$page);// 获得首页
$prepg=$page-1;// 上一页
$nextpg=($page==$pagenum ? 0 :$page+1);// 下一页
$offset=($page-1) * $num;
/* 获取 limit 的第一个参数的值,假如为第一页,则为(1-1) * 10=0,第二页为(2-1) *
10=10。 */

// 开始分页导航条代码:
$pagenav="显示第 <B>".($total? ($offset+1):0)."</B>-<B>".min($offset+$num,
$total)."</B> 条记录,共 $total 条记录 ";
// 假如只有一页,则跳出函数
if($pagenum>1){
        $pagenav.=" <a href='$url? page=1'>首页</a> ";
        if($prepg) $pagenav.=" <a href='$url?page=$prepg'>前页</a> ";else $pagenav.
=" 前页 ";
```

```
        if( $nextpg) $pagenav.=" <a href='$url?page=$nextpg'>后页</a> "; else $pagenav.=" 后页 ";
        $pagenav.=" <a href='$url?page=$pagenum'>尾页</a> ";

        // 下拉跳转列表,循环列出任何页码
        $pagenav.="  到第 <select name='topage' size='1'
onchange='window.location=\"$url?page=\"+this.value'>\n";
        for($i=1;$i<=$pagenum;$i++){
            if($i==$page) $pagenav.="<option value='$i' selected>$i</option>\n";
            else $pagenav.="<option value='$i'>$i</option>\n";
        }
        $pagenav.="</select>页,共 $pagenum 页";
    }
    // 假如传入的页数参数大于总页数,则显示错误信息
    If($page>$pagenum){
        Echo "Error :Can Not Found The page ".$page;
        Exit;
    }

    /*  ---------------------分页代码结束----------------------- */

    // 3.定义 SQL 语句
    $sql="select * from 'tb_article' order by 'art_Id' desc limit $offset,$num";
    $result=@mysql_query($sql);

    ?>
    <!DOCTYPE html PUBLIC "-//W3C//DTD XHTML 1.0 Transitional//EN"
"http://www.w3.org/TR/xhtml1/DTD/xhtml1-transitional.dtd">
    <html xmlns="http://www.w3.org/1999/xhtml">
    <head>
    <meta http-equiv="Content-Type" content="text/html;charset=utf-8" />
    <title>文稿管理系统</title>
    <link rel="stylesheet" type="text/css" href="css/index.css" />
    </head>
    <body>
    <div id="container">
        <div class="head">文稿管理系统</div>
        <div class="main">
```

```
            <div class="main_top"><a href="#">通知</a>  <a href="#">
公告</a></div>
            <div class="main_btm">
            <table width="100%" border="0" cellspacing="0" cellpadding="0" class="
listtable">
            <tr class="headtr">
                <td class="onetd">文稿标题</td>
                <td class="twotd">文稿分类</td>
                <td class="threetd">所有者</td>
                <td class="fourtd">发布时间</td>
                <td class="fivetd">操作</td>
              </tr>
              <?php
                while($arrresult=@mysql_fetch_array($result)){

                        echo"<tr>
                            <td class='onetd'><a
href='shownews.php?showid=$arrresult[0]'>".$arrresult['art_Title']."</a></td>
                            <td>".$arrresult['arttype_Name']."</td>
                            <td>".$arrresult['art_Owner']."</td>
                            <td>".date("Y-m-d H:i:s",$arrresult['art_Time'])."</td>
                            <td><a href='editaction.php?editid=$arrresult[0]'>编辑</a>
 | <a href='doaction.php?delid=$arrresult[0]' onclick='return confirm(\"您确
定删除吗?\");'>删除</a></td>
                        </tr>";

              }

            ?>
        </table>
        </div>
        </div>
        <div class="footer">
            <div class="footer_left"><a href="addnews.php">文稿新增</a></div>
            <div class="footer_right"><?php echo $pagenav;// 输出分页导航?></div>
        </div>
    </div>
    </body>
    </html>
```

12.6 添加文稿

1. 首先设计添加界面（图 12.6）

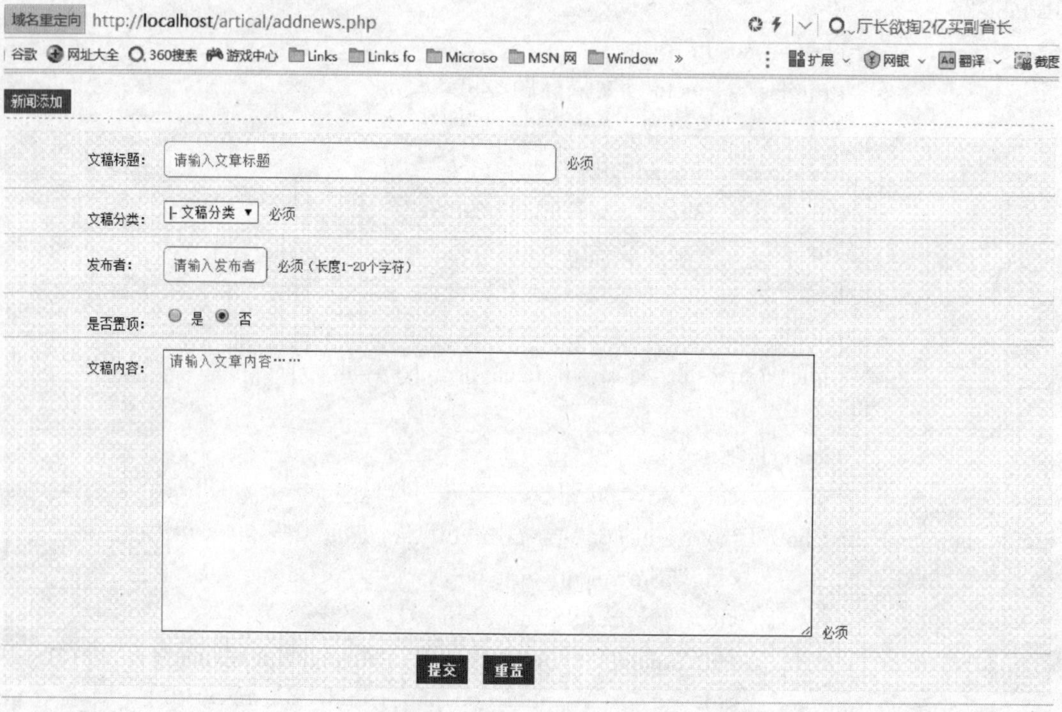

图 12.6　addnews.php 文稿添加

关键代码：

```
<?php
// 1.打开数据库的永久链接
$conn=@ mysql_pconnect("localhost","root","") or die(mysql_error());
// 2.选择数据库
@ mysql_select_db("artical",$conn) or die("对不起,选择数据库失败!");
// 消除数据库出入库的乱码
@ mysql_query("SET NAMES utf8");
?>
<!DOCTYPE html>
<html>
<head>
<meta http-equiv="Content-Type" content="text/html;charset=utf-8" />
<title>文稿管理系统</title>
<link rel="stylesheet" type="text/css" href="css/index.css" />
```

```
<!--这里是包括 jQuery 客户端验证的样式 -->
<link rel="stylesheet" type="text/css" href="css/check.css" />
<!--以下为每一个验证的控件定义不同的函数,并在验证中进行调用 -->
<script type="text/javascript">
        function checkna(){
            na=addform.newstitle.value;
            if( na.length <1 || na.length >250)
            {
                divname.innerHTML='<font class="tips_false">文稿标题必须填写
</font>';

            }else{
                divname.innerHTML='<font class="tips_true">输入正确</font>';

            }
        }
    // 验证下拉列表分类
      function checkselect(){
          psd1=addform.newstype.value;


          if(psd1=="" ){
              divselect.innerHTML='<font class="tips_false">请选择文章分类</font>';

          }else{

              divselect.innerHTML='<font class="tips_true">选择正确</font>';

          }
      }
    // 验证新闻发布者
    function checkowner(){
        na=addform.newsowner.value;
        if( na.length <1 || na.length >20)
        {
            divowner.innerHTML='<font class="tips_false">必须(长度是 1~20 个字
符)</font>';
```

```
            }else{
                divowner.innerHTML='<font class="tips_true">输入正确</font>';
            }
        }
        // 验证新闻内容
        function checkcontent(){
            na=addform.newscontents.value;
            if( na=="")
            {
                divcontents.innerHTML='<font class="tips_false">文章正文必须填写
</font>';

            }else{
                divcontents.innerHTML='<font class="tips_true">输入正确</font>';

            }
        }
    // 验证密码
        function checkpsd1(){
            psd1=form1.yourpass.value;
            var flagZM=false ;
            var flagSZ=false ;
            var flagQT=false ;
            if(psd1.length<6 || psd1.length>12){
                divpassword1.innerHTML='<font class="tips_false">长度错误</font>';
            }else
                {
                    for(i=0;i < psd1.length;i++)
                    {
if((psd1.charAt(i) >= 'A' && psd1.charAt(i)<='Z') || (psd1.charAt(i)>='a' && psd1.
charAt(i)<='z'))
                            {
                                flagZM=true;
                            }
                            else if(psd1.charAt(i)>='0' && psd1.charAt(i)<='9')

                            {
                                flagSZ=true;
```

```
                        } else
                        {
                            flagQT=true;
                        }
                    }
                    if( !flagZM||!flagSZ||flagQT){
                    divpassword1.innerHTML='<font class="tips_false">密码必须是字
母和数字的组合</font>';

                    } else{

                    divpassword1.innerHTML='<font class="tips_true">输入正确
</font>';


                    }


                }
            }
            // 验证确认密码
            function checkpsd2(){
                    if(form1.yourpass.value!=form1.yourpass2.value) {
                        divpassword2.innerHTML='<font class="tips_false">您两次输入
的密码不一样</font>';
                    } else {
                        divpassword2.innerHTML='<font class="tips_true">输入正确</font>';
                    }
            }
            // 验证邮箱

            function checkmail(){
                    apos=form1.youremail.value.indexOf("@");
                    dotpos=form1.youremail.value.lastIndexOf(".");
                    if (apos<1||dotpos-apos<2)
                        {
                            divmail.innerHTML='<font class="tips_false">输入错误</
font>' ;
                        }
                    else {
```

```
                              divmail.innerHTML ='<font class =" tips _ true" >输入正确
</font>' ;
                         }
                 }
         </script>
    </head>

    <body>
    <div id =" container" >
         <div class =" head" >文稿管理系统</div>
         <div class =" main" >
              <div class =" main_top" ><a href =" #" >新闻添加</a></div>
              <div class =" main_btm" >
              <div class =" contact" >
                   <form name =" addform" id =" addform" method =" post" action =
" ./addnews_action.php" >
                         <!-- 以下代码是表单 UI 设计的布局 xhtml 结构,注意,这里采用的
不是 table 布局,而是 ul 和 li 布局-->
                         <ul>
                              <li>
                                   <label>文稿标题:</label>
                                   <input type =" text" name =" newstitle" class =" textinput
inputwidth400" placeholder =" 请输入文章标题" onblur =" checkna ( )" required /><span
class =" tips" id =" divname" >必须</span>
                              </li>
                              <li>
                                   <label>文稿分类:</label>
                                   <select name =" newstype" onBlur =" checkselect( )" required>
                                        <option value =" " >|- 文稿分类</option>
                                        <?php
                                             $typesql =" select * from 'tb_articletype' order by
'arttype_Id' desc" ;
                                             $queryresult =@ mysql_query( $typesql) ;
                                               while ( $ typearray = @ mysql _ fetch _ array ( $
queryresult) ) {
                                                  echo" <option
value ='" .$typearray['arttype_Id']."'>   |- ".$typearray['arttype_Name']." </op-
tion>" ;
```

```
                            }
                        ?>
                    </select><span class = " tips"  id = " divselect" >必须</span>
                </li>
                <li>
                    <label>发布者:</label>
                    <input type = " text"  name = " newsowner"  class = " textinput
inputwidth100"  id = " newsowner"  placeholder = " 请输入发布者"   onblur = " checkowner( ) "
required /><span class = " tips"  id = " divowner" >必须( 长度 1-20 个字符) </span>
                </li>
                <li>
                    <label>是否置顶:</label>
                    <input type = " radio"  name = " istop"  value = " T"   />
                        是
                    <input type = " radio"  name = " istop"  value = " F"  checked =
" checked"  />
                    否
                </li>
                <li>
                    <label>文稿内容:</label>
                    <textarea name = " newscontents"  class = " texteare"  placehold-
er = " 请输入文章内容……"   onblur = " checkcontent( ) "  required></textarea><span class =
" tips"  id = " divcontents" >必须</span>
                </li>
            </ul>
            <b><input type = " submit"  name = " btnok"  value = " 提交"  class =
" btn"  />  <input type = " reset"  name = " btnreset"  value = " 重置"  class = " btn"  />
</b>
        </form>
    </div>
    </div>
</div>
<div class = " footer" >
    <div class = " footer_left" ><a href = " index.php" >返回首页</a></div>
    <div class = " footer_right" ></div>
</div>
</div>
</body>
</html>
```

2. 设计添加执行代码

addnews_action.php：

```
<?php
/* 1.获取表单通过 post 方式传递过来的数据,采用$_POST 方法来获取;如果是 get 传递的,就用$_GET 方法来获取。通用的获取方式是$_REQUEST */
$tempnewstitle=trim($_POST['newstitle']);
$tempnewstype=trim($_POST['newstype']);
$tempnewsowner=trim($_POST['newsowner']);
$tempnewstime=time()+8*3600;
$tempistop=trim($_POST['istop']);
$tempnewscontents=trim($_POST['newscontents']);
if(empty($tempnewstitle) || empty($tempnewstype) || empty($tempnewsowner) || empty($tempnewscontents)){
    echo"<script>window.alert('请将表单填写完整！');</script>";
    echo"<script>window.history.back();</script>";
    exit;
}
// if(!preg_match("/^[1-9]\d*$/",$tempnewstype)){
//   echo"<script>window.alert('请在文稿分类中输入正整数！');</script>";
//   echo"<script>window.history.back();</script>";
//   exit;
// }
// 2.打开数据库的永久链接
$conn=@mysql_pconnect("localhost","root","") or die(mysql_error());
// 3.选择数据库
@mysql_select_db("artical",$conn) or die("对不起,选择数据库失败!");
// 消除数据库出入库的乱码
@mysql_query("SET NAMES utf8");
$typesql="select * from 'tb_articletype' where 'arttype_Id'='$tempnewstype'";
$queryresult=@mysql_query($typesql);
$typearray=@mysql_fetch_row($queryresult);
$temparttype_Name=$typearray[1];
// 4.定义 SQL 语句,然后送给 MySQL 执行
$sql="insert into
'tb_article'('art_Title','art_Contents','art_Time','art_Owner','art_TopType','arttype_Id','arttype_Name')
values ('$tempnewstitle','$tempnewscontents','$tempnewstime','$tempnewsowner','$tempistop','$temp-newstype','$temparttype_Name')";
```

```
$result=@ mysql_query($sql,$conn);

if($result){
    echo"<script>window.alert('恭喜你,文稿发布成功！');</script>";
    echo"<script>window.location.href=' addnews.php '</script>";
}
else {
    echo"<script>window.alert('对不起,文稿发布失败！');</script>";
    echo"<script>window.history.back();</script>";
}
// 5.关闭数据库链接
@ mysql_close($conn);
?>
```

12.7　修 改 文 稿

1. 设计修改界面（图 12.7）

域名重定向 http://localhost/artical/editaction.php?editid=9　我爱我家

谷歌 网址大全 360搜索 游戏中心 Links Links fo Microso MSN 网 Window » 扩展 网银 翻译 截

文稿编辑

文稿标题：软件学院邀请企业PHP技术能手作讲座 必须

文稿分类：├ 新闻 必须

发布者：郑广成 必须（长度1-20个字符）

是否置顶：是 否

文稿内容：3月23日，软件与服务外包学院软件技术、移动互联技术的骨干教师在专业负责人的带领下赴无锡科技职业技术学院、无锡眷品科技有限公司进行专业调研和毕业生走访。
上午，无锡科技职业技术学院物联网与软件学院赵院长一行热情接待，给我们详细介绍了在校企深度合作、技能大赛、专业课程体系建设、教学资源建设等方面的经验，对“产业教授”项目进行深度分享，并带领我们参观了他们的现代职业实训室和专业成果展览馆。下午，在无锡眷品科技有限公司走访毕业实习生，李经理给我们介绍了该公司的业务、技术和岗位情况，并表示特别需要电子商务技术运营人才，希望我校给予人才支持，愿意成为我校就业基地。
通过本次调研，我们学习了兄弟院在实训场室、技能大赛和课程设置方面经验，了解到了企业一线对员工的技术和素质要求，对进一步明确人才培养规格，推进课程体系建设，具有重要的指导意义。（图/文 郑广成） 必须

提交 重置

图 12.7　addnews.php 文稿添加

关键代码:

```
<?php
// 1.打开数据库的永久链接
$conn=@ mysql_pconnect("localhost","root","") or die(mysql_error());
// 2.选择数据库
@ mysql_select_db("artical",$conn) or die("对不起,选择数据库失败!");
// 消除数据库出入库的乱码
@ mysql_query("SET NAMES utf8");
$tempeditid=$_GET['editid'];
$editsql="select * from 'tb_article' where 'art_Id'='$tempeditid'";
$editquery=@ mysql_query($editsql);
$editarrayont=@ mysql_fetch_row($editquery);
?>
<!DOCTYPE html PUBLIC "-//W3C//DTD XHTML 1.0 Transitional//EN"
"http://www.w3.org/TR/xhtml1/DTD/xhtml1-transitional.dtd">
<html xmlns="http://www.w3.org/1999/xhtml">
<head>
<meta http-equiv="Content-Type" content="text/html;charset=utf-8" />
<title>文稿管理系统</title>
<link rel="stylesheet" type="text/css" href="css/index.css" />
<link rel="stylesheet" type="text/css" href="css/check.css" />
<script type="text/javascript">
        function checkna(){
            na=editform.newstitle.value;
            if( na.length <1 || na.length >12)
            {
                divname.innerHTML='<font class="tips_false">文稿标题必须填写
</font>';
            }else{
                divname.innerHTML='<font class="tips_true">输入正确</font>';
        }
    }
    // 验证下拉列表分类
      function checkselect(){
          psd1=editform.newstype.value;
          if(psd1=="") {
              divselect.innerHTML='<font class="tips_false">请选择文稿分类</font>';
          }else{
```

```
                divselect.innerHTML='<font class="tips_true">选择正确</font>';
            }
        }
        // 验证新闻发布者
        function checkowner(){
            na=editform.newsowner.value;
            if(na.length <1 || na.length >20)
            {
                divowner.innerHTML='<font class="tips_false">必须(长度是 1~20 个字
符)</font>';

            }else{
                divowner.innerHTML='<font class="tips_true">输入正确</font>';
                }
        }
        // 验证新闻内容
        function checkcontent(){
            na=editform.newscontents.value;
            if(na=="")
            {
                divcontents.innerHTML='<font class="tips_false">文稿正文必须填写
</font>';
            }else{
                divcontents.innerHTML='<font class="tips_true">输入正确</font>';


            }
        }

        // 验证密码
          function checkpsd1(){
              psd1=editform.yourpass.value;
              var flagZM=false ;
              var flagSZ=false ;
              var flagQT=false ;
              if(psd1.length<6 || psd1.length>12){
                  divpassword1.innerHTML='<font class="tips_false">长度错误</font>';
              }else
                  {
```

```
                    for(i=0;i < psd1.length;i++)
                    {
    if((psd1.charAt(i) >= 'A' && psd1.charAt(i)<='Z') || (psd1.charAt(i)>='a' &&
psd1.charAt(i)<='z'))
                        {
                            flagZM=true;
                        }
                        else if(psd1.charAt(i)>='0' && psd1.charAt(i)<='9')
                        {
                            flagSZ=true;
                        }else
                        {
                            flagQT=true;
                        }
                    }
                    if(!flagZM||!flagSZ||flagQT){
                    divpassword1.innerHTML='<font class="tips_false">密码必须是
字母和数字的组合</font>';
                    }else{
                     divpassword1.innerHTML='<font class="tips_true">输入正确
</font>';

                    }
                }
        }
            // 验证确认密码
            function checkpsd2(){
                    if(editform.yourpass.value!=editform.yourpass2.value){
                        divpassword2.innerHTML='<font class="tips_false">您两次输入
的密码不一样</font>';
                    } else {
                        divpassword2.innerHTML='<font class="tips_true">输入正确</font>';
                    }
            }
        // 验证邮箱
        function checkmail(){
                    apos=editform.youremail.value.indexOf("@");
```

```
                    dotpos=editform.youremail.value.lastIndexOf(".");
                    if (apos<1||dotpos-apos<2)
                      {
                        divmail.innerHTML='<font class="tips_false">输入错误</font>';
                      }
                    else {
                        divmail.innerHTML='<font class="tips_true">输入正确</font>';
                      }
            }
        </script>
    </head>
    <body>
    <div id="container">
        <div class="head">文稿管理系统</div>
        <div class="main">
            <div class="main_top"><a href="#">文稿编辑</a></div>
            <div class="main_btm">
                <div class="contact">
                <form name="editform" id="editform" method="post" action="./edit-
news_action.php">
                    <ul>
                        <li>
                            <label>文稿标题:</label>
                            <input type="text" name="newstitle" class="textinput
inputwidth400" value="<?php echo $editarrayont[1];?>" placeholder="请输入文稿标
题" onblur="checkna()" required /><span class="tips" id="divname">必须
</span>
                        </li>
                        <li>
                            <label>文稿分类:</label>
                            <select name="newstype" onBlur="checkselect()" required>
                                <option value="<?php echo $editarrayont[7];?>">
  |- <?php echo $editarrayont[8];?></option>
                                <option value="">|- 文稿分类</option>
                                <?php
                                    $typesql="select * from 'tb_articletype' order by '
arttype_Id' desc";
                                    $queryresult=@ mysql_query($typesql);
```

```
                                        while( $typearray =@ mysql_fetch_array( $queryre-
sult) ) {
                                                if( $editarrayont[7] ! = $typearray['arttype_Id
']) {// 通过 if 分支把编辑时相同的分类给剔除掉
                                                        echo" <option
value ="'. $typearray['arttype_Id']."'>   |- ". $typearray['arttype_Name']." </op-
tion>" ;
                                                }
                                        }
                                ?>
                            </select><span class = "tips" id = "divselect" >必须</span>
                        </li>
                        <li>
                            <label>发布者:</label>
                            <input type = "text" name = "newsowner" class = "textinput in-
putwidth100" id = "newsowner" value = "<?php echo $editarrayont[4];?>" placeholder = "请输
入发布者"  onblur = "checkowner( )" required /><span class = "tips" id = "divowner" >必须
(长度 1-20 个字符)</span>
                        </li>
                        <li>
                            <label>是否置顶:</label>
                            <input type = "radio" name = "istop" value = "T" <?php
if( $editarrayont[6] = = "T" ) {echo" checked =' checked '" ;} ?>  />
                            是
                            <input type = "radio" name = "istop" value = "F" <?php
if( $editarrayont[6] = = "F" ) {echo" checked =' checked '" ;} ?> />
                            否
                        </li>
                        <li>
                            <label>文稿内容:</label>
                            <textarea name = "newscontents" class = "texteare" placehold-
er = "请输入文章内容……"  onblur = "checkcontent( )" required><?php echo $editarrayont
[2];?></textarea><span class = "tips" id = "divcontents" >必须</span>
                        </li>
                    </ul>
                    <b><input type = "hidden" name = "newsid" value = "<?php echo $edi-
tarrayont[0];?>" /><input type = "submit" name = "btnok" value = "提交" class = "btn" />
  <input type = "reset" name = "btnreset" value = "重置" class = "btn" /></b>
```

```
                </form>
            </div>
        </div>
        </div>
        <div class="footer">
            <div class="footer_left"><a href="index.php">返回首页</a></div>
            <div class="footer_right"></div>
        </div>
    </div>
    </body>
    </html>
```

2. 设计修改执行程序

```
editnews_action.php:
<?php
/* 1.获取表单通过 post 方式传递过来的数据,采用$_POST 方法来获取;如果是 get 传递的,就用$_GET 方法来获取。通用的获取方式是$_REQUEST */
$tempnewsid=trim($_POST['newsid']);
$tempnewstitle=trim($_POST['newstitle']);
$tempnewstype=trim($_POST['newstype']);
$tempnewsowner=trim($_POST['newsowner']);
$tempnewstime=time()+8*3600;
$tempistop=trim($_POST['istop']);
$tempnewscontents=trim($_POST['newscontents']);

if(empty($tempnewstitle) || empty($tempnewstype) || empty($tempnewsowner) || empty($tempnewscontents)){
    echo"<script>window.alert('请将表单填写完整!');</script>";
    echo"<script>window.history.back();</script>";
    exit;
}
// 2.打开数据库的永久链接
$conn=@mysql_pconnect("localhost","root","") or die(mysql_error());
// 3.选择数据库
@mysql_select_db("artical",$conn) or die("对不起,选择数据库失败!");
// 消除数据库出入库的乱码
@mysql_query("SET NAMES utf8");
$typesql="select * from 'tb_articletype' where 'arttype_Id'='$tempnewstype'";
```

```
$queryresult=@ mysql_query( $typesql) ;
$typearray=@ mysql_fetch_row( $queryresult) ;
$temparttype_Name=$typearray[1];
// 4.定义 SQL 语句,然后送给 MySQL 执行
$sql="UPDATE 'tb_article' SET  'art_Title' =  '$tempnewstitle',
'art_Contents' =  '$tempnewscontents',
'art_Owner' =  '$tempnewsowner',
'art_TopType' =  '$tempistop',
'arttype_Id' =  '$tempnewstype',
'arttype_Name' =  '$temparttype_Name' WHERE 'art_Id' ='$tempnewsid'";
$result=@ mysql_query( $sql, $conn) ;
if( $result) {
    echo"<script>window.alert('恭喜你,文稿编辑成功! ') ;</script>";
    echo"<script>window.location.href=' editaction.php?editid=$tempnewsid '</script>";
}
else {
    echo"<script>window.alert('对不起,文稿编辑失败! ') ;</script>";
    echo"<script>window.history.back( ) ;</script>";
}
// 5.关闭数据库链接
@ mysql_close( $conn) ;
?>
```

12.8 删除文稿

Doaction.php:

```
<?php
// 1.获取超链接传递过来的变量,采用$_GET 方式
$tempdelid=$_GET['delid'];
// 2.链接数据库
$conn=@ mysql_pconnect("localhost","root","") or die(@ mysql_error( ) ) ;
// 3.选择数据库
@ mysql_select_db("artical",$conn) or die("对不起,数据库选择失败!") ;
// 消除数据库出入库的乱码
@ mysql_query("SET NAMES utf8") ;
// 4.定义 SQL 语句
$sql="delete from 'tb_article' where 'art_Id'='$tempdelid'";
```

```
$result=@ mysql_query($sql);
if($result){
    echo"<script>window.alert('恭喜你,文稿删除成功!');</script>";
    echo"<script>window.location.href='index.php'</script>";
}
else{
    echo"<script>window.alert('对不起,文稿删除失败!');</script>";
    echo"<script>window.location.href='index.php'</script>";
}
// 5.关闭数据库
@ mysql_close($conn);
?>
```

12.9 显示文稿内容

Shownews.php:

```
<?php
// 1.获取超链接传递过来的主键
$tempshowid=$_GET['showid'];
// 2.链接数据库
$conn=@ mysql_pconnect("localhost","root","") or die(@ mysql_error());
// 3.选择数据库
@ mysql_select_db("artical",$conn) or die("对不起,数据库选择失败!");
// 消除数据库出入库的乱码
@ mysql_query("SET NAMES utf8");
// 4.定义 SQL 语句
$sql="select * from 'tb_article' where 'art_Id'='$tempshowid'";
$result=@ mysql_query($sql);
$arrresult=@ mysql_fetch_array($result);
?>
<!DOCTYPE html PUBLIC "-//W3C//DTD XHTML 1.0 Transitional//EN" "http://
www.w3.org/TR/xhtml1/DTD/xhtml1-transitional.dtd">
<html xmlns="http://www.w3.org/1999/xhtml">
<head>
<meta http-equiv="Content-Type" content="text/html;charset=utf-8" />
<title>文稿管理系统</title>
<link rel="stylesheet" type="text/css" href="css/index.css" />
```

```
    </head>
    <body>
    <div id="container">
        <div class="head">文稿管理系统</div>
        <div class="main">
            <div class="main_top"><a href="#">通知</a>  <a href="#">
公告</a></div>
            <div class="main_btm">
                <div class="titlediv"><?php echo $arrresult['art_Title'];?></div>
                <div class="ownerdiv"><?php echo
 $arrresult['art_Owner']."  ".$arrresult['art_Time']?></div>
                <div class="contentsdiv"><?php echo $arrresult['art_Contents'];?></
div>
            </div>
        </div>
        <div class="footer">
            <div class="footer_left"><a href="index.php">返回首页</a></div>
        </div>
    </div>
    </body>
    </html>
```

单元习题答案

单元1　走进 PHP

1. B/S 和 C/S 结构的区别是什么？

C/S 架构是一种典型的两层架构，其全称是 Client/Server，即客户端/服务器端架构。其客户端包含一个或多个在用户的电脑上运行的程序，而服务器端有两种：一种是数据库服务器端，客户端通过数据库连接访问服务器端的数据；另一种是 Socket 服务器端，服务器端的程序通过 Socket 与客户端的程序通信。

B/S 架构的全称为 Browser/Server，即浏览器/服务器结构。Browser 指的是 Web 浏览器，极少数事务逻辑在前端实现，主要事务逻辑在服务器端实现。Browser 客户端、WebApp 服务器端和 DB 端构成所谓的三层架构。B/S 架构的系统无须特别安装，只要有 Web 浏览器即可。

B/S 和 C/S 对比：

① C/S 架构的界面和操作可以很丰富，比 B/S 更加灵活。

② C/S 的安全性比 B/S 的高。

③ C/S 的响应速度比 B/S 的快。

④ B/S 客户端无须安装，有 Web 浏览器即可，比 C/S 适用面广。

⑤ B/S 架构可以直接放在广域网上，通过一定的权限控制实现多客户访问的目的，交互性较强。

⑥ B/S 架构无须升级多个客户端，升级服务器即可，维护成本比 C/S 的低。

2. PHP 的编辑软件有哪些？

记事本、Dreamweaver、Zend Studio、phpeclipse、PHPEdit、写字板、frontpage、其他各类文本编辑软件等。

单元2　PHP 基础知识和方法

1. 选择题

(1) B　(2) A　(3) B　(4) ABC　(5) C　(6) ABC　(7) AB

(8) D　(9) ABD　(10) D　(11) ABC　(12) B　(13) ADB

(14) BC　(15) D　(16) D

2. 编程题

```
<html>
    <body>
        <form method="post">
            <br><td>主字符串:<input type="text" name="S1"/></td></br>
            <br>子字符串:<input type="text" name="S2"/></br>
            <br><input type="submit" name="submit" value="操作"></br>
        </form>
<?php
$size=0;
$num=0;
if(isset($_POST['submit']))
{$text=$_POST['S1'];
$text2=$_POST['S2'];

    if(empty($text))
    {
        echo "<script>alert('字符串不能为空!');</script>";
    }
    else
    {
$size=strlen($text);
$num=strpos($text,$text2);
            //echo strlen($text)."<br>";
//echo strpos($text,$text2);
            //echo "<script>alert($S);</script>";
    }
}

//strlen()返回字符串的长度
//strpos()在一个字符串内查找另外一个字符或者字符串。
?>

            <br>位置:<input type="text" name="result" value="<?php echo $size?>">
</br>
            <br>长度:<input type="text" name="result" value="<?php echo $num?>">
</br>
```

```
    </body>

</html>
```

单元3　编写结构程序

1.

```
<?php
$a=13;
$b=5;
if($a>$b){
echo "a大于b";
}
else{
echo "a小于b";
}
?>
```

2.

```
<html>
    <body>

        <form id="form1" name="form1" method="post">
            <table>
                <tr>
                    <td>请输入质量:</td>
                    <td><input name="weight" type="text" size="16"/></td>
                </tr>
                <tr>
                    <td><input name="submit" type="submit" value="计算"/></td>
                </tr>
                <tr>
                    <td>应付金额为:</td>
                    <?php
                    $result=null;
                    $num=0;// 接收判断的结果
                    if(isset($_POST['submit'])){
```

```
$weight=$_POST['weight'];// 将输入的分数获取(传给)变量
if(empty($weight)){
    echo"<script>alert('请输入质量!');</script>";
}
else{
    switch($weight){
        /* case 后面可以是具体的数值,也可以是比较表达式,即
条件语句。*/
            case $weight<20:
            $result=7;
            break;
            case $weight>=20 && $weight<100:
            $result=17;
            break;
            case $weight>=100 && $weight<250:
            $result=32;
            break;
            case $weight>=250 && $weight<500:
            $result=62;
            break;
            case $weight>=500 && $weight<1000:
            $result=108;
            break;
            case $weight>=100 && $weight<2000:
            $result=176;
            break;
            default:
            $result="无结果";
            break;
            }
    }
}
?>
<td><input name="result" type="text" size="16" width="50%"
value="<?php echo $result?>"/></td>
        </tr>
    </table>
</form>
```

```
    </body>
</html>
```

3.

```
<?php
$sum=0;
for($i=1;$i<=100;$i++){
    $sum=$sum+$i*$i;
}
echo "1-100平方的和为:".$sum;
?>
```

4.

```
<?php
$sum=0;
for($i=1;$i<=9;$i++){
    for($j=1;$j<=9;$j++){
        echo "*";
    }
    echo "<br>";
}
?>
```

5.

```
<?php
$sum=0;
for($i=1;$i<=9;$i++){
    for($j=1;$j<=$i;$j++){
        echo "*";
    }
    echo "<br>";
}
?>
```

6.

```
<?php
$sum=0;
for($i=1;$i<=9;$i++){
    for($j=1;$j<=9-$i;$j++){
```

```
            echo " * ";
        }
    echo "<br>";
}
?>
```

7.

```
<?php
$num=4096;
$sum=0;
while($num>1)
{
    $sum=$sum+1;
    $num=$num/2;
}
echo $sum;
echo "4096 是 2 的".$sum."次方";
?>
```

8.

```
<?php
$num=1;
while($num<=200){
    if($num%13==0){
        echo $num.";";
    }
    $num++;
}
?>
```

9.

```
<?php
$sum=0;
$ji=1;
for($j=1;$j<=20;$j++){
    for($i=1;$i<=$j;$i++){
        $i=$i * $i;
    }
```

```
$sum=$sum+$ji;
}
echo "1+1/1!+...+1/20!=".$sum;
?>
```

10.

```
<?php
$S=0;
for($j=1;$j<=10;$j++){
    if($j<10 && M_PI*$j*$j<200){
        echo "R为:".$j.";面积为:".M_PI*$j*$j;
    }else{
        break;
    }
    echo "<br>";

}
?>
```

11.

```
<?php
echo "1-10不能被3整除的数包括:";
for($j=1;$j<=10;$j++){
    if($j%3!=0){
        echo $j."    ";
    }else{
        continue;
    }
}
?>
```

单元4　编写数组程序

1. 选择题

(1) B　(2) D　(3) B　(4) B　(5) A　(6) D　(7) A
(8) D　(9) D　(10) A　(11) B　(12) D　(13) B　(14) B

2. 编程题

(1) 关键代码

```
$arrA = array("dog","cat","bird");
    $arrB = array("people","dog","mouse");
    foreach($arrB as $val){
        var_dump($val);
        if(!in_array($val,$arrA)){
        $arrA[] = $val;
        }
    }
    var_dump($arrA);
    // 去重函数
    // var_dump(array_unique($arrA));
```

(2) 关键代码

```
$arr=array(90,23,34,78,98,25,56,44);
     // 假设第一个人就是给出最低分的裁判
     $minFen=$arr[0];
     $minIndex=0;
     for($i=1;$i<count(& $arr).$i++){
       // 如果下面条件成立,说明$i 裁判给出的成绩更低
       if($minFen>$arr[$i]){
          $minFen=$arr[$i];
          $minIndex=$i;
}
}
     // 找出给出最高分的裁判
     // 假设第一个人就是给出最高分的裁判
     $MaxFen=$arr[0];
     $MaxIndex=0;
     for($i=1;$i<count(& $arr).$i++){
       // 如果下面条件成立,说明$i 裁判给出的成绩更高
       if($MaxFen<$arr[$i]){
          $MaxFen=$arr[$i];
          $MaxIndex=$i;
}
}
```

```
// 开始计算平均成绩
$sum=0;
for($i=0;$i<count($arr);$i++){
    if($i!=$minIndex && $i!=MaxIndex){
     $sum+=$arr[$i];
}
}
    echo "下标为".$minIndex."给的分最低".$arr[$minIndex];
    echo "<br/>下标为".$MaxIndex."给的分最高".$arr[$MaxIndex];
```

单元5 使 用 函 数

1. 选择题

(1) C　(2) D　(3) C　(4) C　(5) B　(6) C　(7) C
(8) B　(9) D　(10) C

2. 编程题

(1) 关键代码

```
$arr=array(90,23,34,78,98,25,56,44);
// 这里有一个思路,如果只想知道最低分和最高分是多少,则可以排序
// 找出给出最低分的裁判
   // 该函数可以返回给出最低分的裁判的下标
   function findMin($arr){
     // 假设第一个人就是给出最低分的裁判
     $minFen=$arr[0];
     $minIndex=0;
     for($i=1;$i<count(& $arr).$i++){
        // 如果下面条件成立,说明$i 裁判给出的成绩更低
        if($minFen>$arr[$i]){
           $minFen=$arr[$i];
           $minIndex=$i;
}
}
    return $minIndex;
}
// 找出给出最高分的裁判
function findMax($arr){
      // 假设第一个人就是给出最高分的裁判
```

```
        $MaxFen=$arr[0];
        $MaxIndex=0;
        for($i=1;$i<count(& $arr).$i++){
          // 如果下面条件成立,说明$i 裁判给出的成绩更高
          if($MaxFen<$arr[$i]){
             $MaxFen=$arr[$i];
             $MaxIndex=$i;
}
}
      return $MaxIndex;
}
      $MaxIndex=findMax($arr);
      $minIndex=findMin($arr);
// 开始计算平均成绩
$sum=0;
for($i=0;$i<count($arr);$i++){
      if($i!=$minIndex && $i!=MaxIndex){
         $sum+=$arr[$i];
}
}
      echo "下标为".$minIndex."给的分最低".$arr[$minIndex];
      echo "<br/>下标为".$MaxIndex."给的分最高".$arr[$MaxIndex];
$arr=array(45,90,2,100);
// 求出最后平均得分(假设前面求出)
$avgGrade=70;
// 先求最佳评委
// 假设第一个评委就是最佳评委(abs 绝对值)
$difFen=abs($arr[0]-$avgGrade);
// 记录下这个评委的下标
$goodIndex=0;

for($i=1;$i<count($arr);$i++){
    if($difFen>abs($arr[$i]-$avgGrade)){
       $difFen=abs($arr[$i]-$avgGrade);
       $goodIndex=$i;
}
}
// 最佳评委就是
```

```
echo $i;
// 求最差评委
// 假设第一个评委就是最差评委(abs 绝对值)
$difFen=abs($arr[0]-$avgGrade);
// 记录下这个评委的下标
$goodIndex=0;
for($j=1;$j<count($arr);$j++){
    if($difFen<abs($arr[$j]-$avgGrade)){
        $difFen=abs($arr[$j]-$avgGrade);
        $goodIndex=$j;
}
}
// 最差评委就是
echo $j;
```

(2) 关键代码

```
$arrA = array("dog","cat","bird");
    $arrB = array("people","dog","mouse");
    foreach($arrB as $val){
        var_dump($val);
        if(!in_array($val,$arrA)){
       $arrA[] = $val;
        }
    }
    var_dump($arrA);
    // 去重函数
    // var_dump(array_unique($arrA));
```

(3) 关键代码

```
     $str = "open_door";
   // $str = str_replace("_"," ",$str);
   // $str = ucwords($str);
   // $str= str_replace(" ","",$str);
   // echo $str;

   // 写成函数
   function getString($str){
       $str = str_replace("_"," ",$str);
```

```
        $str = ucwords($str);
        $str = str_replace(" ","",$str);
        return $str;
    }
    $res = getString($str);
    echo $res;
```

单元6 表单处理

编程题：

```
<html>
  <head>
        <meta http-equiv="Content-Type"  content="text/html;charset=UTF_8">

        <style>
            * {
              margin:0;
              padding:0;
            }
            table{
              margin:auto;
              width:300px;
              border:1px solid black;
              border-collapse:collapse;
            }
            th,td{
              border:1px solid black;
              }
        </style>
        <script>
            var check = function(form){
                var reg = /^\s+|\s+$/g;
                var sexs = form.sex,isChecked = false;
                for(var i = 0;i < sexs.length;i++){
                        if(sexs[i].checked){
                            isChecked = true;
                            break;
```

```
                }
            }
            if( form.user.value.replace( reg,"" ) = = "" ) {
                alert( "用户名不能为空!" );
                form.user.focus( );
                return false;
            } else if( !isChecked) {
                alert( "你的性别是?!" );
                return false;
            } else if( !/^[1-9]\d{0,2}$/.test(form.age.value) ) {
                alert( "输入的年龄不规则" );
                form.age.focus( );
                form.age.select( );
                return false;
            } else
    if( !/^1([38]\d|4[57]|5[0-35-9]|7[06-8]|8[89])\d{8}$/.test(form.phone.value) ) {
                alert( "手机号不符合规则" );
                form.phone.focus( );
                form.phone.select( );
                return false;
            } else
    if( !/^([a-z0-9_\.-]+)@([\da-z\.-]+)\.([a-z\.]{2,6})$/.test( form.email.val-
ue) ) {
                alert( "邮箱不对" );
                form.email.focus( );
                form.email.select( );
                return false;
            }
            return true;
        }
    </script>
  </head>
    <body>
    <form name="form1" onsubmit="return check( this)">
        <table>
            <tr>
                <td>
                    用户名:
```

```
        </td>
        <td>
            <input type="text" name="user" />
        </td>
    </tr>
    <tr>
        <td>
            性别:
        </td>
        <td>
            <label>
                <input type="radio" name="sex" value="男" />
                男
            </label>
            <label>
              <input type="radio" name="sex" value="女" />
              女
            </label>
        </td>
    </tr>
    <tr>
        <td>
            年龄:
        </td>
        <td>
            <input type="text" name="age" />
        </td>
    </tr>
    <tr>
        <td>
            电话:
        </td>
        <td>
            <input type="text" name="phone" />
        </td>
    </tr>
    <tr>
        <td>
```

```
                        邮箱:
                    </td>
                    <td>
                        <input type="text" name="email" />
                    </td>
                </tr>
                <tr>
                    <td colspan=2>
                        <input type="submit" value="提交" />
                        <input type="reset" value="重置" />
                    </td>
                </tr>
            </table>
        </form>
    </body>
</html>
```

单元 7　设计面向对象程序

1. 选择题

(1) B　(2) D　(3) C　(4) B　(5) A　(6) D　(7) C
(8) B　(9) C　(10) A

2. 简答题

(1) 面向对象是程序的一种设计方式，它利于提高程序的重用性，使程序结构更加清晰。主要特征：封装、继承、多态。

(2) 抽象类是一种不能被实例化的类，只能作为其他类的父类来使用。

抽象类是通过关键字 abstract 来声明的。抽象类与普通类相似，都包含成员变量和成员方法，两者的区别在于，抽象类中至少要包含一个抽象方法，抽象方法没有方法体，该方法天生就是要被子类重写的。抽象方法的格式为：abstract function abstractMethod();。因为 PHP 中只支持单继承，如果想实现多重继承，就要使用接口。也就是说，子类可以实现多个接口。接口类是通过 interface 关键字来声明的，接口类中的成员变量和方法都是 public 的，方法可以不写关键字 public，接口中的方法也没有方法体。接口中的方法也天生就是要被子类实现的。抽象类和接口实现的功能十分相似，最大的不同是接口能实现多继承。在应用中选择抽象类还是接口要看具体实现。子类继承抽象类使用 extends，子类实现接口使用 implements。当多个同类的类要设计一个上层，通常设计为抽象类；当多个异构的类要设计一个上层，通常设计为接口。

（3）private，protected，public。如果不使用这三个关键词，也可以使用 var 关键字。但是 var 不可以跟权限修饰词一起使用。var 定义的变量，子类中可以访问到，类外也可以访问到，相当于 public

类外：public ，var

子类中：public，protected ，var

本类中：private，protected，public ，var

类前面：只能加 final，abstract

属性前面：必须有访问修饰符（private，protected，public，var）

方法前面：static，final，private，protected，public ，abstract

单元 8　操作文件和目录

编程题：

（1）文件的基本操作有：文件判断、目录判断、文件大小、读写性判断、存在性判断及文件时间等，请编写实现这些操作的函数或方法。

```
<?php
  header("content-type","text/html;charset=utf-8");
/*
 *声明一个函数,通过传入文件名来获取文件属性
 *@param string $fileName 文件名称
 */
function getFilePro($fileName)
{
  if(!file_exists($fileName))
  {
    echo '文件不存在<br/>';
    return;
  }
  /*是否是普通文件*/
  if(is_file($fileName))
  {
    echo $fileName.'是一个文件<br/>';
  }
  /*是否是目录*/
  if(is_dir($fileName))
  {
    echo $fileName.'是一个目录';
  }
```

```
        /*输出文件的形态*/
        echo '文件形态是:'.getFileType($fileName).'<br/>';
        /*文件大小,转换单位*/
        echo '文件大小是:'.getFileSize(filesize($fileName)).'<br/>';
        /*文件是否可读*/
        if(is_readable($fileName))
        {
          echo '文件可读<br/>';
        }
        /*文件是否可写*/
        if(is_writable($fileName))
        {
          echo '文件可写<br/>';
        }
        /*文件是否可执行*/
        if(is_executable($fileName))
        {
          echo '文件可执行<br/>';
        }

        echo '文件创立时间:'.date('Y 年 m 月 j 日',filectime($fileName)).'<br/>';
        echo '文件最后修改时间:'.date('Y 年 m 月 j 日
',filemtime($fileName)).'<br/>';
        echo '文件最后打开时间:'.date('Y 年 m 月 j 日
',fileatime($fileName)).'<br/>';
    }
    /*
     *声明一个函数,返回文件类型
     *@param string $fileName 文件名称
     */
    function getFileType($fileName)
    {
        $type = '';
        switch(filetype($fileName))
        {
          case 'file':$type .= '普通文件';break;
          case 'dir':$type .= '目录文件';break;
          case 'block':$type .= '块设备文件';break;
```

```
        case 'char': $type .= '字符设备文件'; break;
        case 'filo': $type .= '管道文件'; break;
        case 'link': $type .= '符号链接'; break;
        case 'unknown': $type .= '未知文件'; break;
        default:
    }
    return $type;
}
/*
 * 声明一个函数,返回文件大小
 * @param int $bytes 文件字节数
 */
function getFileSize($bytes)
{
    if($bytes >= pow(2,40))
    {
        $return = round($bytes / pow(1024,4),2);
        $suffix = 'TB';
    }
    else if($bytes >= pow(2,30))
    {
        $return = round($bytes / pow(1024,3),2);
        $suffix = 'GB';
    }
    else if($bytes >= pow(2,20))
    {
        $return = round($bytes / pow(1024,2),2);
        $suffix = 'MB';
    }
    else if($bytes >= pow(2,10))
    {
        $return = round($bytes / pow(1024,1),2);
        $suffix = 'KB';
    }
    else
    {
        $return = $bytes;
        $suffix = 'B';
```

```
    }
    return $return." ".$suffix;
}

/*调用函数,传入 test 目录下的 test.txt 文件*/
getFilePro('./test/div.html');
?>
```

(2) 编写统计目录大小程序。

```
/*
 *统计目录大小
 *@param string $dirName 目录名
 *@return double
 */
function dirSize($dirName)
{
    $dir_size = 0;
    if($dir_handle = @opendir($dirName))
    {
      while ($fileName = readdir($dir_handle))
      {
          /*排除两个特殊目录*/
          if ($fileName != '.' && $fileName != '..')
          {
             $subFile = $dirName.'/'.$fileName;
             if(is_file($subFile))
             {
                $dir_size += filesize($subFile);
             }
             if(is_dir($subFile))
             {
                $dir_size += dirSize($subFile);
             }
          }
      }
      closedir($dir_handle);
      return $dir_size;
    }
```

```
}
/*传递当前目录下的test目录*/
$dir_size = dirSize('./test');
echo './test 目录文件大小是:'.round($dir_size / pow(1024,1),2).'KB';
```

(3) 编写删除目录的函数和方法

```
/*
 *删除目录
 *@param string $dirName 目录名
 */
function delDir($dirName)
{
  /*php 中的 mkdir 函数就可以创建目录*/
  if(file_exists($dirName))
  {
   if($dir_handle = @opendir($dirName))
    {
    while ($fileName = readdir($dir_handle))
      {
        /*排除两个特殊目录*/
        if($fileName != '.' && $fileName != '..')
         {
         $subFile = $dirName.'/'.$fileName;
         if(is_file($subFile))
         {
          unlink($subFile);
          }
         if(is_dir($subFile))
         {
          delDir($subFile);
         }
        }
    }
    closedir($dir_handle);
    rmdir($dirName);
    return $dirName.'目录已经删除';
    }
  }
```

```
}
/*传递 test 目录的副本 test1 */
echo delDir('./test1');
```

(4) 编写复制目录的函数和方法

```
/*
 *复制目录
 *@param string $dirSrc 原目录名
 *@param string $dirTo 目标目录名
 */
function copyDir($dirSrc,$dirTo)
{
  if(is_file($dirTo))
  {
    echo '目标目录不能创建';/*目标不是一个*/
    return;
  }
  if(!file_exists($dirTo))
  {
    /*目录不存在,则创建*/
    mkdir($dirTo);
  }
  if($dir_handle = @opendir($dirSrc))
  {
    while ($fileName = readdir($dir_handle))
    {
      /*排除两个特殊目录*/
      if ($fileName != '.' && $fileName != '..')
      {
         $subSrcFile = $dirSrc.'/'.$fileName;
         $subToFile = $dirTo.'/'.$fileName;
        if(is_file($subSrcFile))
        {
          copy($subSrcFile,$subToFile);
        }
        if(is_dir($subSrcFile))
        {
          copyDir($subSrcFile,$subToFile);
```

```
            }
          }
        }
        closedir($dir_handle);
        return $dirSrc.'目录已经复制到'.$dirTo.'目录';
    }
}
echo copyDir('./test','../testcopy');
```

单元 9　设计 MySQL 数据库

1.

（1）在浏览器地址栏中输入 http://localhost:8080/phpmyadmin。

（2）单击“数据库”选项卡后，输入数据库名称，在“整理”下拉列表框中选择“utf8_general_ci”项，单击“创建”按钮。

（3）创建完后，就在界面左侧看到创建的数据库。

（4）输入数据表名和字段数，单击“执行”按钮。

（5）在新建的数据表中，输入各字段名称、类型、长度、是否为空、说明等信息。

2.

操作步骤略，参见教材并行项目或场景项目步骤。

单元 10　开发 MySQL+PHP 应用程序

1.

```
<?php
$conn = mysql_connect("localhost","root","");            // 连接数据库服务器
mysql_select_db("db_library");                            // 选择数据库
mysql_query("set names utf8");
?>
```

2. 具体参照提供的源代码

参 考 文 献

［1］刘玉红，蒲娟. PHP 动态网站开发案例课堂［M］. 北京：清华大学出版社，2016.

［2］高国红，岑俊杰，王延涛. PHP Web 开发技术［M］. 北京：清华大学出版社，2015.

［3］林龙健，李观金. 项目驱动式 PHP 动态网站开发实训教程［M］. 北京：清华大学出版社，2017.

［4］耿兴隆，张莹，薛玉倩. PHP 基础与案例开发详解［M］. 北京：清华大学出版社，2015.

［5］吴清秀. PHP 网站开发［M］. 北京：机械工业出版社，2014.

［6］葛丽萍. PHP 网络编程技术详解［M］. 北京：清华大学出版社，2014.

［7］［美］厄尔曼. PHP 基础教程［M］. 北京：人民邮电出版社，2011.

［8］程文彬，李树强，封宏观. PHP 程序设计［M］. 北京：人民邮电出版社，2016.

［9］青岛英谷教育科技股份有限公司. PHP 程序设计及实践［M］. 西安：西安电子科技大学出版社，2016.

［10］明日科技. PHP 程序开发范例宝典［M］. 北京：人民邮电出版社，2007.